JN232648

配電系統における絶縁設計

監修　東京電力株式会社　配電部

電気書院

編纂委員一覧

委員長	配電部担任(当時) (現 財団法人 関東電気保安協会 常務理事)		岡 圭介
委 員	配電部部長代理(当時) (現 企画部調査GM)		小田切 司朗
	配電部配電企画GM		青柳 光広
	配電部配電技術GM		村田 孝一
	配電部配電建設保守GM		丹羽 宣之
	配電部配電機材技術センター機材技術GM		齋藤 彰
	技術開発研究所配電技術GM		村田 光一
執筆者	第1章 配電部配電企画G	武藤 英司	
	第2章 技術開発研究所配電技術G	小泉 覚,生石 光平, 吉永 淳	
	第3章 配電部配電技術G	村田 孝一	
	技術開発研究所絶縁技術G	平井 崇夫	
	第4章 技術開発研究所配電技術G	小泉 覚,生石 光平, 吉永 淳	
	技術開発研究所絶縁技術G	平井 崇夫	
	第5章 配電部配電企画G	本橋 準,小玉 剛,田口 聖	
	配電部配電技術G	笠島 孝志,花渕 良太郎, 遠藤 麗都	
	第6章 配電部配電技術G	笠島 孝志,花渕 良太郎, 馬渕 裕介	
	配電部配電建設保守G	河上 邦明,冥賀 雅弘	

はじめに

　電気事業は電気の生産・輸送・配電・販売から成り立っており，創業期から戦後の復興期，その後の高度成長期にかけては，産業経済の発展と生活水準の向上に伴う電力需要の増大に対応した電力の安定供給を使命としてきた．その結果として現在では，我々は電気のない生活を考えることは現実的には困難になってきている．

　一方，現代は低成長時代に突入し，安定供給を使命としてきた電気事業も高コスト構造からの脱却を目指した「経済構造の変革と創造のための行動計画」が平成9年5月に政府決定されて以降，電力分野においても所要の規制緩和・制度改革が行われているところである．この中で，我が国の電力のコストを中長期的に低減する基盤の確立を図るため，今後の電気事業は如何にあるべきかを念頭に，我が国電気事業の供給システム全般の検討がなされている．このような観点から，電気事業の効率化と電力供給信頼度等との関係を考慮しつつ，電力流通コスト低減のための具体策および今後の電力流通設備の在り方について検討が行われ，中長期的な視点からみた流通システムの高度化の必要性とより効率的な設備形成が必要とされている．

　電力設備において，送電・変電・配電設備は電力流通設備と総称され，配電設備は，電力流通設備の末端に位置し，地域に密着して面的に施設され，需要家に直接電気を供給する20 kV級以下の需要家供給用電力設備である．

　一般に，需要家供給設備のような社会インフラは二重投資による非経済性から自然に一公益事業者による地域独占となる特質がある．我が国の電力事業者も独占事業者であり，電力エネルギーを安定的，且つ，高信頼度で需要家に供給し，あわせてコスト低減を図ることは，不断の重要な経営課題である．特に，地域独占供給設備である配電コストが，電力流通コスト（＝送電費＋変電費＋配電費）全体に占める比率は40％強であり，さらに，配電コストのうちの材料コストに占める絶縁コストの割合は20％〜30％の実態から，絶縁設計

の合理化や新技術導入等により絶縁コスト低減を強力に推進する必要がある．

このような背景から，今回改めて配電方式全体に関わる系統電圧および接地方式等についての課題についての抜本的な技術検討を行った．具体的には，一般地域における長期的な供給力の確保を図り，併せて現行 6 kV 系統の過電圧課題と絶縁コストの低減を同時解決することを狙いに，

・6 kV から 11.4 kV に昇圧（Δ→Y）し，供給力確保（系統容量倍）と有効接地系化による過電圧の抑制，並びに現行 6 kV 機器・機材流用によるコスト低減を同時達成する「新しい 11.4 kV 系統絶縁設計指針」の確立
・22 kV 系統についても都心過密地域での地中ケーブル系統の適用拡大と一般架空地域での架空ケーブル系統の適用の一般化を踏まえ，中性点接地抵抗値の最適選定による「レベル低減化を図る新しい 22 kV 系統の絶縁設計指針」の確立

を行うことにより，機器機材コストの低減を図り，流通設備コストの縮減を大きな目的とした．

本書では，我々が行った検討内容について述べる。検討条件や検討過程を明確にすることにより今後の中性点接地方式と絶縁設計合理化に関する検討，および，流通システムの高度化に関する検討に寄与することを願う次第である．

平成 15 年 9 月

工学博士　岡　圭介

目　　次

はじめに ·· i

第1章　配電方式について

1.1 配電系統の概要···1
　　1.1.1 配電系統の位置づけと配電方式の変遷 ·····················1
　　1.1.2 配電系統の構成 ···7
1.2 22kV, 11.4kV配電方式の有効性 ··17
　　1.2.1 22kV/400V配電方式の有効性 ·································17
　　1.2.2 11.4kV配電方式の有効性 ··19

第2章　配電系統の中性点接地方式

2.1 中性点接地方式の概要 ··23
　　2.1.1 中性点接地方式概論 ···23
　　2.1.2 配電系統の接地方式 ···30
2.2 中性点接地方式の最適化 ···33
　　2.2.1 中性点接地方式決定要因の整理 ·······························33
　　2.2.2 中性点接地方式の選定 ··42
2.3 EMTP解析を用いた最適な中性点接地抵抗値の選定方法 ·········43
　　2.3.1 EMTPの概要 ···43
　　2.3.2 EMTPを用いた検討の有効性 ···································45
　　2.3.3 EMTPでのモデル化法 ···48
　　2.3.4 EMTP解析手法 ··59
2.4 22kV系統モデルの解析結果および中性点接地方式の選定 ········65
　　2.4.1 22kV架空系統モデルの解析結果 ······························65
　　2.4.2 地中系統モデルの解析結果 ······································67
　　2.4.3 22kV架空系統における中性点接地抵抗の許容値の選定 ·······69
　　2.4.4 22kV地中系統における中性点接地抵抗の許容値の選定 ·······72
2.5 11.4kV系統モデルの解析結果および中性点接地方式の選定 ·······74

  2.5.1 11.4kV系統の解析結果 ……………………………………74
  2.5.2 11.4kV系統における中性点接地抵抗の許容値の選定 ………78

第3章 配電系統の絶縁設計合理化

3.1 絶縁設計思想 ……………………………………………………83
 3.1.1 系統に生じる過電圧 …………………………………………83
 3.1.2 必要耐電圧・試験電圧 ………………………………………85
 3.1.3 絶縁協調の考え方 ……………………………………………87
 3.1.4 絶縁設計合理化の考え方 ……………………………………90
3.2 22kV配電系統の絶縁合理化 …………………………………95
 3.2.1 22kV配電系統の過電圧解析 ………………………………95
 3.2.2 過電圧解析に基づく試験電圧 ……………………………107
3.3 11.4kV配電系統の絶縁合理化 ………………………………108
 3.3.1 11.4kV配電系統の過電圧解析 ……………………………108
 3.3.2 過電圧解析に基づく試験電圧 ……………………………121

第4章 22kV系統・11.4kV系統の実証試験

4.1 22kV系統の実証試験 …………………………………………123
 4.1.1 試験概要 ……………………………………………………123
 4.1.2 特高-低圧混触時の通信線への誘導電圧および低圧線電位上昇の試験
    結果 …………………………………………………………128
 4.1.3 過渡性過電圧の試験結果と考察 …………………………134
4.2 11.4kV系統の実証試験 ………………………………………141
 4.2.1 試験概要 ……………………………………………………141
 4.2.2 解析模擬手法 ………………………………………………147
 4.2.3 実証試験結果 ………………………………………………149

第5章 配電系統の系統要件・保護技術

5.1 系統構成・容量の標準化 ……………………………………165
 5.1.1 22kV/400V配電系統の構成・容量 ………………………165
 5.1.2 11.4kV配電系統の構成・容量 ……………………………178
5.2 系統保護方式 …………………………………………………181

	5.2.1　22kV/400V配電系統の保護方式……………………………………181	
	5.2.2　11.4kV配電系統の保護方式…………………………………………197	
5.3	自動化方式……………………………………………………………………210	
	5.3.1　22kV配電系統の自動化方式…………………………………………210	
	5.3.2　11.4kV配電系統の自動化方式………………………………………211	
5.4	供給用機材とその施設方法…………………………………………………223	
	5.4.1　22kV路上機器の施設方法……………………………………………223	
	5.4.2　11.4kV用機器の施設方法について…………………………………231	
5.5	11.4kV配電方式固有の課題…………………………………………………232	
	5.5.1　電力品質面での課題……………………………………………………232	
	5.5.2　中性線断線・接地故障検出方式………………………………………241	

第6章　22kV系統・11.4kV系統の適用機材

6.1	標準試験電圧…………………………………………………………………251	
	6.1.1　22kV配電系統の標準試験電圧………………………………………251	
6.2	22kV配電用機材………………………………………………………………253	
	6.2.1　22kV/400V地上用変圧器……………………………………………253	
	6.2.2　遮水層付ケーブル・接続部……………………………………………255	
	6.2.3　架空ケーブル・接続体…………………………………………………261	
6.3	11.4kV配電用機材……………………………………………………………263	
	6.3.1　柱上開閉器………………………………………………………………263	
	6.3.2　11.4kV/6.6kV自家用補償用変圧器…………………………………265	
	6.3.3　11.4kV/6.6kV連絡用変圧器装置……………………………………268	
6.4	11.4kV配電方式の装柱方法…………………………………………………272	

あとがき………………………………………………………………………………283

索　　引………………………………………………………………………………285

第1章 配電方式について

本章では配電系統の概要を述べるとともに，将来更なる普及拡大が期待され，本書における検討の対象となった22 kV，11.4 kV配電方式の有効性について述べる．

1.1 配電系統の概要

1.1.1 配電系統の位置づけと配電方式の変遷

電力系統は，発電所で作られた電気をお客さま一軒一軒にまでお届けするために構成されており，電気をつくる発電設備とつくられた電気を運ぶ流通設備に大きく分類される．流通設備については，さらに発電所と変電所，変電所と変電所などを結んで需要地近傍まで電力を運ぶ送電系統と変電所からお客さま1軒1軒へ電気をお届けする配電系統とに分けられる．すなわち，配電系統はお客さまに直接電気をお届けするための電力設備であり，地域に密着して面的に施設されている．電力流通設備における配電系統の位置づけを使用電圧による分類でみると図 1.1.1 のように分けられる．

(1) 配電方式の変遷の概要

我が国における配電方式は，戦前の電気事業創業期から高圧配電線は中性点非接地3 kV方式，低圧配電線は電灯100 V，動力200 Vを主体として発展してきた．しかしながら，戦後の急激な電力需要の増大に伴う供給力確保，電圧降下，あるいは電力損失の増大に対処して，高低圧線を通じて各種の対策が進められてきた．昭和初期以降の我が国における配電方式・電圧の変遷を図 1.1.2

2   第 1 章　配電方式について

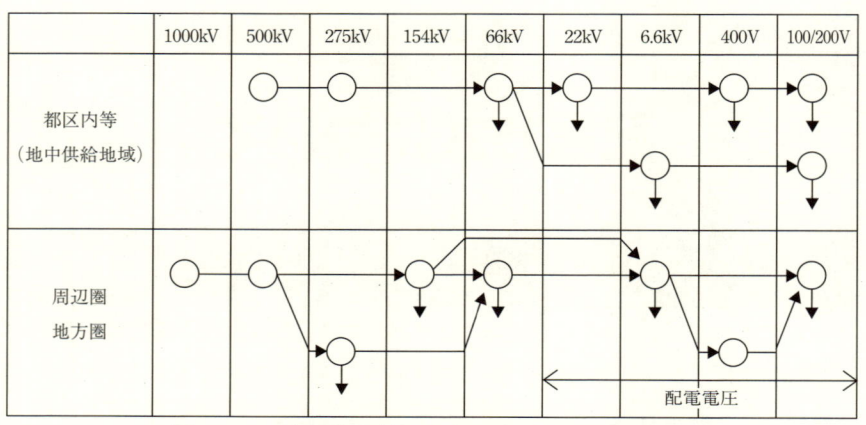

図 1.1.1　電力流通系統における配電電圧の位置づけ

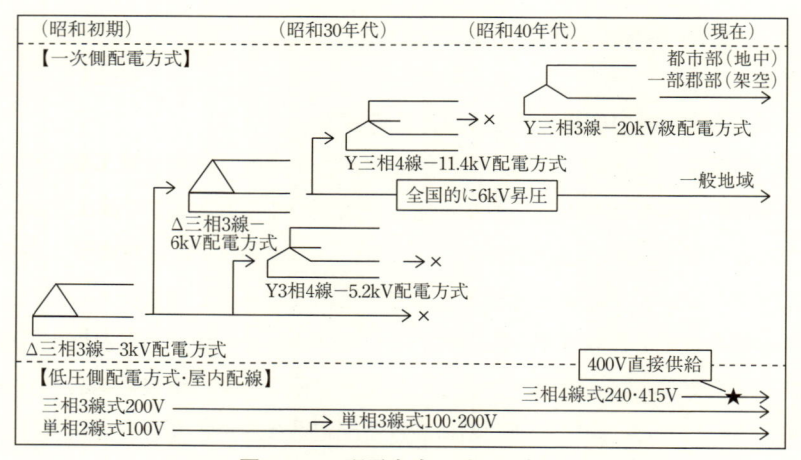

図 1.1.2　配電方式・電圧の変遷

に示す．また，参考として戦後の送電電圧の変遷についても**図 1.1.3** に示すが，送電電圧・配電電圧ともに戦後の変遷は，電力需要の増大に伴う昇圧の歴史であったといっても過言ではない．

(2) 高圧・特別高圧配電電圧の経緯

図 1.1.2 にもあるとおり，高圧配電電圧については，戦前より中性点非接地 3 kV 方式であったが，戦後の急激な復興に伴い電力需要は，企業用，民生用

1.1 配電系統の概要

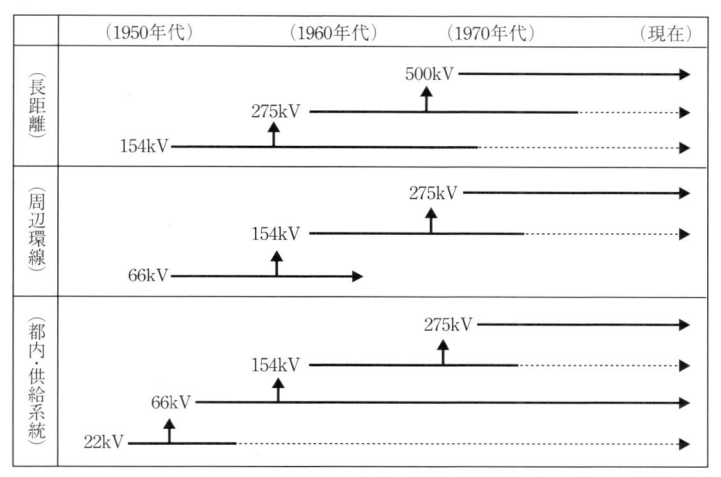

図 1.1.3 送電電圧の変遷

需要を中心に急速に回復し，配電設備に懸命な戦災復興対策を推進したにも関わらず，需要逼迫の危機を迎えるに至った．

当時の配電設備には，電線張替，コンデンサ取付等，損失軽減工事を中心に資金が注がれたが，需要増加に追われ，電力損失は依然として減少しないため，従来の配電方式を根本的に再検討した新配電方式の確立が要望されていた．

高圧配電系統の供給力を増大させ，同時に電圧降下の改善と電力損失軽減を行うための有効な具体策は配電電圧を昇圧することで，具体的には次の2つの方法が考えられた．

・従来の三相3線式3kVの配電電圧を2倍とする6kV配電方式の採用
・△接続変圧器をY結線に切り替えた三相4線式5.2kV配電方式の採用

である．

しかし，前者の6kV昇圧については，変圧器，その他の付属材料を全面的に取り替える必要があるため，当時の経済情勢などからして全面実施には困難があった．

また，現有機器のほとんどを活用でき，昇圧による電圧改善効果も期待でき

る三相4線式5.2kV配電方式（中性点接地方式）については農山村地区の一部で採用された．5.2kV配電方式は従来の配電電圧を$\sqrt{3}$倍に昇圧でき，理論的には電力損失および電圧降下率を1/3に軽減し得る非常に経済的な昇圧方法であるが，通信線への誘導障害等の諸問題の解決が必要で，しかも昇圧効果が6kV化に比べて少ないことなどから全面的採用には至らなかった．

そうしたことから，昭和30年代より行政指導によって15か年という長期の計画の下に，6kV方式が全国において本格的に実施され始めた．しかしながら，6kV昇圧が面的に進展する中にあって，既に都市部の一部過密地域における供給力面や，山間部等の過疎地域における高圧配電線の電圧降下対策としては，6kVへの昇圧では効果が十分ではなかったのが当時の実状であった．

この対策として，既設6kV配電線路を結線替えのみで絶縁階級的にも使用できるY11.4kV方式が一時期全国で採用された．しかしながら，5.2kV昇圧時同様に通信線への誘導障害や混触事故時の低圧側における対地電位上昇等の諸問題により一般適用拡大が見送られ，現在に至っている．

(3) 低圧配電電圧の経緯

低圧配電電圧については100～200V前後であったが，大正4年逓信省調査委員会において，電灯端子電圧100V，電動機端子電圧200Vとすべきことが推奨され，昭和8年に電気学会電気工芸委員会および電気協会の標準規程が制定されるに至って，電灯100V単相2線式，動力200V三相3線式が定着した．

第二次世界大戦後の復興期においては，需要の増加に伴い100V単相2線式では供給力面での行き詰まりが生じてきたため，100・200V単相3線式が導入され，負荷機器使用電圧を変えずに配電電圧を100Vから200Vへ昇圧した場合と同等の効果が得られることから，広く実施されることとなった．また，昭和34年頃から，設備効率化の観点より，三相動力負荷を有する地域において，電灯線と動力線を共用した100・200V異容量V結線三相4線式が採用されてきた．

(4) 都市部への22kV配電方式の導入

都市部の電力供給については，高度経済成長と相まって昭和30年代後半か

1.1 配電系統の概要

ら集中化する都市部構造の変革に対して，より高信頼度かつ大容量の電力供給に対するニーズの高まりを背景に，当初より6kVによる配電方式では設備が複雑膨大化し安定供給の確保が困難化することが懸念された．

このため，「過密化対策委員会報告」（昭和46年，通商産業省公益事業部）において，流通設備全般についての近代化構想が策定され，都市部過密地区への将来的な供給力および信頼度確保を図るため，過密圏の将来の配電電圧として22kV/400V配電方式が位置付けられた．系統方式は，従来の樹枝状ではなく，1回線事故時にも無停電で設備利用率も高くできる多回線ネットワーク方式とすることとし，500kW以上の需要には22kV直接供給としてのスポットネットワーク（SNW）供給，50〜500kWの需要にはレギュラネットワーク（RNW）による400V供給を指向する方針が示された．

この方針の下，昭和43年には8月の新宿西口地区での22kV RNWの運転開始，昭和44年2月の新宿東亜会館への22kV SNW供給開始を皮切りに，東京，大阪，名古屋，福岡，および札幌等の都市部への22kV配電方式の本格導入が開始された．その後，都市の拡大や大規模新規開発等により，主に500kW以上10 000kW未満の業務用ビルや超高層マンション等への供給系統として順次拡大されてきている．

ただし，2 000kW未満の中規模需要家においては，6kV受電設備の汎用化や施設スペース面から6kV受電を希望されるケースが多く，また需要家数が多い50〜500kWは6kV供給となるため，22kV系統が存在するエリアであっても6kV供給設備が増加している現状にある．

(5) 諸外国の配電方式[1]

欧州における配電電圧は中圧（MV；Middle Voltage）と呼ばれ，主に10kV，20kV，30kVなどが用いられている．かつては，欧州諸国でも3〜6kV級の配電電圧が存在したが，現在ではほとんど10〜30kV級に統一されている．

また，一般に1kV以下の電圧は低圧（LV；Low Voltage）と呼び，電圧は従来，大陸系（フランス，ドイツなど）が220・380V，イギリスが240・415Vで

あったが，1988年のEC指令により2003年完了を目標に230・400Vに統一することになり，現在移行を進めている．

欧州諸国の低圧配電電圧は，第二次世界大戦後（1950年頃）までは，115・230Vや127・220Vなどが用いられていたが，1950年代後半から約20年かけて230・400V級へ昇圧を行った歴史がある．

中圧系統の系統構成としては，標準的には常時開放点を持つ2回線のオープンループ系統が採用されており，リングメインユニットと呼ばれる開閉装置を用いて，中圧需要家や変圧器を介して低圧需要家へ供給されている．中圧系統の短絡容量は，20kVでは，12.5～14.4kA程度であり，わが国で一般的な25kAより小さい．

また，中性点は1～3Ω程度の低抵抗接地が多く採用されているが，一部で消弧リアクトル接地（PC接地）方式を採用し地絡電流を制御・抑制している．

一方，低圧系統は，変圧器二次の中性点が直接接地された三相4線式の樹枝状構成が大半となっている．ただし，一部には信頼度向上対策として低圧線相互で連系を取っている地域もある．

配電設備の施設方法に着目すると，都市部においては，中圧，低圧ともにほとんど全てが地中系統で，ケーブルは通常アルミ導体のCVケーブルを用いている．国や地域により差はあるものの，一般的には，郊外では中圧は地中系統，低圧は架空系統が多く，郡部では中圧，低圧ともに架空系統になっている．

地中ケーブルは一般に直接埋設式が多く，わが国で一般的な管路式については，道路の掘削に制限のある主要道路横断部等に限定適用されている．

変圧器については，都市部の過密地域では，需要家構内に設置する場合が多いが，パリ，ロンドンなどの大都市などで建物が古く機器設置に制約を受けるときには，歩道下の地下孔等に設置することもある．また，郊外，郡部では，公園などの他，民地の買い取り，借用によってキオスクと呼ばれる小屋内に機器を設置している．また，変圧器容量については，100～1000kVA程度が多く，二次側に電圧調整のためのタップが3タップ程度ついているため，電圧調整が

1.1 配電系統の概要

可能になっている．また，絶縁方式としては，屋外仕様はほとんど油入式であるが，屋内仕様は乾式モールドタイプのものが増えてきているのが実態である．

さらに，容量別供給方式についてであるが，需要家への供給電圧は，契約容量によってあまり明確に決まっていない．目安として中圧受電となる境界は，調査先のフランスでは250 kVA以上，ドイツでは200 kVA以上，イギリスでは400 kVA程度以上となっている．

中圧受電の場合は，リングメインユニット，変圧器などは一般的に需要家が設置し，保守メンテナンスを行うが，自由化の進展のためか電力会社が需要家資産の受電設備を無償でメンテナンスしている場合もある．

計量は一般に供給電圧で行われるが，フランスでは中圧受電でも1250 kVA以下は二次側低圧計量を行うところもある．

1.1.2 配電系統の構成[2]

22 kV，6 kV配電線は，66 kV（154 kV）/22 kV，66 kV/6 kVの配電用変電所において，22 kVまたは6 kV母線から6～8回線が，各回線ごとに遮断器，断路器を介して引き出される（図1.1.4）．

22 kV，6 kV配電線は，変電所母線遮断器以降は，常時各配電線ごとに単独・独立して運転されている．引き出された各配電線ごとの系統構成は，設備事故の発生を考慮して，配電線を常時閉路（N.C.；normally close）の開閉器により数区間に分割し，それぞれの区間は隣接配電線と連系線により連系し，連系点では常時回路（N.O.；normally open）の開閉器により連系されている．事故時には，当該配電線の事故発生区間以外の健全区間について，隣接配電線の連系開閉器を投入（close）することにより，逆送できるよう系統を構成するのが通常である．

設備信頼度については，従来からその統計的手法によりかなりの実態把握がなされてきたが，事故がいったん発生した場合における切替対応能力，復旧速度などに関する定量的，理論的分析は配電系統構成の多様性から十分な解明が

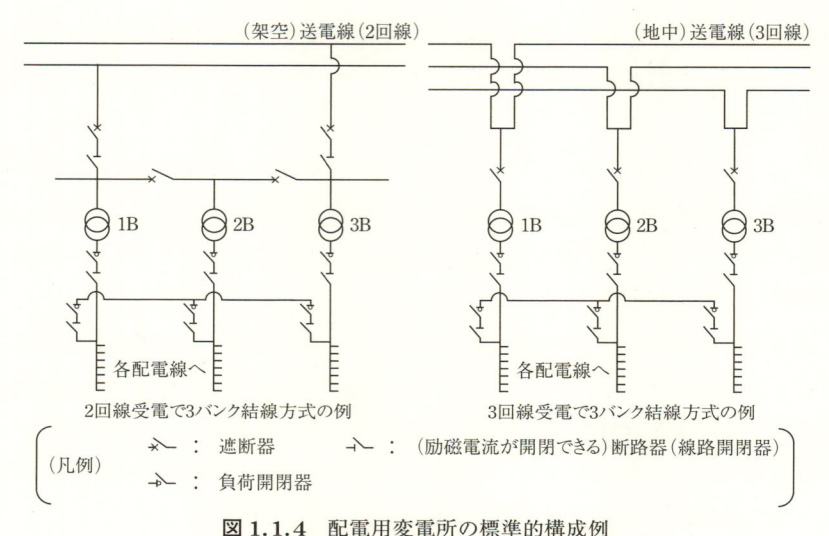

図 1.1.4　配電用変電所の標準的構成例

（架空）送電線(2回線)　　　　　　　　（地中）送電線(3回線)

2回線受電で3バンク結線方式の例　　　3回線受電で3バンク結線方式の例

（凡例）　⌐⌐：遮断器　　⌐⌐：（励磁電流が開閉できる）断路器（線路開閉器）
　　　　　⌐⌐：負荷開閉器

なされていないため，信頼度を総合的に評価，予測する手法が困難である．

ここでは，まず配電系統構成の現状を述べ，配電線の系統信頼度の総合評価予測の鍵ともいうべき多様化した配電系統の一元的見方について述べる．すなわち，裕度という概念で体系づけを行い，系統信頼度の予測手法解析の前提条件を明確にしようとするものである．

(1)　系統構成の現状

高圧配電線路は，配電用変電所から需要家近傍もしくは需要家引込口までの電力流通経路であり，通過ルートは配電系負荷の特質および線路保守運用などから主に道路沿いに施設されている．すなわち，従来配電線路は新規需要発生に対してそのつど新たに設備を建設してきたため，線路形成は地域の需要形態に見合って放射状形態を成しているのが普通である．

一方，一般需要家に対する供給信頼度向上を図る一手法として，また，配電線事故が発生した場合の停電影響範囲の縮小化を目的として，

・配電線路途中に適当数の開閉器類を施設して配電線を「区間」に分割
・分割された「区間」に対して隣接配電線との間に「連系線」を施設

1.1 配電系統の概要

しているのが実態である．すなわち，前者については，事故発生箇所を含む永久停電範囲（区間）の縮小化を行い，後者については，事故区間以外の「健全区間」に対しては，隣接配電線からの融通を行うことによって，系統信頼度の向上を図っており，このために，配電設備は需要家供給設備以外の線路設備（連係線）を設けている．

したがって，配電線路（設備）は需要家供給のための線路（設備）と，系統信頼度向上のための線路（設備）により構成されていることになる．

(2) 系統構成に対する基本的考え方

(1)より，配電線の基本形態は放射状であり，系統構成は配電線事故を想定した事故区間の縮小化と，事故発生当該配電線の健全区間に対する逆送により系統信頼度の向上を図るため，

・配電線（幹線）を適当区間に分割する開閉器
・分割された区間ごとに隣接配電線から逆送できる連系線（連系開閉器）

を施設するのが標準である．

したがって，配電系統の標準構成はその完成形態をもって代表されることになり，幹線系統は連系線（連系開閉器）により隣接配電線と連系され，配電線事故時全ての健全区間は連系線（連系開閉器）を通して，隣接配電線に切り替え可能な，いわゆる「多分割多連系」方式である（**図 1.1.5**）．

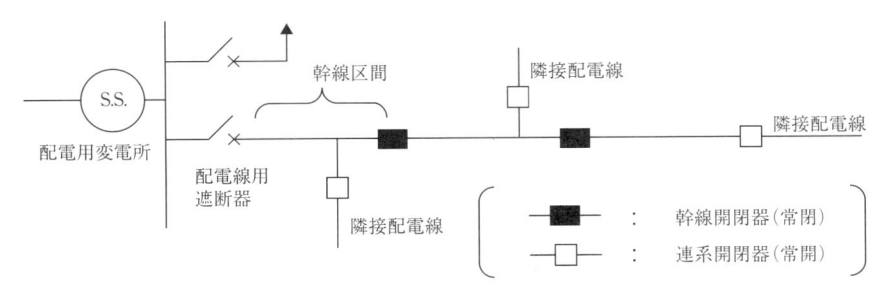

図 1.1.5 多分割多連系方式による系統構成

なお，「多分割多連系」配電線においては，図 1.1.6 に示すとおり，1 連系線に対応する 1 区間（幹線区間；系統信頼度の管理区間）をさらに区分開閉器

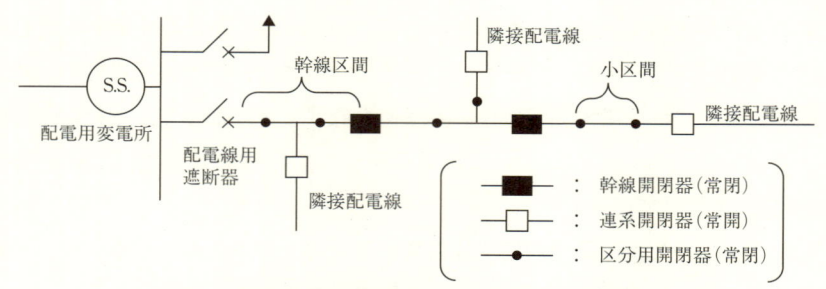

図 1.1.6 多分割多連系配電線における区間分割状況

によって細分化した「小区間」が存在する場合があるが,これは停電事故復旧作業の一部あるいは作業停電における実践的な停電範囲の縮小化のために使用される「開閉器区間」とみなすことができるので,ここでは検討の対象外とした.

また「多分割多連系」方式における配電線形態は常時併用方式(連系開閉器-常閉)または常時開路方式(連系開閉器-常開)のいずれにおいても定義可能であるが,理解を容易にするためには 6 kV 系統で一般化している常時開路方式として取り扱うこととした.

「多分割多連系」配電線における系統負荷は,隣接配電線事故時に連系線を通して「隣接区間」の負荷を分担するため,事故時の切替負荷によって当該配電線の許容容量が超過しないよう考慮しなければならない.しかし,すべての配電線が常に切替余力を確保しているとは限らず,負荷増などにより一部の配電線については切替不能な区間を有する場合がある.すなわち,任意の区間で事故が発生するものと仮定すれば,事故発生区間切り離し後,電源側の健全区間については当該配電線の遮断器の再投入により再送電が可能であるが,事故区間より負荷側の健全区間については,一部もしくは全部が,切替不可能な区間として送電が不可能となる場合がある.

(3) 配電線の稼働率

配電線は,隣接する配電線の事故発生時に区間負荷の一部,もしくは,全部を分担するため常時切替余力を確保する必要がある.したがって,配電線の稼

1.1 配電系統の概要

働率は，従来の常時稼働率 $E^{(注1)}$ のほかに，事故時に負荷切替が有効に行うことができるか否かが判別できる有効稼働率 $\eta^{(注2)}$ による管理が必要である．

有効稼働率はその定義から次式で表現できる．

$$有効稼働率\ \eta = \frac{\begin{pmatrix}配電線負荷電流(常時) + 連系する幹線\\区間の最大負荷電流\end{pmatrix}}{短時間許容電流} \times 100\ [\%]$$

(注1) 常時稼働率 E ……配電線の負荷電流が常時許容電流を超過しているか否かを判別するものであり，次のように定義される．

$$常時稼働率\ E = \frac{配電線負荷電流(常時)}{常時許容電流} \times 100\ [\%]$$

(注2) 有効稼働率 η ……隣接配電線事故時に行う負荷切替を考慮した配電線負荷電流に対する許容電流の割合を持って定義し，配電線事故時の切替可否を判別するものである．

　　　実践的には，切替が必要となる時間が事故復旧までの比較的短時間であることから，設備の有効活用の観点より許容電流を短時間許容電流とすることが妥当である．

なお，有効稼働率 $\eta \leq 100\%$ とは，たとえば2回線切替方式の場合，常時稼働率 $E \leq 50\%$，2分割2連系の場合 $E \leq 67\%$，一般に z 分割 z 連系の場合は $E \leq \frac{z}{z+1} \times 100\%$ と等価であることを示していることになる．

(4) 配電線の裕度

配電線の有効稼働率 η は，100%を臨界値として事故時（配電線の立上り付近の事故を想定），全区間の切替が可能か否かを判別する指標である．したがって，配電系統における系統信頼度からみた裕度としては，切替余力があるか否かを示す有効稼働率 η が100%以下か，もしくは超過するかの臨界値をもって指標とすることができる．

有効稼働率 η が100%以下の場合は裕度があることを意味するが，地域および一事業所単位規模における高圧系統の裕度を高圧線の系統信頼度面から考える場合，各々の配電線について裕度があるか否かを判別して，有効稼働率 $\eta \leq$ 100%の配電線が当該地域における高圧系統のうちで，裕度を持った配電系統とみなすことができる．したがって，各地域間を相対的比較のため全配電線数

に対する裕度のある配電線の割合[注3]（以下，適正配電線率 q）をもって，当該地域における高圧系統の裕度とする．

$$適正配電線率\ q = \frac{有効稼働率\ \eta\ が100\%以下の配電線数}{全配電線数} \times 100\ [\%]$$

（注3）適正配電線率 q ……有効稼働率 $\eta \leqq 100\%$ の配電線を適正配電線，有効稼働率 $\eta > 100\%$（切替不可能な配電線）を不適正配電線と呼び，全配電線に対する適正配電線数の割合を適正配電線率 q とすれば，適正配電線率 q は地域における高圧系統の裕度を示す指標となる．

なお，適正配電線においては常時稼働率上限値 E_{max} は，$\frac{z}{z+1} \times 100\%$（$z$ 区間 z 連系配電線）であるから，次式でも表される．

$$適正配電線率\ q = \frac{常時(許容)稼働率限度 E_{max}以下の配電線数}{全配電線数} \times 100\ [\%]$$

(5) 東京電力における具体的な運用

東京電力における具体な系統構成としては，図1.1.7に示すように架空系統においては3分割3連系方式，地中系統においては4分割2連系方式を採用している．多分割多連系系統では，連系数を n とすると，$n/(n+1)\%$ の稼働率が確保できるため，設備を有効に活用することが可能である．以上のようなことから，6kV配電系統においては，多分割多連系系統を採用し，供給信頼度の確保と稼働率の向上の両立を図っている．

一方，22kV系における系統構成は，22kV系統が都心部等の過密地域に対する供給力確保のために導入が促進されたという背景から，供給信頼度の確保が前提条件となり，若干の応用はあるものの，基本的には多分割多連系系統が採用されており，図1.1.8に示す3つの方式が採用されている．

(6) 配電設備の概要

配電設備は，図1.1.9に標準例を示すとおり，配電用変電所から出て，お客さま構内の財産分解点に至るまでの線路および機器をいい，主な構成要素としては，高圧配電線，柱上開閉器，柱上変圧器，低圧動力線，低圧電灯線，引込線などがある．

1.1 配電系統の概要

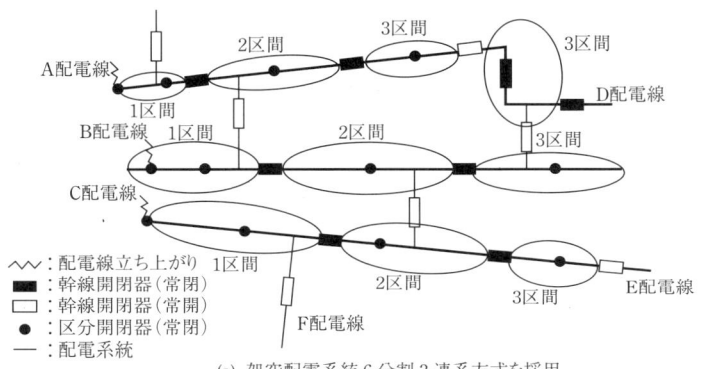

(a) 架空配電系統6分割3連系方式を採用

凡例:
- 〜〜：配電線立ち上がり
- ■：幹線開閉器（常閉）
- □：幹線開閉器（常開）
- ●：区分開閉器（常閉）
- ─：配電系統

(b) 地中配電系統4分割2連系方式を採用

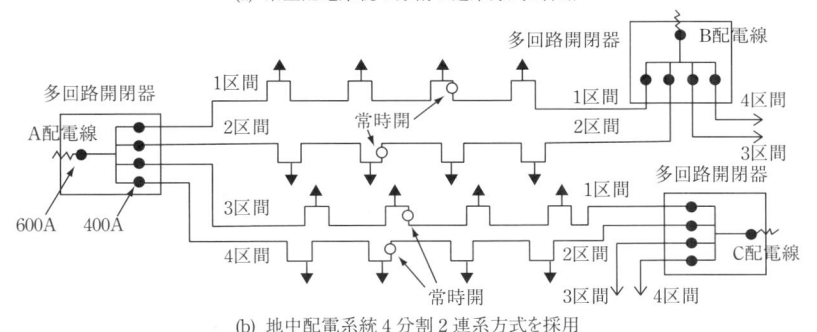

図 1.1.7 6 kV 配電系統における系統構成（東京電力における標準）

　高圧配電系統の系統構成は，先にも述べたとおり多分割多連系方式を採用しており，このような系統の分割や連系については，線路上に開閉器を施設することにより実現している（**図 1.1.10**）．

　また，わが国における低圧配電電圧は，お客さまの主な使用電圧である三相3線式200 Vの動力と単相2線式100 Vの電灯負荷という実態に応じて，三相3線式200 Vの動力系統と単相3線式100・200 Vの電灯系統を使用している．

　また，両者はコストダウンの観点から異容量V結線による三相4線式100・200 V系統を構築することにより共用しているケースが多いのが実態である．

　このような低圧電圧を高圧配電電圧から変成する柱上変圧器の種類と結線を**図 1.1.11** に示す．

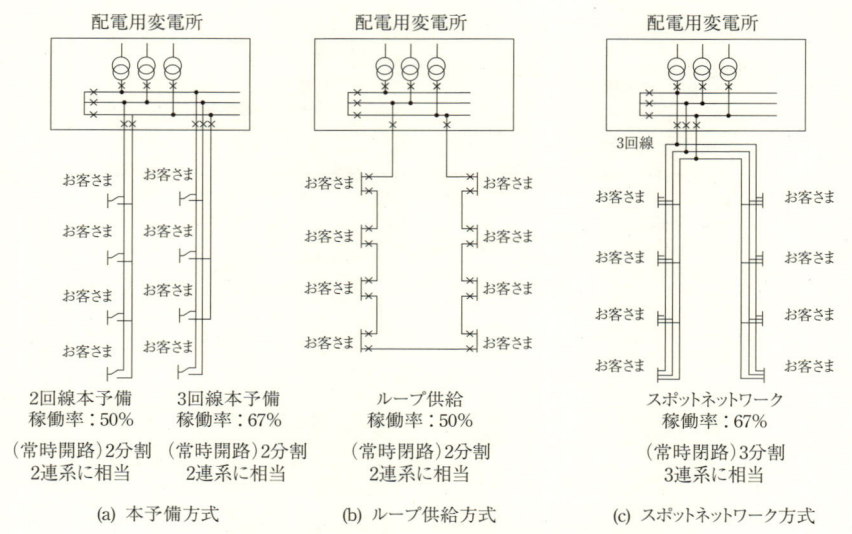

(a) 本予備方式
- 2回線本予備
  稼働率：50%
  （常時開路）2分割
  2連系に相当
- 3回線本予備
  稼働率：67%
  （常時開路）2分割
  2連系に相当

(b) ループ供給方式
- ループ供給
  稼働率：50%
  （常時開路）2分割
  2連系に相当

(c) スポットネットワーク方式
- スポットネットワーク
  稼働率：67%
  （常時閉路）3分割
  3連系に相当

図 1.1.8　22 kV 系統における系統構成

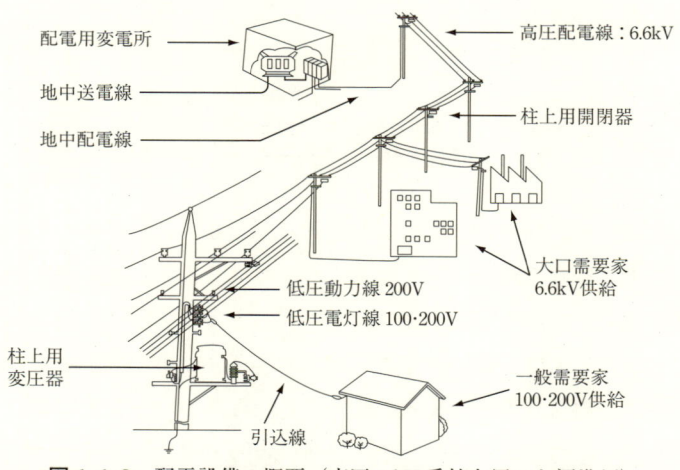

図 1.1.9　配電設備の概要（高圧 6 kV 系統を用いた標準例）

1.1 配電系統の概要

図 1.1.10 柱上開閉器の施設場所と外観

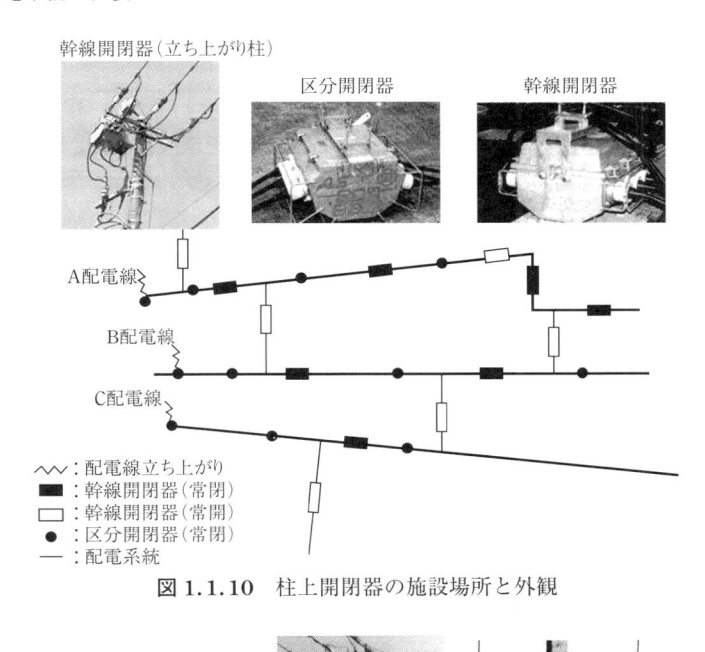

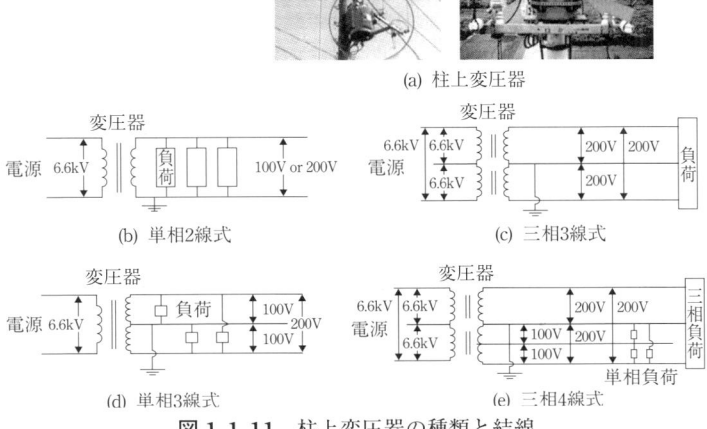

凡例:
- ⌇⌇ : 配電線立ち上がり
- ■ : 幹線開閉器(常閉)
- □ : 幹線開閉器(常閉)
- ● : 区分開閉器(常閉)
- ― : 配電系統

(a) 柱上変圧器

(b) 単相2線式
(c) 三相3線式
(d) 単相3線式
(e) 三相4線式

図 1.1.11 柱上変圧器の種類と結線

さらに，地中配電系統においては，当然のことながら開閉器や変圧器が柱上に施設できないため，主に歩道上などのスペースに設置されている．地中配電系統における主な機器を図 1.1.12 に示す．多回路開閉器は，主に地中配電線の立ち上がり部分に施設する開閉器であり，地上用変圧器は高圧電圧を低圧電圧に変成する変圧器，低圧分岐装置は低圧の引込線を各戸へ配線するための分岐装置である．

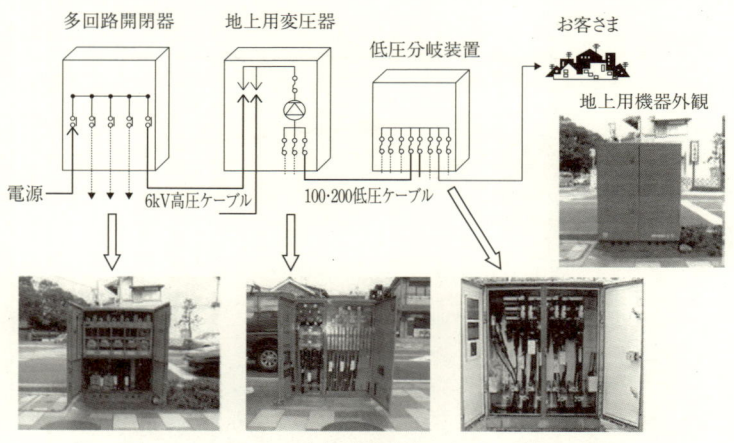

図 1.1.12 6 kV 地中配電系統における機器の外観

また，配電設備の施設標準としては短絡強度がある．配電系統は，変電所の新設や系統変更など需要地近傍に施設されている分，周囲環境に大きく左右されるため，個別検討を行わず一律に短絡強度を設定しているのが基本である．具体的には，6 kV 高圧配電系統では，電流値基準としては 12.5 kA 以下，遮断容量としては，150 MVA を採用しており，配電用変電所バンクにより短絡電流を制限することで一律の設定を実現している．

1.2 22 kV, 11.4 kV 配電方式の有効性

1.2.1 22 kV/400 V 配電方式の有効性

22 kV/400 V 配電方式は，6 kV/100・200 V 配電方式と比較して供給力が大きいため，6 kV 配電方式の複雑膨大化し安定供給の確保が困難化が想定される中で，都市部過密地域において配電用変電所，配電線の新設が抑制ができることなど，供給者側にとって，より高信頼度かつ大容量に対するニーズを満足できるだけでなく，電力損失の節減効果も期待できる．一方，使用者側にとっても使用電圧で受電できるメリットなどを享受できる．22 kV/400 V 配電方式の有効性について，供給者側・使用者側それぞれのメリットを整理すると表1.2.1のようになる．

表 1.2.1 22 kV/400 V 配電方式の有効性

供給者側	・一時配電系統の高電圧（22 kV）化により供給力が増加し，変電所拠点の集約配置，回線数や幹線管路の抑制，線路損失の低減等が図られ，供給設備投資の抑制や設備設置スペース確保の容易化が可能． ・二次配電圧に400 Vを採用することにより，幅広い需要層への同一電圧での供給が可能となり，電圧系列が簡素化（22 kV/6 kV/100・200 V→22 kV級/230・400 V）されることから，供給設備の建設・保守に係わる流通トータルコストの低減が可能． ・国際規格との整合による資機材調達の多様化・オープン化が図られ，一層のコストダウンが期待可能． ・使用銅量の節減，電力損失の低減等によりCO_2排出量が抑制され，地球環境保護へも貢献が可能．
使用者側	・使用電圧で受電することにより，変圧器や開閉器等が省略でき，受電設備に係わる投資抑制や必要スペースの縮小が可能（ただし借用変圧器室等の確保が必要）． ・ビル内負荷機器には400 V級利用に適した負荷機器（空調・エレベータ等）が多く，効率的使用やパワーアップによる利便性向上に寄与できる． ・国際規格に整合するので，海外製品の導入が容易． ・保守・メンテナンスする電気設備が低圧設備のみとなることから，保安に係わるコストの軽減が可能． ・使用銅量の節減，電力損失の低減等によりCO_2排出量が抑制され，地球環境保護へも貢献が可能．

ここで，従来の単相3線式100・200 V方式と三相4線式230・400 V配電方式について，供給力や電圧降下率，電力損失率などの有効性を理論的に示す

と，**表1.2.2**のとおり，同一銅量で約3倍の供給可能量を得るとともに，電圧降下率や電力損失率の低減が図れる有効な方式であることがわかる．

また，電気の使用者側におけるメリットについても，さらに具体的に説明すると，従来の100V利用に加えた200V級機器の利用の導入・普及により，

- 今まで電気がほとんど利用されていない分野（大容量の熱利用分野等）での電気の利用を可能とすることができる（例：電気温水器，クッキングヒーター等）．
- 従来の100V機器の能力を向上させ作業時間の短縮や作業量の増大を可能とすることができる（例：エアコン，食器洗い機など）
- 国際規格に整合するので，容易に海外機器が導入できる．

などのメリットがあり，上記の電気利用の幅を広げることにより，電気利用全体としての利便性が向上する．また，このような電気利用の幅の広がりは，ガス利用など他のエネルギー利用との競争を促し，エネルギー間競争をより活発にし，より使用者にとって使いやすい，便利な機器の登場に繋がることも期待

表1.2.2　低圧配電方式の比較

		単相3線式100・200V	三相4線式230・400V
結線図		負荷 電灯(100V) / 負荷 電灯(100V)	負荷 電灯(230V) / 負荷 動力(400V)
同一銅量での供給可能量		1.0	3.5 (→ 約3倍向上)
同一電流通電時	電圧降下率	1.0	0.4 (→ 約6割低減)
	電力損失率	1.0	0.4 (→ 約6割低減)

1.2 22 kV, 11.4 kV 配電方式の有効性

される.

この結果, 使用者にとっては, 100 V, 200 V の選択も含め, より快適で使いやすく, 効率的な家電製品など負荷機器の選択の幅が広がるものと考えられる. このように, 使用者側にとっても, 工夫次第で快適な生活空間・家庭生活を作り出すことができるといえよう.

なお, 200 V 機器の能力の例を以下に示す.

〈200 V 機器の能力例〉
1. 全自動洗濯乾燥機　…洗濯から乾燥まで, 一度にたくさんの量を早くこなすことができます. また, 寝る前に汚れ物を入れておけば, 朝起きた時に乾いた洗濯物が出来上がる. さらに好みの温度に設定したお湯で洗うので, 汚れもきれいに落ちる.
2. 大型エアコン, マルチエアコン　…広いリビング・ダイニング・ルームの空調や, 各部屋同時の空調が可能となる. 家中いつでも, どこでも快適な空間が得られる.
3. 電化システムキッチン　…クッキングヒーターは, パワーのある火力で中華料理も十分こなせる. また, さらに電化オーブンや食器洗浄機なども組み込んだきれいで便利なシステムキッチンにできる.

(出典：電力 200 V 時代 [通産資料調査会])

1.2.2　11.4 kV 配電方式の有効性

三相 4 線式 11.4 kV 配電方式は, 昭和 30 年代後半に検討され, 昭和 36 年 12 月に埼玉県内で試験実施が開始された. その後, 群馬県・山梨県などで 4 配電用変電所 27 回線が運用を開始した. 当時, 中性点接地方式には, 6 kV 機器の流用と装柱簡素化の利点から「共通中性線多重接地方式」を採用したが,

・負荷不平衡電流の大地分流により, 付近の電話線や保安通信線に常時雑音が発生した.
・高抵抗地絡事故の検出が困難であった.
・一線地絡時および混触時の異常電圧抑制のため, B 種接地抵抗値の維持・

管理（合成：5～15 Ω/km）のため多大な労力と費用を要した．
などの理由で広く普及することなく，試験実施の配電線は6 kVまたは22 kV配電方式へ変更となった．

また，当社試験実施と前後して，各電力会社でも長こう長配電線の電圧改善・損失軽減方策として数回線実施されてきたが，これらの配電線も逐次廃止されている．

一方，諸外国の高圧配電方式を見てみると，アメリカやカナダでは，共通中性線多重接地系の三相4線式（都市部：2.4/4.16 kV，郊外：7.2/12.47 kV，7.62/13.2 kVなど）が広く採用されているが，欧州各国では三相3線式10～20 kV（接地方式は，抵抗接地・リアクトル接地・非接地など）が主流となっている．

11.4 kV配電方式は，既設6 kV配電設備を極力流用しつつ，供給能力を最大限活用するため，中性線を新設することにより，電圧線-中性線間電圧を6 kVに昇圧（線間電圧は11.4 kV）する方式である．この方式では，一部機器の新規開発が必要となるものの，支持物・腕金・電線等の機材はそのまま流用可能であることに加え，耐雷素子（ZnO素子）内蔵の変圧器・開閉器が面的に普及している現状では過渡性過電圧の抑制効果が期待できるため，がいし，変圧器等，昇圧の影響を受ける機器材も，その実力値から見て十分流用可能である．

電灯の供給は，既設柱上変圧器を中性線-電圧線間に接続替し，降圧する方式を採用する．また，動力変圧器は，電圧線-中性線-電圧線間に接続替を行い，逆V結線とする．既設の高圧自家用引込のお客さまに関しては，当面，自家用補償用変圧器装置（11.4 kV/6.6 kV）で降圧して供給することになる．

また既設6 kV配電系統を有効に活用することを前提として，移行の容易性，ルート制約等を考慮して，現行6 kV配電系統と同様な分割連系方式の系統を採用した．さらに標準短絡容量については，既設6 kV直列機材の流用を踏まえて，短時間通過電流（機械的強度）性能を維持するため，電流値基準として三相短絡電流12.5 kA以下を標準とした．

11.4 kV配電方式のメリットは，次にような点であり，既設6 kV配電設備を

1.2 22 kV, 11.4 kV 配電方式の有効性

部分的に流用して昇圧する 11.4 kV 配電方式について経済性評価を実施した結果，新規適用機器の低コスト開発，低圧供給範囲の拡大（既設自家用補償費の抑制）等の諸施策を講じれば流通設備トータルでの経済的メリットが得られるとの結論が得られている．

- 線路（支持物，電線，がいし等），柱上変圧器等の既設 6 kV 設備の流用が可能である．
- 供給力の向上（$\sqrt{3}$ 倍），電圧降下改善（1/3）が図られ，配電線の集約化，長こう長化が可能となる．
- 同一負荷へ供給する場合の線路損失量が低減（1/3）される．
- 配電線側の供給力向上により，送電線・配電用変電所・管路工事等の新設回避が図れ，流通設備トータルでの投資抑制が期待できる．

●参考文献●

（1） 20 kV 級／400 V 配電方式普及拡大技術専門委員会，"電気協同研究 第 56 巻第 3 号 20 kV 級／400 V 配電方式普及拡大技術"，社団法人電気協同研究会，2000-12
（2） 配電専門委員会，"電気学会技術報告（II 部）第 31 号系統運用・信頼度からみた配電設備の最適形成手法に関する研究"，社団法人電気学会，1975-06

第2章 配電系統の中性点接地方式

系統の中性点接地方式には直接接地方式,抵抗接地方式,リアクトル接地方式,非接地方式があり,電圧階級に応じて選定されている.本章では,始めに中性点接地方式の概要について紹介し,22 kV,11.4 kV配電系統の中性点接地方式および中性点接地抵抗値の選定手法について述べる.

2.1 中性点接地方式の概要

2.1.1 中性点接地方式概論
(1) 中性点接地方式

わが国の電力系統における中性点接地方式は,
- 系統の絶縁レベル(一線地絡事故時の健全相対地電位上昇の抑制,間欠アーク地絡等による異常電圧の発生防止)
- 地絡・混触事故時の通信線への誘導による保守・保安面に与える影響
- 低圧との混触事故時における低圧線対地電位上昇
- 地絡事故に対する保護継電器の動作の確実化

などの面から最適な方式を選定しており,これまで,社会情勢や技術的な課題などの理由から,電圧階級により接地方式も様々な方式が採用されてきた[1],[2],[3].代表的な方式を以下に示す.
- 直接接地方式
- 抵抗接地方式
- リアクトル接地方式

・非接地方式
① 直接接地方式
この方式は，変電所の変圧器二次側の中性点を直接大地に接地する方式で，一線地絡事故時に健全相の対地電位が上昇せず，過電圧サージも低く抑えられることから，線路・がいし・機器等の絶縁レベルを軽減することが可能となる．しかしながら，一線地絡の事故電流が非常に大きく，通信線への電磁誘導障害や混触事故時の低圧線の電位上昇が大きくなるため，制限値を超える際には対策が必要となる．

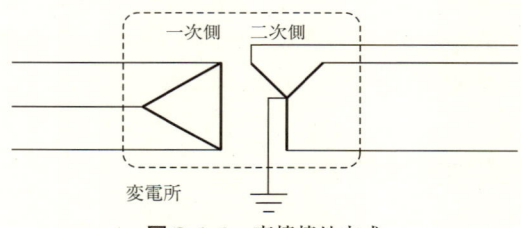

図 2.1.1　直接接地方式

② 抵抗接地方式
この方式は，変電所の変圧器二次側の中性点が抵抗を介して接地する方式であり，その抵抗により一線地絡時の事故電流が抑制される（一般的には，一線地絡事故電流を 100～400 A 程度に抑えるような中性点接地抵抗値を選定している）．したがって，直接接地方式に比べ，通信線への誘導障害や混触事故時の低圧線電位上昇が抑えられる反面，健全相の対地電位上昇値が大きくなるので，接地抵抗の大きさによっては絶縁レベル低減が見込みにくい．

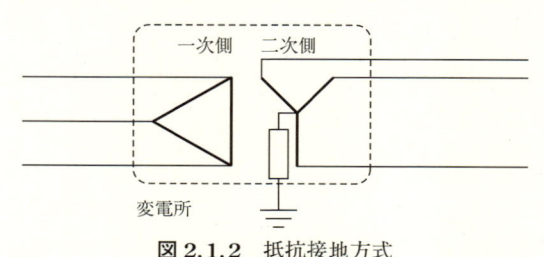

図 2.1.2　抵抗接地方式

2.1 中性点接地方式の概要

③ リアクトル接地方式

この方式では，変電所二次側の中性点を低インピーダンスのリアクトルで接地する方式で，抵抗接地方式と同様に事故電流を制限し，通信線への誘導障害の防止を図るものである．特に，線路の対地静電容量 C_s と並列共振するリアクトルで接地することにより，一線地絡事故時の事故点の事故電流を打ち消し，アークを自然消弧させ，停電や異常電圧を防止する方式を消弧リアクトル（Paterson Coil）接地方式という．また，都市部のケーブル系統増加に伴う対地充電電流の増大対策として，補償リアクトルを中性点に接続することにより，対地充電電流を補償する方式を補償リアクトル接地方式といい，保護継電器の動作を確実にし，一線地絡事故時の健全相電圧の異常上昇を抑制する．

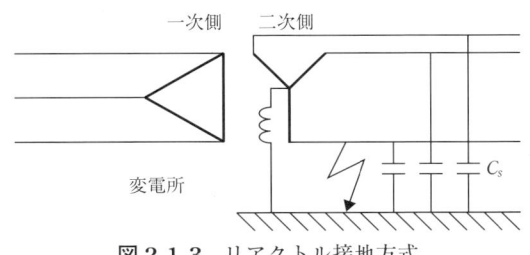

図 2.1.3 リアクトル接地方式

④ 非接地方式

この方式は，変電所の変圧器の中性点を接地しない方式で，一線地絡事故時の事故電流が小さく，通信線への誘導障害や混触事故時の低圧側での電位上昇が小さくなる．一方，一線地絡事故時の健全相の対地電圧が相電圧から線間電圧に上昇することや，系統電圧が高く，こう長が長い送電線路やケーブル系統では，一線地絡時に C_s で示す対地静電容量による充電電流が大きくなり，地絡点に生じるアークは間欠アークとなり，異常電圧を発生する恐れがある．

ここで，非接地系統における間欠アーク地絡発生のメカニズムについて簡単に示す．

・非接地方式では，一線地絡事故が発生すると，地絡事故点において対地静電容量により事故相の電圧より 90 度進んだ位相の事故電流が流れる．

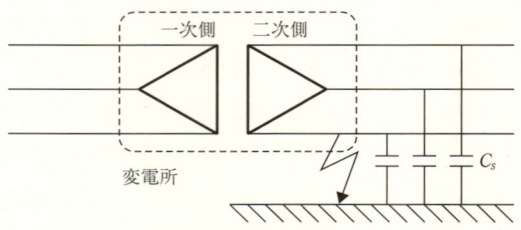

図 2.1.4 非接地方式

- 事故電流は1/2サイクルごとに零クロスすることから,アークが消滅する.しかしながら,消滅した瞬間に事故相の電圧は最大値となり,その電荷が残留し電位が保たれる.
- 次の1/2サイクル後は,極性の異なる電源電圧が印加されるため,残留電圧と電源電圧の和が事故点に加わることになり,絶縁破壊が生じて強いアークが発生する.
- これらを繰り返すことで対地電圧が上昇し,アークによるがいし破損,電線溶断や急峻な電気振動による機器損傷などの影響を与える.

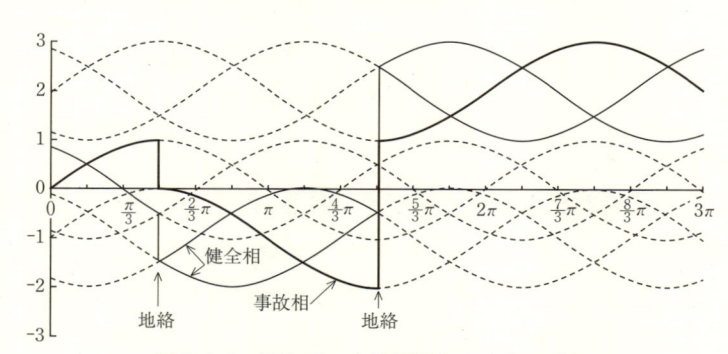

図 2.1.5 間欠アーク地絡発生のメカニズム

各種接地方式の特性について整理を行った結果を表 2.1.1 に示す[4].

(2) 電圧階級別の中性点接地方式の実態

各接地方式の特性を踏まえると,超高圧送電系統では機器の絶縁レベルが重要視され,絶縁合理化を図るべく,直接接地方式を採用されている.一方,高圧配電線は通常通信線が共架されることが多いことから,一線地絡電流による

2.1 中性点接地方式の概要

表 2.1.1　各種接地方式の比較

接地方式		直接接地	抵抗接地〔Ω〕			リアクトル接地	非接地	備考
項目			40～90	200前後	500			
異常電圧	開閉サージ	投入サージが問題であり，その大きさは接地方式によって直接左右されない．						絶縁設計面から採用困難とする接地方式はない
	一線地絡（定常）	1.3倍	$R_0/X_1>10$ならば2.0倍以下 ・2.0倍以下の条件を満たす対地容量のインピーダンス〔Ω〕 R_0　 50　 190　 950 X_C >250 >300 >600 ・2.0倍以下の条件を満たす対地容量のモデル系統の X_C〔Ω〕 都市　　周辺　　　郡部 150～1500　180～6700　3700～10000			過補償なら$\sqrt{3}$倍以下	$X_0/X_1<-10$ならば2倍以下	
	一線地絡（過渡）	1.5倍以下	$R_0/X_1>10$ならば3.0倍以下			過補償なら2.5倍以下	$X_0/X_1<-10$ならば3倍以下	
	一線断線	問題なし	問題なし			$a=0.2$ $V_0=2.5E_a$	問題なし	
誘導	一線地絡時平常時	大	中 問題なし			小 問題なし	小	直接接地は採用不可．抵抗接地は低抵抗で過酷．
高低圧混触時の低圧線電位上昇		過大	大	中		小	小	直接接地は採用不可．抵抗接地は低抵抗で過酷．
地絡保護	波形ひずみ	問題なし	小	中		大		リレー開発が必要な場合もあるが，解決困難な問題はない．
	適用可能リレー	OC可	3CT+DGR可	ZCT+DGR可 3CT+DGR可の場合もある		CT+OCG，GPT+OVG，ZCT+DGR可		
	故障検出感度	あまり高くできない	100～900Ω (10～30%)	2000Ω (10%)	4500～8500Ω (10%)	10000Ω程度	10000Ω程度	（　）はDGRの最低検出感度設定値

(注)　R_0：零相抵抗，X_1：正相リアクタンス，X_0：零相リアクタンス，X_C：対地容量のリアクタンス，X_L：リアクトルのリアクタンス，V_0：零相電圧，OC：過電流継電器，OVG：地絡過電圧継電器，3CT：各相CT3台の残留回路を使用するもの，OCG：地絡過電流継電器，DGR：地絡方向継電器，ZCT：零相変流器

$$a = 過補償率 = \frac{3X_L - X_C}{3X_L} \qquad (2.1.1)$$

障害（共架通信線への誘導，低圧線の電位上昇による機器損傷）が課題となり，非接地方式が採用されていることが多い．わが国では，187 kV以上の電力系統では直接接地方式，154 kV以下の系統では抵抗接地，一部において消弧リアクトル接地が用いられており，22 kVから154 kVケーブル系統では，リアクトル接地方式および低抵抗接地方式が用いられている．一方，6 kV高圧系統では非接地方式が用いられている．

表 2.1.2　日本における電圧階級別の接地方式

標準電圧	接地方式
500 kV, 275 kV	直接接地
154 kV	抵抗接地（補償リアクトル接地[※1]）
66 kV	抵抗接地（補償リアクトル接地[※1, ※2]）
22 kV	抵抗接地
6.6 kV	非接地

※1：ケーブル系統などで充電電流が大きく，電磁誘導障害の恐れがある場合に適用．
※2：消弧リアクトル（PC）接地方式を用いる場合もあるが極めて少ない．

(3) 有効接地と非有効接地

中性点接地方式は，大別して有効接地（直接接地，低抵抗接地）と，非有効接地（高抵抗接地，リアクトル接地および非接地）に大別できる．これは，一線地絡事故時に健全相に発生する最大の電圧上昇の常時電圧に対する係数の違いで分類され，有効接地では最大電圧上昇係数が E（=対地電圧）×1.3 であるのに対し，非有効接地では $E \times \sqrt{3}$ となる．1 例として W 相地絡時の U, V 相対地電位についてベクトル図で表したものを**図 2.1.7** に示す．健全時は，対地電位が中性点電位に一致しているのに対し，直接接地系では一線地絡事故時の事故電流が非常に大きいため，図 2.1.7 に示すように W 相の対地電位が大地電位に近づく．一方，非接地系では一線地絡時の地絡電流が非常に小さいため，線間電位が保たれた状態で，地絡相の電位が対地電位と近づくため，健全相の対地電位が大きく（最大で対地電位の $\sqrt{3}$ 倍）なる．

一線地絡時の健全相の対地電圧は，相回転を U, V, W 相の順とすると，例えば W 相が地絡したときは，健全相 U, V のうち，U 相の方が V 相よりも対地電圧が大きくなる．その倍数を k とすると (2.1.2) 式で表される．

2.1 中性点接地方式の概要

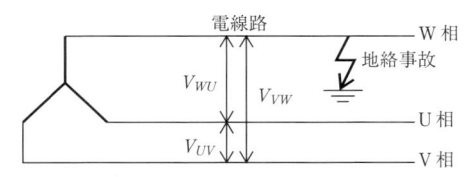

図 2.1.6 非有効接地での一線地絡事故

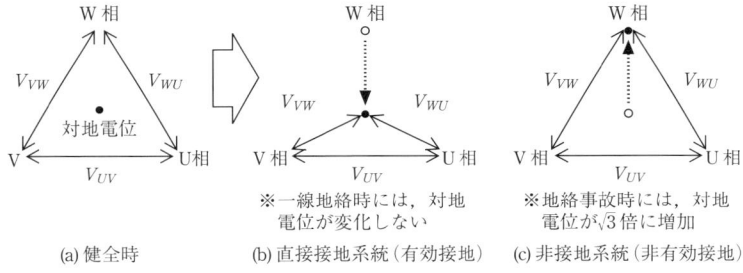

(a) 健全時　(b) 直接接地系統（有効接地）　(c) 非接地系統（非有効接地）

図 2.1.7 W 相地絡時の U, V 相対地電位についてのベクトル

$$k = \frac{(a-1)\dot{Z}_0 + (a-a^2)\dot{Z}_2}{\dot{Z}_0 + \dot{Z}_1 + \dot{Z}_2} \tag{2.1.2}$$

ただし，

$$\begin{cases} a = \dfrac{-1+j\sqrt{3}}{2}, \quad a^2 = \dfrac{-1-j\sqrt{3}}{2} \\ Z_0, Z_1, Z_2 \text{ は事故点から見た系統の零相，正相，逆相のインピーダンスを示す．} \end{cases}$$

零相インピーダンス $\dot{Z}_0$ を $\dot{Z}_0 = R_0 + jX_0$ とおき，正相および逆相インピーダンス $\dot{Z}_1$, $\dot{Z}_2$ を $\dot{Z}_1 = \dot{Z}_2 + jX_1$ とおいて整理すると，(2.1.3) 式で示すことができる．

$$k = \frac{(a-1)(R_0 + jX_0) + (a-a^2)jX_1}{R_0 + jX_0 + j2X_1} \tag{2.1.3}$$

ここで，零相インピーダンス X_0 と正相インピーダンス X_1 の比と，事故後の健全相の電圧上昇係数との関係を**図 2.1.8** に示す．$R_0/X_1 = 0$ の曲線は，リアクトル接地を表しており，共振点で極値を持つため，異常電圧が発生する．一方，中性点接地インピーダンス値を $R_0 \leq X_1$, $0 < X_0/X_1 < 3$ を満たすように選定することで，事故時の健全相の電位上昇が 1.3 倍以下（有効接地系）に抑える

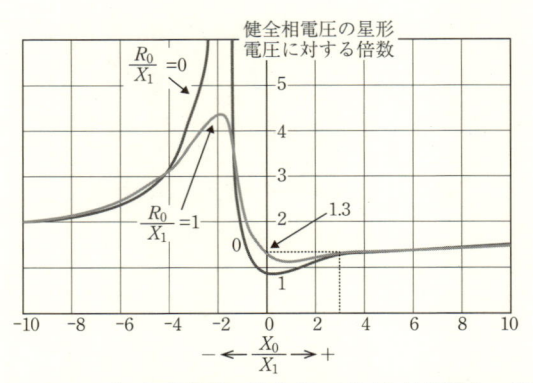

図 2.1.8　X_0/X_1 と事故後の健全相の電圧上昇係数との関係

ことができる．特に，$X_0/X_1 = 0$ で表される直接接地系では，事故時に発生する電圧が定常時の電圧より低くなる．

2.1.2　配電系統の接地方式
(1) 22 kV 配電系統の接地方式の現状と過去の経緯

1950 年頃までの 22 kV 系統の中性点接地方式は，非接地方式とリアクトル接地方式が採用されていた．これは，当時 22 kV 系統ではオープンワイヤ系統が主流であり，地絡事故時の事故電流を抑制することを主目的としていたためである[4]．その後，大都市部の系統においてケーブル系統が増加してきたことから，地絡継電器誤不動作防止と中性点電位の安定のために，抵抗接地方式に変更されてきた．特に，配電系統では低圧線，通信線等と同一柱に共架することが前提となっており，また，施設経路は主として一般道路上または道路沿いとなることから，人家と接近して施設するなど保安面の諸事情を十分考慮した中性点接地抵抗値が選定されている．一例として，東京電力における実態を**表 2.1.3** に示す．架空系統では，地絡事故時の共架通信線への誘導を考慮して高めの中性点接地抵抗値（130 Ω）を用いており，誘導障害を考慮する必要がない地中系統では，大地静電容量による地絡事故時の事故電流の波形歪みに起因する継電器の誤不動作を防止することを目的として，低めの中性点接地抵抗値

2.1 中性点接地方式の概要

表 2.1.3 東京電力の 22 kV 配電系統中性点接地方式の実態

系統種別	線種	一線地絡電流	中性点接地抵抗値
架空配電系統	オープンワイヤ，ケーブル	100 A	130 Ω
地中配電系統	ケーブル	200 A	65 Ω

(65 Ω) を用いている．

(2) 11.4 kV 配電系統の接地方式の現状と過去の経緯

高圧配電系統は，1945 年頃まで 3 kV 配電方式（非接地方式）を採用しており，1945 年以降は電力需要の増大に伴い変電所変圧器の結線替えとともに，3 kV 用機器を流用する 5.2 kV 配電方式（中性点接地方式）が一時採用されていた．その後 1959 年から 15 か年計画で 6 kV 配電方式（非接地方式）に変更されていったが，そのような中でも電力需要が伸び続けたため，地方の長距離配電線では電圧降下や電力損失の問題が顕在化してきた．

そこで，過去に 3 kV 方式の機器を用いて 5.2 kV 方式とした際と同様に，6 kV 方式の機器を流用して系統電圧を 11.4 kV 方式に昇圧する検討[5],[6]が行われ，1961 年 12 月に東京電力の玉川線に共通中性線多重接地方式による 11.4 kV 配電線が誕生し，さらにその後，1964 年 3 月に 5 回線の昇圧を行ったが，共通中性線多重接地方式は通信線に及ぼす誘導障害の問題から広く普及することはなかった．現在では，長距離配電線における電圧降下，電力損失問題に対しては，配電線の大容量化（太線化）により対応している．

しかし，近年になり電力流通設備トータルでの効率化を指向して，配電用変電所新設を回避するための方策として再び 11.4 kV 方式への昇圧の有効性が認識される中，現状の設備実態にあった 11.4 kV 方式の適用に向けた検討が行われている．

11.4 kV 配電方式の特徴として，既存の 6.6 kV 設備流用のために系統全体にわたって中性線を架線する必要があることが挙げられる．

ここで，中性線の接地方式として挙げられる共通中性線多重接地方式，低圧多重接地方式，単一抵抗接地方式についてその特徴を述べる．

① 共通中性線多重接地方式

この方式は，中性線と低圧アース線を共用する方式であり，中性線は変電所と配電系統の各所で接地される．新たに中性線を架線する必要がないため，昭和30年後半に各電力会社で採用された実績がある．この方式では地絡（特高－低圧混触）事故時の低圧線電位上昇を抑制できる利点がある反面，誘導障害の問題がある他，高抵抗地絡事故の検出が困難となるなどの短所がある．

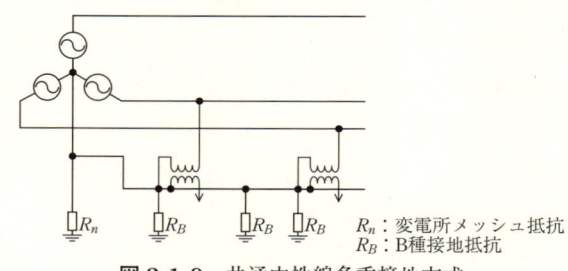

R_n：変電所メッシュ抵抗
R_B：B種接地抵抗

図 2.1.9　共通中性線多重接地方式

② 低圧多重接地方式

この方式も共通中性線多重接地方式と同様に直接接地方式であり，地絡（特高－低圧混触）事故時の低圧線電位上昇を抑制できる，地絡事故検出の感度は良く，単一抵抗接地方式に比べ健全相電位上昇が抑制できるといった利点がある反面，事故時の誘導障害の問題がある．また，中性線が断線した場合には，断線点以降の負荷に異常電圧が発生することが短所としてあげられる他，中性

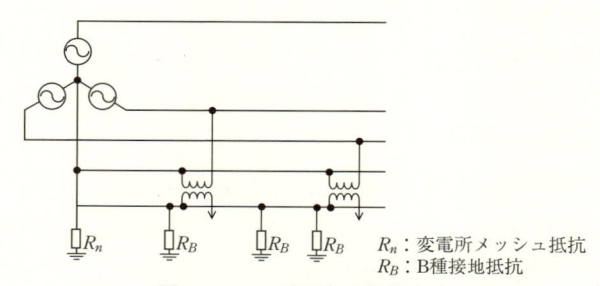

R_n：変電所メッシュ抵抗
R_B：B種接地抵抗

図 2.1.10　低圧多重接地方式

2.2 中性点接地方式の最適化

線を新たに施設する必要があるため,共通中性線多重接地方式に比べ費用の面では不利となる.

③ 単一抵抗接地方式

この方式は,中性線を変電所のみで接地し,配電系統内では接地しない.このため中性線と低圧線の電気設備技術基準に定められたB種接地(以降B種接地という)が独立した状態になり,高抵抗地絡事故の検出が容易となる.また,地絡(混触)事故電流は,中性点接地抵抗を介することから,他の多重接地方式と比較すると抑制され,低圧線の電位上昇,通信線への誘導電圧が抑えられる.一方,中性点接地抵抗値を大きくすると,地絡事故時の健全相対地電位が上昇し機器にかかる過渡性過電圧が大きくなること,中性線が断線した場合には,断線点以降の負荷に異常電圧が発生することが短所としてあげられる他,中性線を新たに施設する必要があるため,費用の面では不利となる.

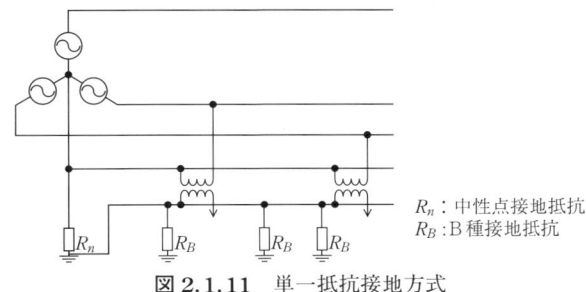

R_n:中性点接地抵抗
R_B:B種接地抵抗

図 2.1.11 単一抵抗接地方式

各接地方式の特徴を**表 2.1.4**にまとめる.

2.2 中性点接地方式の最適化

2.2.1 中性点接地方式決定要因の整理

中性点接地方式は線路の設計および運転において,方式ごとにメリット・デメリットがあり,全ての面で最良の接地方式はないので,実用上は以下に示す決定要因を考慮し,系統に最適な方式を採用することになる.具体的には,系

表 2.1.4　各接地方式の特徴

事象	接地方式	特徴
誘導障害	共通中性線多重接地方式	大
	低圧多重接地方式	大
	単一抵抗接地方式	小（抵抗値により変化）
混触事故時の低圧線電位上昇	共通中性線多重接地方式	小
	低圧多重接地方式	小
	単一抵抗接地方式	大（抵抗値により変化）
地絡事故検出感度	共通中性線多重接地方式	困難
	低圧多重接地方式	容易
	単一抵抗接地方式	容易（抵抗値により変化）
中性線新設	共通中性線多重接地方式	不要
	低圧多重接地方式	必要
	単一抵抗接地方式	必要

統の絶縁レベル，地絡・混触事故時の通信線への誘導，混触事故時の低圧線対地電位上昇，保護方式などの面から最適な方式が選定される．以下，中性点接地方式を選定する上で制約となる条件の整理を行う．

（1）通信線への誘導面での制約

① 誘導障害の概要

今日の社会的事情を考慮すると，架空配電系統での通信線との共架は不可避となる．とりわけ，定常時の静電誘導，電磁誘導および地絡・混触時の通信線への電磁誘導による電気的影響については，その大きさにより以下の障害が想定される[7]．

・通信機器，通信ケーブル等の絶縁破壊
・通信の保守作業者の感電
・通信機器（交換器等）の誤動作
・通話品質の低下（雑音など）

これらの内容を大別すると，作業安全に関するもの，通信機器の動作に関す

2.2 中性点接地方式の最適化

るものに分けられる.また,それぞれの誘導電圧の発生頻度については,以下のとおりに分類できる.

・事故時:送電線・配電線などの地絡,混触などの事故によるものであり,その発生頻度は少なくその継続時間も短いものの,発生する誘導電圧値は大きくなる.

・定常時:負荷の種類(高調波含有率),不平衡,ねん架の不整等により生じるもので,発生頻度が高く継続時間も長いものの,これによる誘導電圧値は小さい.

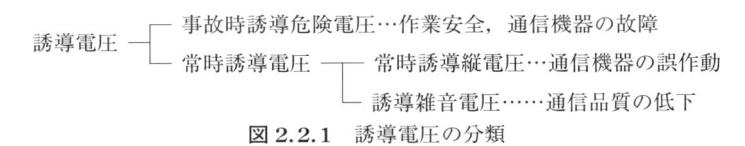

```
誘導電圧 ┬ 事故時誘導危険電圧…作業安全,通信機器の故障
         └ 常時誘導電圧 ┬ 常時誘導縦電圧…通信機器の誤作動
                        └ 誘導雑音電圧……通信品質の低下
```

図 2.2.1　誘導電圧の分類

②　国内,海外の制約条件

制約条件の一つである誘導危険電圧については,通信事業者の設備実態・作業形態等をどのように見込むかによって種々の値が規定されている.諸外国の危険電圧の制限値とそれを超えた場合の措置を**表 2.2.1**に示す.

日本では,特別高圧架空電線と架空弱電流電線との共架に関して,電気設備の技術基準・解釈第 119 条で次のように定められている[8].

・特別高圧架空電線は,架空弱電流電線等の上とし,別個腕金等に施設すること.

・特別高圧架空電線と架空弱電流電線等との離隔距離は,2 m 以上とすること.ただし,特別高圧架空電線がケーブルである場合は,50 cm まで減ずることができる.

・架空弱電流電線は,特別高圧架空電線がケーブルである場合を除き,金属製の電気的遮へい層を有する通信用ケーブルであること.

・特別高圧架空電線路の接地線には,絶縁電線またはケーブルを使用し,かつ特別高圧架空電線路の接地線および接地極と架空弱電流電線路等の接地線および接地極とは,それぞれ別個に施設すること.

表 2.2.1 諸外国における誘導危険電圧の制限値および超過した場合の措置[10]

国名	誘導危険電圧制約値		制約値の根拠	予測計算値が制約値を超えた場合の措置
米国	一般送電線 高安定送電線	430 V 650 V	—	・アレスタ取り付け ・遮へいケーブル使用 ・絶縁トランス使用 ・架空地線設置
英国	一般送電線 高安定送電線	430 V 650 V	紙ケーブルの耐圧による	・アレスタ取り付け ・架空地線設置
フランス	一般送電線 高安定送電線	430 V 650 V	CCITT※ の勧告と同時期に決定	・架空のローカルケーブルにはアレスタを使用. ・地中ケーブルの対策 　①遮へいケーブル 　②遮へいコイル 　③ルート変更
ドイツ	一般送電線 高安定送電線	300 V 300 V	人体への危険を考慮	・アレスタ取り付け（異常時誘導対策） ・遮へいケーブル使用（常時誘導対策） ・架空地線設置
スイス	一般送電線	300 V	人体への危険を考慮	・遮へいケーブル使用（新設） ・アレスタ取り付け（既設）
日本	一般送電線 高安定送電線	300 V 430 V	人体への危険を考慮	・遮へいケーブル使用 ・光ケーブル化

※国際電信電話諮問委員会：comité consultatif Internationale Télégraphique et Télégraphique

ただし，誘導電圧に対する法的規制はないため，実質的な制約条件は電力会社と通信事業者との共架協定がよりどころとなっている．**表 2.2.2** に誘導電圧の種類とその制約条件を示す．

③ 誘導電圧の発生原理

(a) 静電誘導

静電誘導は交流電界により誘起される電圧で，電力線の大地電圧を V_a，電力線と通信線との間のインピーダンスを Z_1，通信線と大地間のインピーダンスを Z_2 とすると，通信線に誘起される電圧 V_m は (2.2.1) 式で表される．

$$V_m = \frac{Z_2}{Z_1 + Z_2} V_a \tag{2.2.1}$$

2.2 中性点接地方式の最適化

表 2.2.2 誘導電圧の制約条件

発生事象	評価項目	内容	制限値
定常時	常時誘導縦電圧	電力線の平常運転時における弱電線と大地間に発生する電圧,静電誘導と電磁誘導のベクトル和(機器の誤動作)	15 V
	誘導雑音電圧	電力線と通信線の静電的・電磁的結合の相違によるものと,線条と大地間に誘起された電圧が回線の対地不平衡により生じるもの.	0.5 mV
一線地絡時,特高,高-低圧混触時	誘導危険電圧	配電線地絡,高低圧混触時の事故電流の電磁誘導により発生する弱電線と大地間の電圧(人命,危機破壊)	300 V

すなわち,電力線と通信線間の相互静電容量 C_1 と,通信線と大地間の対地静電容量 C_2 によって容量分圧された値の電圧が発生する.

静電誘導電圧の大きさは,電力線の電流や通信線の併架長に比例するのではなく,電力線の電圧と相互の離隔距離によって定まる値となる.

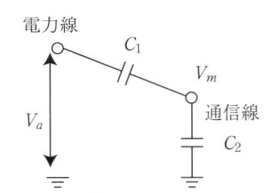

図 2.2.2 誘導電圧の分類

(b) 電磁誘導

大地を帰路とする回路の電流 I により,これと併架する線条と大地間に生ずる電磁誘導電圧 V は,両回路の単位長あたりの相互インダクタンスを M, 併架長を l, 付近の接地導体による遮へい係数を K とすると,(2.2.2),(2.2.3) 式で表される.

$$V = K Z_m l I \tag{2.2.2}$$

$$Z_m = j 2\pi f M \tag{2.2.3}$$

○相互インダクタンス M の計算式

平行する 2 つの大地帰路回路間の相互インダクタンス M は,次のカーソン・

ポラチェック (Carson-Pollaczek) の式により計算される[1], [9].

$$M = \left[2\log\frac{2}{kd} - 0.1544 + \frac{2\sqrt{2}}{3}k(h+y) - j\left(\frac{\pi}{2} - \frac{2\sqrt{2}k(h+y)}{3}\right) \right]$$
$$\times 10^{-4} \text{[H/km]} \qquad (2.2.4)$$

（$kd < 0.5$ の場合）

$$M = \left[4\frac{Kei'(kx)}{kx} - j4\left(\frac{Kei'(kx)}{kx} + \frac{1}{(kx)^2}\right) \right] \times 10^{-4} \text{[H/km]} \qquad (2.2.5)$$

（$kx \geq 0.5$ の場合）

$$M = -\frac{j4}{(kx)^2} \times 10^{-4} \text{[H/km]} \qquad (2.2.6)$$

（$kx > 10$ の場合）

ここで, x：両線間の水平距離〔cm〕, h, y：両線条の地上高〔cm〕, $k = \sqrt{4\pi\sigma\omega}$, σ：大地電導率, ω：角周波数, $d = \sqrt{x^2+y^2}$：両線間の直線距離〔cm〕

電磁誘導により通信線に誘起する電圧は，その発生原因により事故時の誘導危険電圧，負荷電流および負荷不平衡による常時誘導電圧に区別される．電磁誘導は，電力線および通信線の長さ方向に積分されていくため，併架する距離が長いほど増加する．

（ⅰ）事故時誘導危険電圧

電力線が地絡・混触事故を起こしたとき，大地へ流れる故障電流によって通信線の長さ方向に生ずる基本波の誘導電圧である．この電圧は故障電流に比例して大きくなることから，平常時の電磁誘導電圧と比較して大きな値となる．

（ⅱ）常時誘導縦電圧

電力の常時運転時に各相の負荷電流の不平衡や各相導体と通信線の離隔の不整により誘起される電圧である．これがある値以上になると，通信線と大地間に直接接続された交換機器，宅内機器または伝送機器等端末機器の誤動作を引き起こす恐れがある．

2.2 中性点接地方式の最適化

(iii) 誘導雑音電圧

電力線と通信線を構成するペア線との間の静電的または電磁的結合の相違により生ずるもの，および，線条と大地間に誘起された電圧が回線の対地不平衡により生ずるものの2つがある．通信線と大地間に現れる電圧の比を平衡度と定義し，通信線の線間に現れる電圧の影響を人間の聴覚が最も敏感となる800 Hzの電圧値に変換する係数を雑音評価係数と定義すると，誘導雑音電圧は(2.2.7)式で表される．

$$\text{誘導雑音電圧} = \text{誘導縦電圧} \times \text{平衡度}(\sim 10^{-3}) \times \text{雑音評価係数}(\sim 10^{-3}) \tag{2.2.7}$$

(2) 地絡，特高-低圧混触時の低圧線電位上昇面での制約

① 地絡，特高-低圧混触時の低圧線電位上昇の概要

通常，特別高圧線（22 kV, 11.4 kV），高圧線（6 kV）と低圧配電線は同一柱に併架される．一般的に特別高圧から低圧線に至るまで耐候性，耐トラッキング性，耐衝撃性能，絶縁性能に優れた架橋ポリエチレン被覆の絶縁電線，もしくは外側に遮へい層を有し，架橋ポリエチレン絶縁を施した架空ケーブルを使用している．特別高圧線と低圧線が直接接触するケースとしては，他物飛来，雷撃などによる断線，自動車衝突による電柱折損等による不測の事故が考えられ，混触事故の際には低圧線の電位が上昇する．

混触事故時の低圧線電位上昇は，系統における混触事故電流が低圧系統へ流入し，B種接地線を介して大地へ流出することにより低圧配電線の対地電位が上昇する現象であり，低圧機器の絶縁破壊や人が触れた場合などには感電災害が発生する危険性がある．

② 国内（電技），海外（IEC規格他）の制約条件

混触事故により問題となるのは，低圧線の対地電位上昇に起因する低圧機器の絶縁破壊と，これに人が触れた場合の危険性である．

我が国では，特別高圧線，高圧線と低圧線が併架されている状態で混触が発生した場合の電位上昇抑制策として，電気設備の技術基準・解釈第24条で，「高圧電路または特別高圧電路とを結合する変圧器の低圧側の中性点には，B

種接地を施すこと」となっている．また，同第19条1項において150 V以下となる制約を設けている（1秒以内に自動的に高圧電路または使用電圧が35,000 V以下の特別高圧電路を遮断する装置を設けるときは600 V以内）．

③ 低圧系統に接続される機器の安全確保を目的とした規定（IEC 60364-44）

海外（IEC規格）でも過電圧保護（IEC 60364-44）の項で低圧線の電位上昇限度が規定されている[11]．

特高，高圧系統の地絡事故もしくは，特高，高-低圧混触事故に起因して発生する故障電圧が，低圧機器の外箱等に印加し，これが低圧機器の絶縁強度を超過した電圧になると低圧機器が絶縁破壊する危険がある．このため，低圧機器の許容するストレス電圧を表2.2.3のとおり具体的に規定し，低圧機器の安全確保を図っている．

表2.2.3 低圧機器の許容ストレス電圧（IEC 60364-44）

ストレス電圧〔V〕	遮断時間	備考	日本における計算例
$1.5\,U_n$	> 5 〔s〕	U_n：公称対地電圧	150 V
$1.5\,U_n + 750$	≤ 5 〔s〕		900 V

※なお，この表の適用に当たってはU_nを，当該電路に使用している運転電圧を基準にその対地電圧に読み替えるものとする．
※日本国内においては，通常$U_n = 100$ Vである．

（3）絶縁設計による制約

絶縁設計上の制約は特に規定はないものの，変電所変圧器の中性点接地抵抗は絶縁設計面からは極力低い方が望ましい．これは地絡時の健全相対地電位上昇を抑えることができるためで，地絡時の健全相対地電位上昇を抑えられれば，地絡過電圧・一線地絡時再投入過電圧も低減することができる由である．中性点接地抵抗と過電圧の関係を論じる際に，しばしば有効接地系・非有効接地系という用語が用いられる．先述のとおり，一線地絡等の事故時に系統各部に生じる過電圧を十分低く抑えられるよう中性点接地を施したものが有効接地系ということであろうが，具体的にはJEC-217等に記述されている．すなわ

2.2 中性点接地方式の最適化

ち，三相電力系統地絡故障時の健全相の最も高い商用周波対地電圧（過渡分を除いた実効値）と地絡事故前の商用周波対地電圧の比（接地係数と呼ばれる）が1.3（または1.4以下）で，$R_0/X_1<1$ および $X_0/X_1<3$ であるような系統を有効接地系という．ここで，R_0, X_0, X_1 はそれぞれ，系統の零相抵抗，零相リアクタンス，正相リアクタンスを表す．

6 kV 系統のような非接地系では，$R_0=0$, X_0 が $-2X_1$ に等しい共振条件となるため理論上は無限大の電圧となりうるが，実際の配電系統では線路こう長が短いことなどからこうした共振が発生することは極めて希である．一方，11.4 kV や 22 kV の配電系統においては，中性点が抵抗接地されるため一線地絡時の健全相対地電位上昇は2倍以下となる．また，非接地系固有の過電圧として，間欠アーク地絡による持続性過電圧があげられる．これは一線地絡状態で，地絡相で自然消弧・再発弧が繰り返されると，再発弧の度に零相電圧が積み上がり，高い過電圧を発生する現象である（図 2.1.5 参照）．非接地系の短時間過電圧が，有効／非有効接地系のそれよりも高く見積もられているのは，この間欠地絡を考慮しているためである．

（4）保護リレー検出感度への影響

保護リレーの検出感度整定は，以下に示す事項について留意が必要であり，これらの条件を満足するよう中性点接地抵抗値の選定をする必要がある．

〈短絡事故の場合〉

・通常想定しうる配電線短時間許容電流および負荷の励磁突入電流により，誤動作しないこと．
・線路末端における単相短絡を検出できること．

〈地絡事故の場合〉

・平常時の負荷，線路定数の不平衡により誤動作しないこと．
・線路地絡事故時に確実に動作することを考慮する必要があり，これらの条件を満足するよう中性点接地抵抗値を定めなければならない．

2.2.2 中性点接地方式の選定
(1) 中性点接地方式選定のフローチャート

制約条件を満足させ，最適な中性点接地方式，中性点接地抵抗値を選定していくフローを以下に示す．

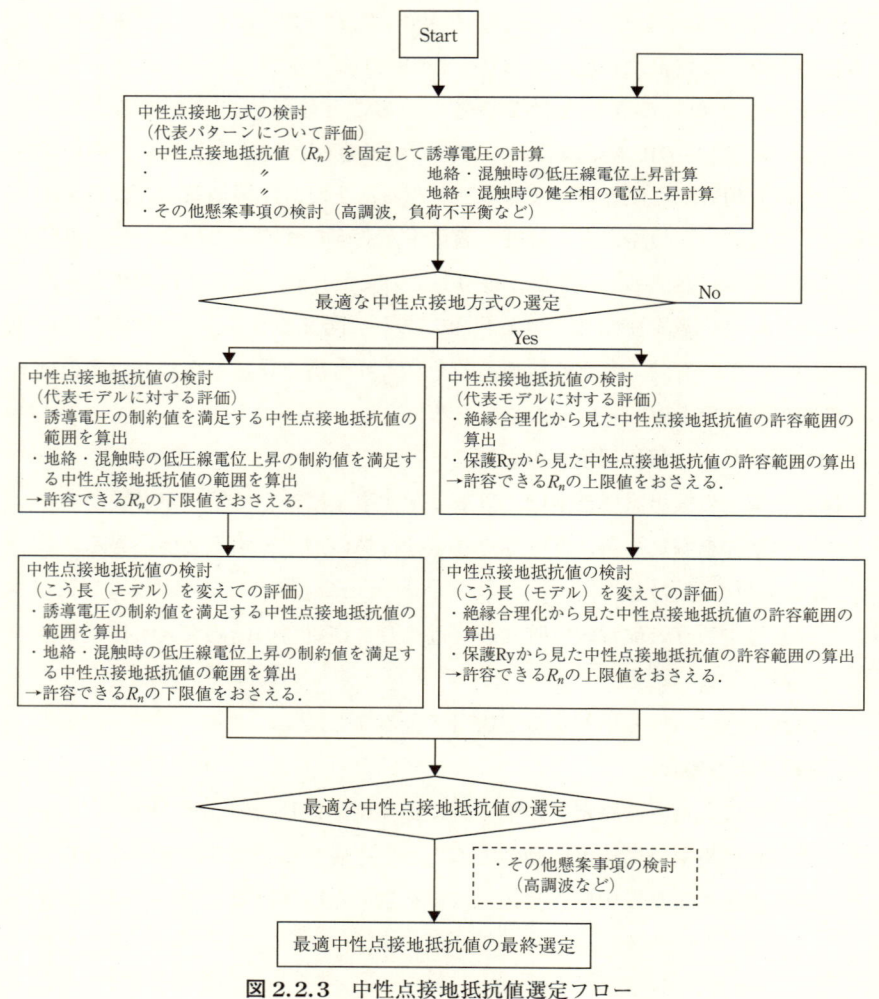

```
                        Start
                          │
                          ▼
┌─────────────────────────────────────────────────┐
│ 中性点接地方式の検討                              │
│  (代表パターンについて評価)                      │
│ ・中性点接地抵抗値 ($R_n$) を固定して誘導電圧の計算 │
│ ・      〃        地絡・混触時の低圧線電位上昇計算 │
│ ・      〃        地絡・混触時の健全相の電位上昇計算 │
│ ・その他懸案事項の検討 (高調波，負荷不平衡など)  │
└─────────────────────────────────────────────────┘
                          │
                          ▼
                ◇ 最適な中性点接地方式の選定 ◇──── No ──┐
                          │ Yes                         │
            ┌─────────────┴─────────────┐               │
            ▼                           ▼               │
┌──────────────────────────┐ ┌──────────────────────────┐
│ 中性点接地抵抗値の検討   │ │ 中性点接地抵抗値の検討   │
│ (代表モデルに対する評価) │ │ (代表モデルに対する評価) │
│・誘導電圧の制約値を満足  │ │・絶縁合理化から見た中性  │
│ する中性点接地抵抗値の   │ │ 点接地抵抗値の許容範囲の │
│ 範囲を算出               │ │ 算出                     │
│・地絡・混触時の低圧線電  │ │・保護Ryから見た中性点接地│
│ 位上昇の制約値を満足す   │ │ 抵抗値の許容範囲の算出   │
│ る中性点接地抵抗値の範囲 │ │ →許容できる$R_n$の上限値 │
│ を算出                   │ │   をおさえる．           │
│ →許容できる$R_n$の下限値 │ │                          │
│   をおさえる．           │ │                          │
└──────────────────────────┘ └──────────────────────────┘
            │                           │
            ▼                           ▼
┌──────────────────────────┐ ┌──────────────────────────┐
│ 中性点接地抵抗値の検討   │ │ 中性点接地抵抗値の検討   │
│ (こう長(モデル)を変えての│ │ (こう長(モデル)を変えての│
│  評価)                   │ │  評価)                   │
│・誘導電圧の制約値を満足  │ │・絶縁合理化から見た中性  │
│ する中性点接地抵抗値の   │ │ 点接地抵抗値の許容範囲の │
│ 範囲を算出               │ │ 算出                     │
│・地絡・混触時の低圧線電  │ │・保護Ryから見た中性点接地│
│ 位上昇の制約値を満足す   │ │ 抵抗値の許容範囲の算出   │
│ る中性点接地抵抗値の範囲 │ │ →許容できる$R_n$の上限値 │
│ を算出                   │ │   をおさえる．           │
│ →許容できる$R_n$の下限値 │ │                          │
│   をおさえる．           │ │                          │
└──────────────────────────┘ └──────────────────────────┘
            │                           │
            └─────────────┬─────────────┘
                          ▼
              ◇ 最適な中性点接地抵抗値の選定 ◇
                          │        ┌┄┄┄┄┄┄┄┄┄┄┄┄┄┄┄┐
                          │        ┊・その他懸案事項 ┊
                          │        ┊  の検討(高調波など)┊
                          │        └┄┄┄┄┄┄┄┄┄┄┄┄┄┄┄┘
                          ▼
             ┌──────────────────────────┐
             │ 最適中性点接地抵抗値の最終選定 │
             └──────────────────────────┘
```

図 2.2.3 中性点接地抵抗値選定フロー

2.3 EMTP解析を用いた最適な中性点接地抵抗値の選定方法

2.2節では最適な中性点接地方式を選定するための制約条件の整理を行った．具体的には制約条件を満足する方式（中性点接地抵抗値）を選定し，最適化していくことになるが，ここでは過渡解析および回路計算で実績のあるEMTP（電磁過渡現象解析プログラム；Electro-Magnetic Transients Program）を計算手法として用いた選定手法について述べる．

2.3.1 EMTPの概要

EMTPは米国政府エネルギー省BPA（Bonneville Power Administration）のDr. H. W. Dommelを中心に'66年から開発が開始された汎用の電気・電子回路解析プログラムである[12],[13]．

EMTPには，抵抗R・インダクタンスL・キャパシタンスC・相互誘導回路素子・スイッチダイオード・電源（発電機）・モータなどの電気回路を構成する回路素子を内蔵（**表2.3.1**）しており，各種素子の組み合わせにより発電所・送電線・変電所・配電線で構成される電力システムの回路中で発生する過渡状態および定常状態での電圧，電流を同じプログラムで計算することが可能である．

ここでEMTPにおける計算の基本を記載する．回路網の解析方法には，キルヒホッフの電圧則を基とする閉路解析と電流則に基づく節点解析があるが，EMTPでは大規模回路網の数値計算に有利である節点解析法を用いている．電気回路網のアドミタンス行列は，対称かつ多数の零要素を含む疎行列であるから，潮流計算などで周知の疎行列処理を施すことにより，逆行列計算の計算所要時間を大幅に短縮している．すなわち，定常解を求める場合は，節点解析と複素記号法により，未知電圧・電流さらに電力潮流を決定する．

また，過渡解析の場合，全ての回路素子に台形積分則を適用し抵抗と過去の

表 2.3.1 EMTP に内蔵されている模擬要素

模擬要素	モデル	備考
集中定数回路	直列 RLC ブランチ	回路一般用
送電線，ケーブル	π 型多層相互結合回路 一定損失分布定数回路 周波数依存分布定数回路	ねん架 非ねん架 ケーブル
変圧器	飽和特性付単相変圧器 飽和特性付三相三脚型変圧器 相互結合 R-L 回路	単相変圧器 三相変圧器 V 結線
負荷，非線形素子	段階状表示時間変化 R 非線形 L，疑似非線形 L 疑似非線形 R 疑似非線形ヒステリシス L	飽和特性 ヒステリシス特性
避雷器	指数関数 ZnO フラッシオーバ形多相非線形 R TACS 制御形アークモデル	ギャップレス型 ギャップ型
電源	ステップ電源 折れ線表示電源 正弦波電源 インパルス電源 非接地電源 TACS 制御電源	電圧源 電流源
発電機	三相同時発電機	軸質点系含む
回転機	ユニバーサル回転機	誘導機，直流機
スイッチ	時間制限スイッチ フラッシオーバスイッチ 統計処理型スイッチ 計測用スイッチ TACS 型制御スイッチ	遮断器 短絡用スイッチ
半導体スイッチ	TACS 型制御スイッチ	ダイオード サイリスタ
制御回路	TACS MODELS	伝達関数ブロック 数式表現 論理演算

2.3 EMTP解析を用いた最適な中性点接地抵抗値の選定方法

履歴を表す電流源からなる等価回路で置換している．アドミタンス行列は実数（コンダクタンス）行列となり回路網に対する制約が小さく，実数計算のみであるため，ほかの計算法による節点解析に比べて計算所要時間およびメモリ必要量を大幅に縮小している．

電力系統に不可欠の架空送電線などの分布定数回路は，ダランベールの波動解に基づくシュナイダー・ベルジェロン法を適用し，サージインピーダンスに対応する抵抗と線路伝搬時間を考慮した履歴を有する電流源からなる回路を線路両端に設置すること（Dommel 法）で模擬している．

EMTPの入力データは，計算時間刻み，最大観測時間などのデータを入力した後，制御回路を必要とする解析では制御回路モデルのデータを入力する．その後，集中定数素子，線路などの回路データ・スイッチ（遮断器）・電流・ノード電圧出力指定の順に入力する．データ読み込み時に，ノード番号とノード名の対応を示すデータベースが作成される．次に，定常計算が必要な場合は複素記号法ならびに節点解析法を用いて計算し，結果の出力を行う．この結果を用いて初期値（$t=0$）を定め，過渡現象計算を行う時間ループに入る．時間ループ内では，計算の第1ステップおよびスイッチなどの回路条件が変化する場合にコンダクタンス行列を再構成する．次に節点方程式を解くことにより回路の電圧・電流を求め結果の出力を行う．さらに，これらの結果を用いて過去の履歴，すなわち電流源の書き換えを行い，時間ループの最初に戻る．最後に，グラフ出力制御データの読み込みならびに描画を行う．

EMTP解析における計算精度は単一波形の比較で±7％程度，特殊な条件の場合で±30％以下とされている．EMTPの計算誤差に関する開発機関（DCG/EPRI）[12]による検討結果を図 2.3.1 に示す．

(*12) DCG（Development Coordination Group：EMTP 協同開発組織）
EPRI（Electric Power Research Institute）

2.3.2 EMTPを用いた検討の有効性

EMTPが世界中で採用されるようになった理由は，世界中に公開されている

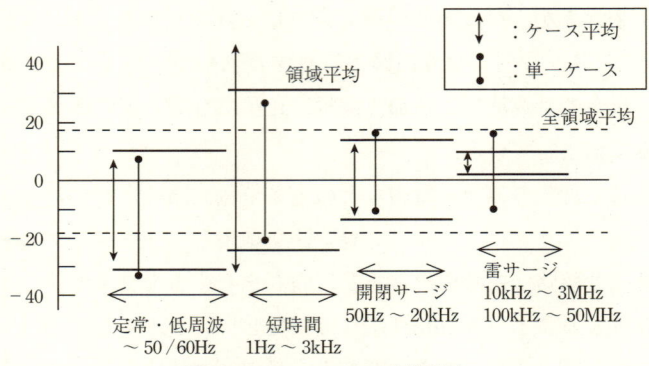

図 2.3.1 EMTP の計算精度

という点と，EMTP のソフトウェア（プログラム）が世界中の大半の CPU で利用できる形式となっている点にある．

EMTP は，ユーザ数の増加につれて，ユーザからの問題点の指摘も大幅に増加し，これに対応した改良・開発が行われ，機能が飛躍的に向上し，電力系統のみならず一般に電気／電子回路の定常・過渡現象解析ツールとして世界的に認知された標準プログラムである．

特に EMTP 過渡解析においては，分布定数線路モデルとして，シュナイダー・ベルジェロン法に基づく Dommel モデルを用いている．このモデルは進行波を直接扱わず，分布定数線路を線路インダクタンス・キャパシタンスと等価な集中抵抗と過去の履歴を有する電流源からなる集中定数回路で模擬するため，節点解析法の適用により EMTP に容易に導入できる．この方法では，「節点解析に用いるアドミタンス行列の要素が，上記等価抵抗の逆数コンダクタンス（実数）となることにより，定常解析で必要となる複素量を取り扱う必要がなくなるため高速演算が可能となる．」という数値計算上の特徴を有しており，電力系統のようにある程度以上の規模を有する電気回路の過渡現象解析に適している．

一方，Dommel モデルの導出は，無損失線路におけるダランベールの波動解析によるため，同モデルにおいては，線路損失に関して表皮効果等のいわゆる

2.3 EMTP 解析を用いた最適な中性点接地抵抗値の選定方法

周波数依存効果を厳密には考慮し得ない．このため，解析においては計算開始時にあらかじめ与えた一定周波数に対する線路損失を集中定数の抵抗に置換し，計算対象線路の左端，中央および右端に $1/4, 1/2, 1/4$ ずつ配置して考慮している．

周波数依存効果をより詳細に模擬しうる線路モデルとしては Semlyen モデルや J. Marti モデル等が提唱されているが，本書においては以下の理由により Dommel モデルを採用した．

○ これまで実系統を模した配電系統について，多数回のパラメータ解析を実施した例はほとんどないため，送変電設備等の解析で既に多くの使用実績があり，計算も安定している Dommel モデルが適当と考えられること．

○ Dommel モデルにおいても，線路損失を表す集中抵抗の値を適当にとることで波形の減衰は模擬可能であること．なお，線路の特性インピーダンスに対して設定した集中抵抗の値が大であると，無損失線路の計算条件を満たさなくなり演算不能となるが，本書における線路モデルにおいては，線路長に応じて系統をいくつかの分布定数に分割し，一径間長あたりの抵抗値を小さくすることで数値計算を安定させている．

○ Dommel モデルの解析波形は，周波数依存効果を考慮しうるモデルと比べて波形が変歪しない反面，系統各部からの反射・透過はむしろ把握しやすいため，諸パラメータを変化させた際の波形変化の物理的考察が容易であること．

本書では，精度評価が実施されており，実績があることと汎用面を考慮し，EMTP を用いた解析を実施することとした．なお，Dommel モデルを配電系統の開閉サージ解析に用いた際の計算誤差は実験や実測により確認された例はこれまでに無いため，実規模試験設備での試験結果によりその計算精度を確認した．この詳細については 4 章にて述べる．

2.3.3 EMTPでのモデル化手法

以下，EMTPを用いて最適な中性点接地方式を選定する手法について述べる．モデル化を行う際には，初めに以下の項目について検討条件の絞り込みが必要となる．

（1） 22 kV系統の中性点接地方式（中性点接地抵抗値）の選定

22 kV系統は今日までの接地方式の選定の経緯（2.1.2項）から，通信線への誘導電圧，地絡保護，絶縁低減の観点から総合的に優れている抵抗接地方式を対象とし，中性点接地抵抗値の最適化が目的となる．

① 22kV架空モデルの設定

（a） 線路形態の選定

22 kV配電系統の線路形態としては，次の2種類もしくは地中系統との組み合わせが考えられる．

（ⅰ） オープンワイヤ系統
（ⅱ） 架空ケーブル系統

以下に，それぞれのメリット，デメリットを示す．

（ⅰ） オープンワイヤ系統

既設設備では一般的に適用されており，また，保守面，コスト面でもケーブル系統と比較して優れている．しかし，事故時の公衆安全，弱電流線への誘導障害を考慮すると，今後の適用地点は限定される．

（ⅱ） 架空ケーブル系統

この方式ではオープンワイヤ系統と比較して公衆安全，誘導の利点から，都市部などの密集地域への導入が容易となる．線路の移設，張り替え，分岐線の新設が困難になるものの，一般的に22 kV系統は需要の変動が少ない地域が主な導入対象となるため，これらの問題は少ない．

（b） 系統形態

系統形態は分割連系方式（放射状多分割多連系方式）とすることで本予備系統も包含することができるため，検討対象は分割連系のみとする．なお，架地混在系統にすると電磁誘導面では緩い条件となるため，ケーブル系統では架空

2.3 EMTP解析を用いた最適な中性点接地抵抗値の選定方法

系統を対象とすれば過酷サイドでの検討となる．いずれの線路形態においても，検討対象は既存の設備の延長上にあると考えられることから，配電方式・系統形態については実系統をベースとし，線路こう長をパラメータして検討を行うことが重要である．したがって，架空系統では現在主流の分割連系方式を対象とし，既に東京電力受け持ち区域で架空ケーブル系統が導入されている配電系統（線路こう長6 km）をベースに，考えられるパラメータの範囲として，都市部（線路こう長0.5 km），周辺部（線路こう長30 km）のケースをモデルとして用いることにより，線路形態を網羅できる．

(c) 装柱形態

22 kV架空配電方式については，公衆安全・環境調和などの観点からケーブル系統を基本とし，装柱形態としては22 kV設備の単独施設のモデルケースとして22 kV/400 V配電装柱，既設6 kV配電設備との共存を考慮した場合のモデルケースとして6 kV併架装柱を対象とする．

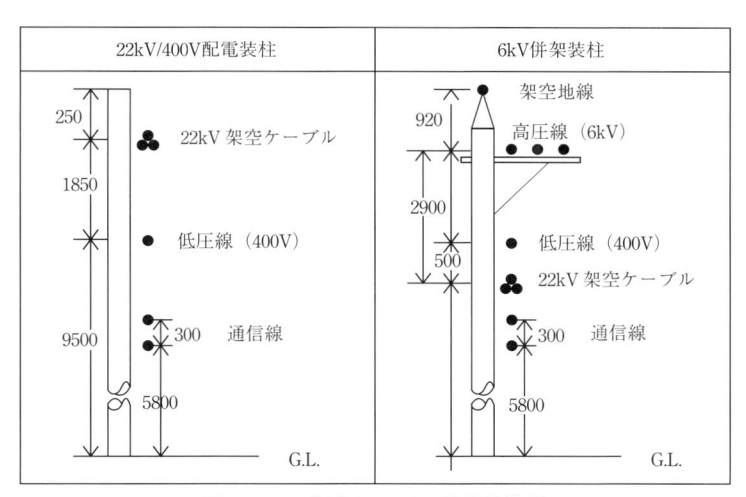

図 2.3.2 架空ケーブル系統装柱図

(d) ケーブル構造

以下に検討対象としたケーブル構造を示す．
・架空ケーブル：HCCAケーブル

Heat-Resistant Cross-Linked Polyethylene insulated Aluminum Corrugated sheathed Power Cable：耐熱架橋ポリエチレン絶縁コルゲートアルミシースケーブル

・地中ケーブル：CVT ケーブル
Cross-Linked Polyethylene Insulated Vinyl sheathed Power Cable-Triplex type：架橋ポリエチレン絶縁ビニルシース電力ケーブルトリプレックス形の構造例を図2.3.3，図2.3.4 に示す．

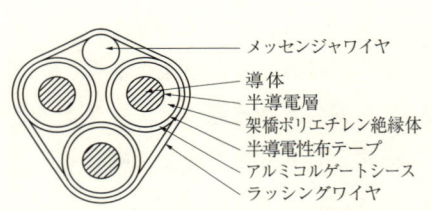

図 2.3.3　HCCA ケーブル構造図 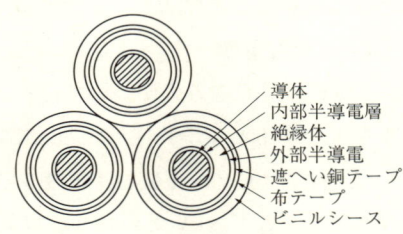　　　図 2.3.4　CVT ケーブル構造図

(e)　事故模擬

　一線地絡事故，特高 − 低圧混触事故時の事故電流の概略値は (2.3.1) 式で表される．

$$I_g = \frac{E_a}{Z_{nr}+Z_L+Z_g+Z_b} \quad (2.3.1)$$

　　ここで，I_g：事故電流，E_a：相電圧，Z_{nr}：中性点接地抵抗
　　　　　　Z_L：線路インピーダンス，Z_g：事故抵抗，Z_b：接地抵抗

　ケーブル系統で事故に至るケースとしては，ケーブル自体の経年劣化により導体とシースの間の絶縁破壊が生じ，地絡することが考えられる．この場合，導体とシースの間で地絡抵抗を介して地絡することとなる．一方，特高−低圧混触事故は，特高線と低圧線が直接接触する現象である．ケーブルシースは各柱で接地されており，低圧アース線はB種接地で連接されていることから，解析上の地絡事故（地絡抵抗を介して接地線につなぐ）と混触事故（0Ωで低圧アース線に接触）は，地絡抵抗を除き事故模擬の観点から同じモードとなる．

2.3 EMTP解析を用いた最適な中性点接地抵抗値の選定方法

(f) その他の定数の模擬

(ⅰ) 系統電圧の設定

変電所送り出し基準電圧を，線間標準電圧22 kV（対地間12.7 kV）とした．なお，U，V，Wの相順で正相とした．

(ⅱ) 配電用変電所インピーダンスの選定

配電用変電所の上位系インピーダンス値は，東京電力での実態調査結果に基づく代表値として11.5％（45 MVA基準）と7％（10 MVA基準）を採用する．

(ⅲ) 線路定数の算出

架空線および地中線のケーブルは，EMTPサブプログラムであるケーブル／線路定数計算ルーチンCable Constantsを用いて，電線相互の位置関係を考慮した計算を行うことができる．

(ⅳ) B種接地抵抗値の選定

表2.3.2　各モデルのケーブル線路こう長

	地中ケーブル CVT 250 mm^2	架空ケーブル HCCA 200 mm^2	線路こう長
短こう長	100 m	400 m	500 m
中こう長	300 m	5700 m	6000 m
長こう長	200 m	28500 m	28700 m

既設の設備を基準とし，比較的低接地抵抗を得やすい地域（20 Ω）と比較的得にくい地域（65 Ω）の2種類を対象とする．また，既存の設備実態を考慮し，接地の施設率は1極/2基とした．

表2.3.3　架空系統のB種接地

系統モデル （地域例）	接地極間隔 〔m/極〕	1極当たりの 抵抗値〔Ω〕
短こう長（繁華街）	47.46	20, 65
中こう長（住宅地）	56.63	20, 65
長こう長（農山村）	74.76	20, 65

（ⅴ）通信線の選定

幹線ケーブルとして主に用いられている「市内中継 PEF-LAP ケーブル（2芯ペアケーブル）0.4 mm」を対象とした．一般的には遮へいケーブル（CA ケーブル，遮へい係数；0.95）が使用されているものの，2芯のペアケーブルの方が誘導面で厳しく，モデル化が容易であることから対象とした．架線位置は通信線が2回線施設しているものとし，地上高を5.8 m，6.1 m とする．

こうした設備実態等を踏まえ，**表2.3.4**のとおり設定した．設定した系統モデルの概要を**図2.3.5，2.3.6**に示す．

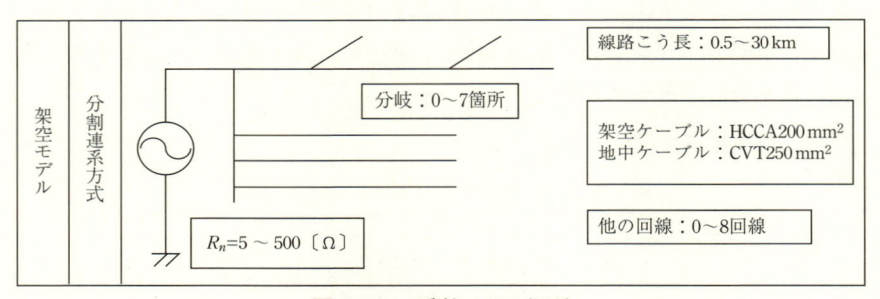

図2.3.5 系統モデル概要

線路こう長：0.5〜30 km
分岐：0〜7箇所
架空ケーブル：HCCA200 mm^2
地中ケーブル：CVT250 mm^2
他の回線：0〜8回線
$R_n = 5 \sim 500 \ [\Omega]$

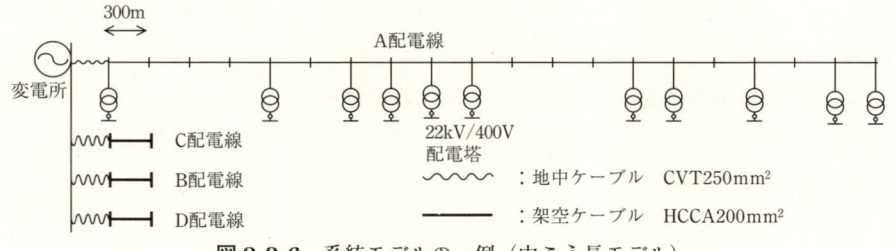

図2.3.6 系統モデルの一例（中こう長モデル）

A配電線
C配電線
B配電線
D配電線
22kV/400V 配電塔
：地中ケーブル　CVT250 mm^2
：架空ケーブル　HCCA200 mm^2

② 22 kV 地中系統の設定

(a) 系統形態

都市部過密地域への 22 kV 地中配電系統の適用拡大に際し，実用上の信頼度を確保しつつ，経済性・拡張性に優れる共通本線予備線方式を主体とするが，既設ネットワーク（NW）系統からの移行や高信頼度ニーズの需要家への供給

2.3 EMTP解析を用いた最適な中性点接地抵抗値の選定方法

表 2.3.4 架空系統における系統モデルの設定内容

設定項目	設定内容
線路形態（a）	（架空）ケーブル系統
系統形態（b）	分割連系方式（本予備系統も包含）
接地方式	（三相3線式）抵抗接地方式（$R_n = 5～500$〔Ω〕）
線路こう長	0.5 km（地中100 m＋架空400 m） 6 km（地中300 m＋架空5700 m） 約30 km（地中200 m＋架空28500 m）
装柱形態（c）	22 kV/400 V 配電装柱，6 kV 併架装柱
ケーブル構造（d）	HCCA ケーブル（架空ケーブルとして使用） （耐熱架橋ポリエチレン絶縁コルゲートアルミシースケーブル） CVT ケーブル（地中ケーブルとして使用）（立ち上がり部） （架橋ポリエチレン絶縁ビニルシース電力ケーブル）
系統電圧	線間標準電圧22 kV（対地間12.7 kV） U，V，W の相順で正相
配電用変電所の上位系インピーダンス	実態調査結果に基づき以下に設定 11.5〔％〕（45 MVA base），7〔％〕（10 MVA base）
B種接地抵抗（*1）	抵抗値（R_B）：20 Ω/極，65 Ω/極 施設率：1極/2基（施設実態より）
通信線	使用線種：市内中継 PEF-LAP ケーブル0.4 mm 施設地上高：5.8 m，6.1 m
事故点模擬（e）	一線地絡事故時：40 Ω 地絡（特別高圧線の U 相にて地絡） 特高-低圧混触事故時：0 Ω 接触（特別高圧線の U 相と低圧のアース線を混触）

*1：高圧または特別高圧が低圧と混触するおそれのある場合に低圧電路の保護のために施設される接地で，抵抗値は混触の際に，接地線に高圧または特別高圧電路の地絡電流が流れた場合の電位上昇による低圧機器の絶縁破壊を防止するため，接地点の電位が150 V（一次側が高圧または35 kV以下の特別高圧電路であって，150 Vを超えたときに1秒を超え2秒以内に自動的に遮断すれば300 V，1秒以内に遮断すれば600 V）を超えないような値と規定されている．

も考慮してスポットネットワーク（SNW）方式も含めた2種類のモデルにて検討を行う必要がある．系統の形態は架空系統同様，既存の設備の延長上にあることから，配電方式・系統形態については実系統をベースとし，線路こう長をパラメータとして検討を行う．具体的には，共通本線予備線方式（線路こう

表 2.3.5　各モデルのケーブル線路こう長

	地中ケーブル CVT 250 mm²	回線数	需要家軒数
本予備モデル	6000 m	1 回線	5 軒
SNW モデル	3000 m	3 回線	3 軒

長 6 km），SNW 方式（線路こう長 3 km/ 3 回線併用）を検討対象とする．

(b) ケーブルの選定

図 2.3.4 で記述した CVT ケーブルを用いてモデル化を行う．

(c) 線路定数

架空系統と同様，Cable Constants を用いることで，計算が可能となる．

(d) 需要家構内の B 種接地

需要家側 B 種接地抵抗では，特高−低圧混触時の低圧線電位上昇を 600 V 以下に抑制する推奨値が示されている．実際には単独接地などの施設状態や土壌の条件から，推奨値を満たせない場合も散見される．モデル化においては設備実態を考慮し，1 Ω，5 Ω とする．

(e) 地中ケーブルの D 種接地の選定

地中ケーブルでは，一般的に接続部ごとにケーブルシースに対し D 種接地を施している．解析上の接続部はケーブルドラム長を 1 つの単位に設定し，ケーブル・ブランチ長を線路こう長に応じて 250 m，300 m として，D 種接地抵抗値を設定した．D 種接地抵抗値は幅を持たせた設定とし，10 Ω，100 Ω とする．

(f) 事故模擬

地中ケーブルの場合も架空ケーブルと同様，経年劣化により導体とシースの間の絶縁破壊が生じ，地絡に至るケースが事故としては最も多いと考えられる．

検討モデルは現状の設備実態等を勘案し，**表 2.3.6** のとおり設定した．設定した系統モデルの概略図を **図 2.3.7**，**図 2.3.8** に示す．

2.3 EMTP解析を用いた最適な中性点接地抵抗値の選定方法

表 2.3.6 地中系統における系統モデルの設定内容

設定項目	設定内容
線路形態	全地中ケーブル系統
系統形態 (a)	本予備方式,スポットネットワーク (SNW) 方式
接地方式	(三相3線式) 抵抗接地方式 ($R_n = 5 \sim 500$〔Ω〕)
線路こう長	6 km (本予備方式) 3 km (スポットネットワーク法式,3回線併用)
ケーブル構造 (b)	CVT ケーブル (架橋ポリエチレン絶縁ビニルシース電力ケーブル)
系統電圧	線間標準電圧22 kV(対地間12.7 kV) U,V,W の相順で正相
配電用変電所の上位系インピーダンス	実地調査結果に基づき以下に設定 11.5〔%〕(45 MVA base),7〔%〕(10 MVA base)
需要家構内のB種接地抵抗 (d)	抵抗値:1Ω/極,5Ω/極 施設箇所:需要家ごとに単独
地中ケーブルのD種接地(*1) (e)	接地抵抗値:10 Ω,100 Ω 接地間隔;接続部ごとに施設 (線路こう長により250 m or 300 m に1箇所)
事故点模擬 (最悪条件) (f)	一線地絡事故時:40 Ω 地絡(特別高圧線のU相にて地絡) 高低圧混触事故時:0 Ω 接触(特別高圧線のU相と低圧のアース線を混触)

*1:300 V 以下の低圧用機器の鉄台の接地等漏電の際に,簡単なものでも施してあれば,これによって感電等の危険を減少させることができる場合に施す接地で,抵抗値は100 Ω以下と規定されている.

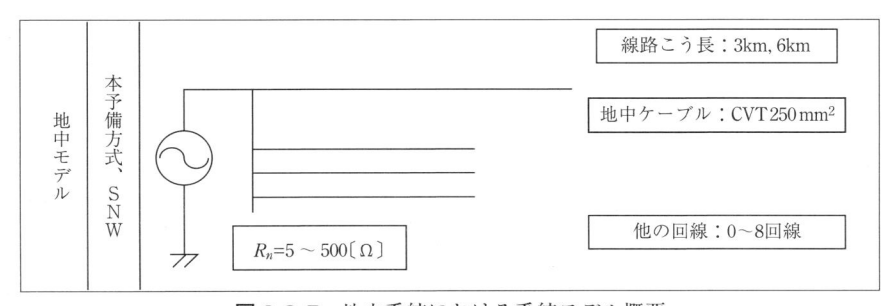

図 2.3.7 地中系統における系統モデル概要

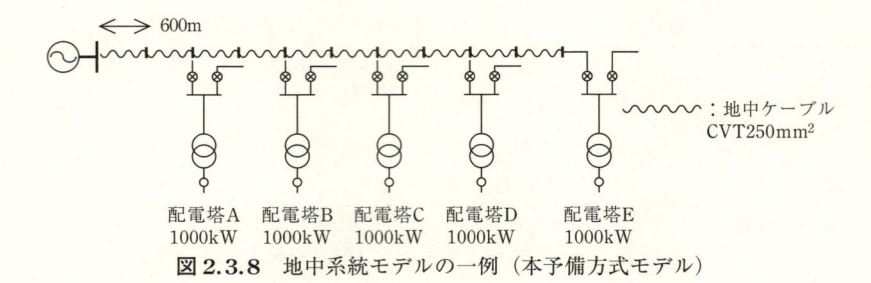

600m ←→ :地中ケーブル CVT250mm²

配電塔A 1000kW　配電塔B 1000kW　配電塔C 1000kW　配電塔D 1000kW　配電塔E 1000kW

図 2.3.8　地中系統モデルの一例（本予備方式モデル）

(2)　11.4 kV 系統の中性点接地方式の選定
(a)　線路形態の選定

11.4 kV 配電線路の形態は既設 6 kV 設備を流用し構築していくことから現状の 6 kV 系統を基準とした．配電系統は様々な需要に応じるため，配電線ごとの線路こう長や形態，負荷密度は多様であり，配電系統をモデル化する場合，1 つのモデルで配電系統全体を模擬することは困難である．そこで，繁華街，住宅地区，農山村といった特徴的な需要形態についてモデル化し，それぞれについて検討することが必要となる．

図 2.3.9〜図 2.3.11 にモデル化した系統を示す．

(b)　装柱形態

通信線への誘導障害は電力線と通信線の架線の位置関係が影響するため，架線位置を実規模に即して模擬する必要がある．ここでは，6 kV 配電系統で標

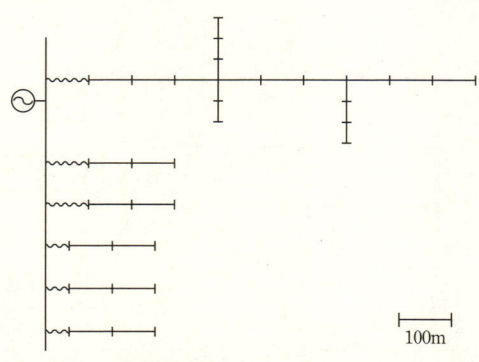

100m

図 2.3.9　繁華街モデル（幹線こう長　1.5 km）

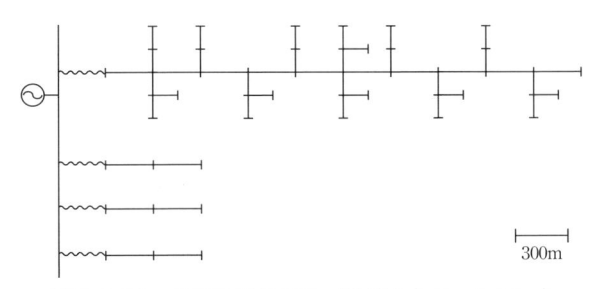

2.3 EMTP解析を用いた最適な中性点接地抵抗値の選定方法

図 2.3.10 住宅地区モデル（幹線こう長　3.2 km）

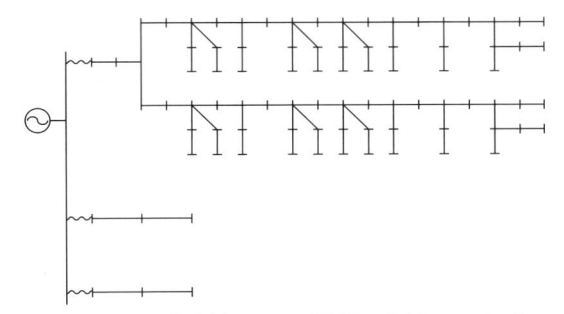

図 2.3.11 農山村モデル（幹線こう長　5.6 km）

準の水平装柱を基に中性線を加え，さらに共架通信線も含めた装柱モデルを選定した．

(c) 負荷および変圧器の接続

11.4 kV配電系統では各相の対地電圧が6.6 kVであることから，既設6 kV系統では相間に接続し使用していた柱上変圧器をそのまま流用するためには，**図 2.3.13**のように電圧相と中性線との間に接続する必要がある．また，動力用変圧器はV結線から逆V結線とすることにより，既存の変圧器の流用が可能となる．変圧器の施設に際しては，電圧線各相の不平衡を抑制するため，各変圧器を極力均等に各相に接続する必要がある．しかし，現実の設備においては不平衡を全てなくすことは不可能であるため，モデル化に際して，不平衡状態の模擬も必要となる．

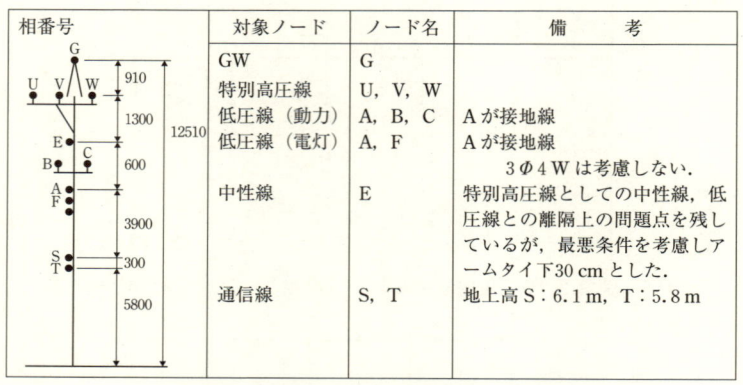

相番号	対象ノード	ノード名	備考
（装柱図）	GW	G	
	特別高圧線	U, V, W	
	低圧線（動力）	A, B, C	Aが接地線
	低圧線（電灯）	A, F	Aが接地線 3φ4Wは考慮しない．
	中性線	E	特別高圧線としての中性線，低圧線との離隔上の問題点を残しているが，最悪条件を考慮しアームタイ下30 cmとした．
	通信線	S, T	地上高 S：6.1 m, T：5.8 m

図 2.3.12　11.4 kV 系統装柱図

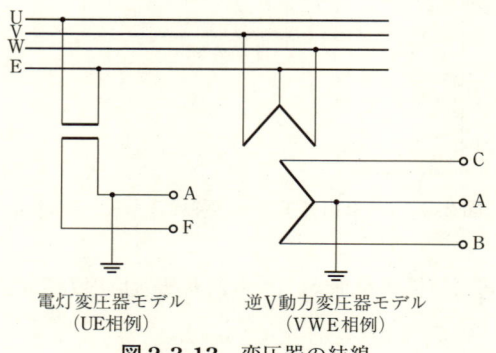

図 2.3.13　変圧器の結線
電灯変圧器モデル（UE相例）　　逆V動力変圧器モデル（VWE相例）

(d) 線種

現状，配電線に適用される電線はアルミ電線が主流であるため，解析上もアルミ電線を用いた．銅電線を用いた場合でも，電流容量的に近いアルミ電線で模擬することにより等価と考えられることから，十分な精度が得られると同時に解析の簡略化が図れる．

(e) 各種定数の模擬

（i）線路部分の模擬

線路部分の模擬にあたっては，導体の位置を任意に設定できる EMTP のサブルーチン（Line Constants, Cable Constants）により配電線と通信線の間の

2.3 EMTP解析を用いた最適な中性点接地抵抗値の選定方法

相互，自己インダクタンス・キャパシタンスの計算が可能となる．

（ⅱ） 負荷，変圧器の模擬

負荷を模擬する際には，負荷容量に等しいインピーダンスを特別高圧線に接続することとし，混触事故を模擬する箇所のみ，変圧器を再現する．また，負荷力率は電灯負荷については100％とし，動力負荷については，80％（遅れ）とし，補償用コンデンサにより95％（遅れ）まで補償する．

（ⅲ） 事故の模擬

模擬系統上の事故点にスイッチを介し，混触事故模擬の場合は，電圧線を低圧アース線に直接接続し，地絡事故模擬の場合は，40Ω等の地絡模擬抵抗[5]で接続する．

（ⅴ） 高調波の模擬

高調波については「高調波抑制対策技術指針」[15]より，契約電力1kW当たりの5次，7次の高調波流出限度を求めた後，6パルスの3相ブリッジ負荷を想定して，3次，9次の高調波電流成分を推定する．また，高調波源は電流源として，系統の各所に設置する．

検討モデルを現状の設備実態等を勘案し，**表 2.3.7** のとおり設定した．

2.3.4 EMTP解析手法

（1） EMTPによる誘導電圧・低圧線電位上昇の解析手法

本検討で用いたEMTPは，大規模回路網の数値計算に有利な節点解析法が用いられている．この節点解析法とはキルヒホッフ電流則に基づく解析方法で，解析手順を以下に示す[14]．

・回路網内すべての電圧源を電流源に置き換える
・回路定数をアドミタンスで表現する（**表 2.3.8**）
・基準節点を定めて，その節点電位を0Vとする
・各節点にキルヒホッフ電流則を適用して連立方程式を立てて解く

誘導電圧・低圧線電位上昇のような定常解解析のみの場合には，上記の節点

表 2.3.7 EMTP 解析における設定項目と設定内容

設定項目	設定内容
基準電圧	対地電圧 6 600 V（線間電圧 11 431 V）
上位系インピーダンス	0.971 mH（7.0％として，10 MVA 基準，系統電圧 6 600 V の値）
大地固有抵抗	100 Ω·m
中性点接地抵抗値	多重接地方式：1 Ω 抵抗単一接地方式：5～500 Ω
電線種別	地中線：CVQ 325 mm^2×3＋60 mm^2 架空線：AL 240 mm^2，120 mm^2，32 mm^2 架空中性線，電灯アース線：AL 120 mm^2 ※なお，自己インピーダンス以外に相互インピーダンスもすべて考慮した.
モデル系統線路こう長	繁華街　：2.3 km（幹線 1.5 km） 住宅地区：11.6 km（幹線 3.2 km） 農山村　：23.6 km（幹線 5.6 km）
計算単位長	繁華街　：引出ケーブル長 600 m，架空線路部 100 m 住宅地区：引出ケーブル長 200 m，架空線路部 300 m 農山村　：引出ケーブル長 200 m，架空線路部 300 m
B 種接地抵抗値	1 極当たりの接地抵抗値：20 Ω，65 Ω のそれぞれについて計算 接地極の施設率　　　　　：2.037 基/極 ※東京電力における実績により設定
負荷設定	電灯負荷力率：100％ 動力負荷力率：80％（遅れ）とし，コンデンサにより 95％まで補償 動力模擬負荷は逆 V 結線の変圧器にて模擬
負荷容量	繁華街地区：4683.6 kVA 　　（低圧負荷計算単位長当たり，　　　　灯：60.3 kVA，力：22.9 kVA） 　　（自家用負荷計算単位需要家当たり，灯：192.3 kVA，力：73.2 kVA） 住宅地区　：5566.5 kVA 　　（低圧負荷計算単位長当たり，　　　　灯：95.5 kVA，力：21.0 kVA） 　　（自家用負荷計算単位需要家当たり，灯：84.0 kVA，力：18.4 kVA） 農山村地区：6625.7 kVA 　　（低圧負荷計算単位長当たり，　　　　灯：39.5 kVA，力：14.7 kVA） 　　（自家用負荷計算単位需要家当たり，灯：142.5 kVA，力：52.8 kVA） ※東京電力における実績より設定
負荷の平衡	負荷の平衡を保つため，同一ノード上において電灯・動力負荷を同相に接続しない．また，隣り合った幹線のノード上で，同一相に同種変圧器（電灯・動力の別）が接続されないよう設定
負荷不平衡模擬	最悪条件として，U 相に接続した単相負荷を解放
事故点模擬 （最悪条件）	一線地絡事故：40 Ω 地絡（特別高圧線の U 相にて地絡） 高低圧混触時：0 Ω 接触（特別高圧線の U 相と低圧のアース線を混触）
高調波模擬	対象高調波：第 3，9 次高調波の 2 種類 ・第 3 次高調波流出量：5.83 mA/kVA，上位系電圧歪率：2.0％ ・第 9 次高調波流出量：1.95 mA/kVA，上位系電圧歪率：1.5％ ※参考文献「高調波抑制対策技術指針」

2.3 EMTP解析を用いた最適な中性点接地抵抗値の選定方法

表 2.3.8 定常解析における回路表現

	インピーダンス	アドミタンス
抵抗 R	R	$1/R$
インダクタンス L	$j\omega L$	$1/j\omega L$
キャパシタンス C	$1/j\omega C$	$j\omega C$

解析と複素記号法により未知電圧，電流電力を決定して計算が終了する．

EMTPを用いて解析を行う場合，誘導電圧，地絡（混触）事故時低圧線電位上昇の定常値解析の具体的な手順を以下に示す．

(a) シミュレーションの実施および評価

誘導電圧，事故時の低圧線電位上昇の計算にあたっては，定常値解析であることから，対象の配電系統の 100 m（系統こう長 500 m の場合）～1500 m（系統こう長 30 km の場合）ごとにノードを配置し，各ノード間は，線路モデルで接続し，必要に応じて，ノードに負荷，変圧器モデルを設置する．解析結果には，計算アルゴリズムでの桁落ち等による数値計算上の誤差の他，モデル化の際に立てた仮定による誤差が含まれるため，解析結果を実験データと比較し，解析結果の妥当性についての評価が必要となる．

EMTP計算誤差は，定常領域において，真値に対し -30〜$+10$ ％程度となっていることが評価されており[12]，これを評価の基準とするとともに，シミュレーション結果を利用する際には，この誤差を考慮する必要がある．一例として表 2.3.7 に 11.4 kV 系統の中性点接地方式選定の際に用いた設定項目と具体的な内容について記載する．

(2) EMTPによる過電圧解析手法

EMTPによる過渡解析は，節点解析法を用いて，全ての回路素子を電流源と抵抗で表現し，この等価回路においてノード方程式を立て，そのコンダクタンスの逆行列をとることにより，過渡解を求めている．集中定数素子の解析においては台形近似（トロペロイダル則）により微積分の計算を数値的に処理し，また分布定数線路の過渡解析は，シュナイダー・ベルジェロン法を用いて，線

路をサージインピーダンスと等価な抵抗と伝搬時間を考慮した電流履歴を有する電流源で模擬することにより行われている．これらの方法によれば，回路中の全ての素子がコンダクタンスと過去の履歴を表す電流源のみで等価表現でき，複雑な回路であっても表現可能であるため，回路網による制約がなくなり，さらに，実数のみの接点解析となるので，複素計算による接点解析法と比べて，計算時間・所用メモリを大幅に少なくできる利点がある．

① 集中定数回路

インダクタンス L ならびにキャパシタンス C の電圧・電流について次式が成立する．

$$v_L = L \frac{di_L}{dt} \tag{2.3.2}$$

$$i_C = C \frac{dv_C}{dt} \tag{2.3.3}$$

上式を時間領域 $(t-\Delta t, t)$ で積分すると，

$$i_L(t) = \frac{1}{L} \int_{t-\Delta t}^{t} v_L(t) dt + i_L(t-\Delta t) \tag{2.3.4}$$

$$v_C(t) = \frac{1}{C} \int_{t-\Delta t}^{t} i_C(t) dt + v_C(t-\Delta t) \tag{2.3.5}$$

上記の積分式を台形積分により近似すると，

$$i_L(t) = \frac{v_L(t) + v_L(t-\Delta t)}{R_L} + i_l(t-\Delta t) \tag{2.3.6}$$

$$v_C(t) = \{i_C(t) + i_C(t-\Delta t)\} \cdot R_L + v_C(t-\Delta t) \tag{2.3.7}$$

ここで，

$$R_L = \frac{2L}{\Delta t} \tag{2.3.8}$$

$$R_C = \frac{\Delta t}{2C} \tag{2.3.9}$$

上式から，時刻 t における電流を求め，過去の履歴である $(t-\Delta t)$ で表現される項について整理すると，

$$i_L(t) = \frac{v_L(t)}{R_L} + J_L(t-\Delta t) \tag{2.3.10}$$

2.3 EMTP解析を用いた最適な中性点接地抵抗値の選定方法

$$i_C(t) = \frac{v_C(t)}{R_C} + J_C(t-\Delta t) \tag{2.3.11}$$

ここで,

$$J_L(t-\Delta t) = i_L(t-\Delta t) + \frac{v_L(t-\Delta t)}{R_L} \tag{2.3.12}$$

$$J_C(t-\Delta t) = i_C(t-\Delta t) + \frac{v_C(t-\Delta t)}{R_C} \tag{2.3.13}$$

上式より,回路中の L, C は等価抵抗 R_L, R_C と過去の履歴で定まる電流源により表現できることがわかる.すなわち節点解析法におけるノード方程式のアドミタンス行列は,実数のみのコンダクタンス行列となり,行列計算が実数のみの処理で行えるため高速演算が可能となる.

② 分布定数回路

分布定数線路上をある伝搬速度を持つサージ進行波が伝搬するとき,線路上の位置 x における時刻 t の電圧 $v(t)$,電流 $i(t)$ は,

$$v(t) = e_f(t) + e_b(t) \tag{2.3.14}$$
$$i(t) = i_f(t) - i_b(t) = Y_0 \{e_f(t) - e_b(t)\} \tag{2.3.15}$$

ここで,

e_f : x 正方向への電圧進行波(前進波)

e_b : x 負方向への電圧進行波(後進波)

i_f : x 正方向への電流進行波(前進波)

i_b : x 負方向への電流進行波(後進波)

$Y_0 = 1/Z_0$: サージアドミタンス

上式より以下の関係式が得られる.

$$v(t) + Z_0 i(t) = 2e_f(t) \tag{2.3.16}$$
$$v(t) - Z_0 i(t) = 2e_b(t) \tag{2.3.17}$$

ここで分布定数線路上で距離 l だけ離れた二点をとり点 A,点 B とし,点 A から点 B に向かう方向を正にとれば,上式より各点において以下の関係式が成り立つ.

点 A

$$v_A(t) + Z_0 i_A(t) = 2e_{Af}(t) \tag{2.3.18}$$

$$v_A(t) - Z_0 i_A(t) = 2e_{Ab}(t) \tag{2.3.19}$$

点 B

$$v_B(t) + Z_0 i_B(t) = 2e_{Bb}(t) \tag{2.3.20}$$

$$v_B(t) - Z_0 i_B(t) = 2e_{Bf}(t) \tag{2.3.21}$$

さらに,上式を電流次元に書き換えると,

$$Y_0 v_A(t) + i_A(t) = 2Y_0 e_{Af}(t) \tag{2.3.22}$$

$$Y_0 v_A(t) - i_A(t) = 2Y_0 e_{Ab}(t) \tag{2.3.23}$$

$$Y_0 v_B(t) - i_B(t) = 2Y_0 e_{Bf}(t) \tag{2.3.24}$$

$$Y_0 v_B(t) + i_B(t) = 2Y_0 e_{Bb}(t) \tag{2.3.25}$$

一方,線路の損失を無視するとき,進行波が点 A から点 B に到達するまでの伝搬時間を τ とすれば,点 A,点 B における電圧について,

$$e_{Bf}(t) = e_{Af}(t-\tau) \tag{2.3.26}$$

$$e_{Ab}(t) = e_{Bb}(t-\tau) \tag{2.3.27}$$

なる関係が成り立つ.

以上の各関係式より,点 A,点 B の電圧・電流について次式が成立する.

$$Y_0 v_A(t) - i_A(t) = Y_0 v_B(t-\tau) + i_B(t-\tau) \tag{3.2.28}$$

$$Y_0 v_B(t) - i_B(t) = Y_0 v_A(t-\tau) + i_A(t-\tau) \tag{3.2.29}$$

上式の右辺は,時刻 τ だけ過去の他端における電流値を意味しており,すなわち時刻 t における各々の点の電流値である.ここで,過去の履歴を有する電流源 J_{pA},J_{pB} を

$$J_{pA}(t-\tau) = Y_0 v_B(t-\tau) + i_B(t-\tau) \tag{3.2.30}$$

$$J_{pB}(t-\tau) = Y_0 v_A(t-\tau) + i_A(t-\tau) \tag{3.2.31}$$

とすれば,各点の電流・電圧は次式で与えられる.

$$i_A(t) = Y_0 v_A(t) - J_{pA}(t-\tau) \tag{3.2.32}$$

$$i_B(t) = Y_0 v_B(t) - J_{pB}(t-\tau) \tag{3.2.33}$$

上式は,時刻 t における各点の電圧・電流が他点における時刻 $(t-\tau)$ の電

流履歴で与えられることを示している．したがって，分布定数回路においても抵抗と電流源のみで置き換えることが可能となる．すなわち，電流の過去の履歴を保存しておくことで，進行波現象を集中定数回路として取り扱うことができ，解析上極めて有利である．

2.4　22 kV 系統モデルの解析結果および中性点接地方式の選定

2.4.1　22 kV 架空系統モデルの解析結果

2.3.3で示したモデルを用いて，架空系統における誘導電圧および混触事故時の低圧線電位上昇についての解析結果を述べる．

（1）常時誘導縦電圧

常時誘導縦電圧は，電力線の平常運転時に生じる通信線と大地間に発生する電圧で，静電誘導と電磁誘導のベクトル和となる．線路こう長と常時誘導縦電圧の関係を図2.4.1に示す．図2.4.1より，常時誘導縦電圧は平常運転時に生じる電圧のため中性点接地抵抗（R_n）に依存せず，B種接地抵抗（R_b）についても抵抗値が低い方が誘導電圧は小さくなるものの，ケーブル系統では各相が近接していること，電圧線と通信線との離隔が大きいことに加えて，本モデルでは負荷が平衡しているため，絶対値としては非常に小さな値となる．

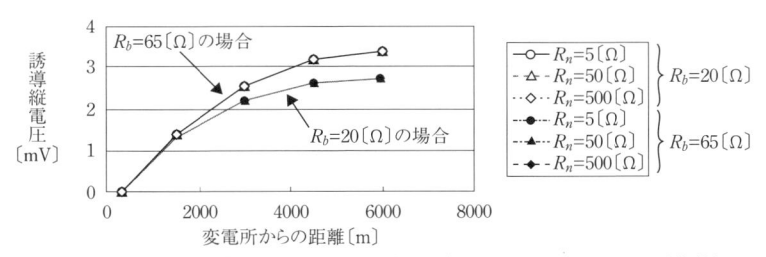

図 2.4.1　常時誘導縦電圧の一例　（中こう長，22 kV/400 V 配電装柱）

(2) 事故時の誘導危険電圧

架空ケーブル系では，ケーブルが地絡優先構造（ケーブルシースに地絡）であり，ケーブルシースが接地線を介し低圧アース線に繋がることから，一線地絡事故と特高-低圧混触事故は同じ分流回路となる．地絡事故時には地絡抵抗（今回は 40 Ω と設定）を介してケーブルシースと繋がるため，混触抵抗 0 Ω で低圧アース線に繋がる特高-低圧混触事故の方が事故電流が大きくなり，誘導電圧も大きくなるため，条件的には厳しくなる．

特高-低圧混触事故時の線路こう長と誘導危険電圧の関係の一例（中こう長 22 kV/400 V 配電装柱モデル）を図 2.4.2 に示す．事故時の誘導危険電圧は線路こう長により積分されていくため線路末端で最大となる．一方，事故点では，事故電流が大地を流れる距離が一番長くなる末端事故のケースで，誘導危険電圧が最大となる．誘導危険電圧は事故電流のうち大地帰路電流による誘導の影響が大きいため，B 種接地抵抗値（R_b）は低い方が過酷値となる．

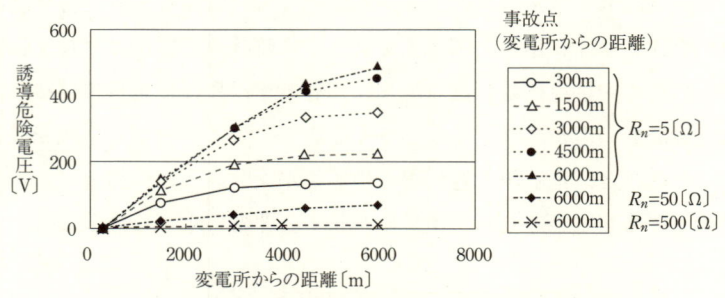

図 2.4.2 特高-低圧混触事故時の誘導危険電圧の一例
（中こう長，22 kV/400 V 配電装柱）

(3) 混触事故時の低圧線電位上昇

混触事故時の低圧線電位上昇は，B 種接地抵抗値と B 種接地抵抗を流れる事故電流との積で表されるものの，B 種接地抵抗は低圧アース線で接続され合成抵抗は非常に小さい値となっていることから，事故電流の大きさは中性点接地抵抗値を主要因として決定される．したがって，混触事故時の低圧線電位上昇は，当該系統の中性点接地抵抗の大きさによって事故電流が決定されるため，

2.4 22 kV系統モデルの解析結果および中性点接地方式の選定

事故電流を一定とすれば,発生する電位上昇はB種接地抵抗値が高い方が厳しい値となる.特高-低圧混触事故時の線路こう長と低圧線電位上昇の関係の一例(中こう長,22 kV/400 V配電装柱モデル)を図2.4.3に示す.混触事故時の低圧線電位上昇の電位分布は,事故点においてB種接地抵抗を介して大地へ流れる電流が最大となるため,事故点で発生する電位が最大となる.事故点から離れるほど,ケーブルシース・低圧アース線等のインピーダンスが加算され,インピーダンス比によって電流が分流していくため発生する電圧も小さくなる.

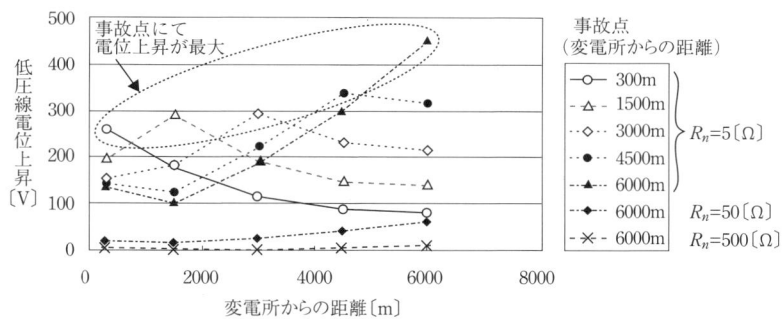

図2.4.3 特高-低圧混触事故時の低圧線電位上昇の一例
(中こう長,22 kV/400 V配電装柱)

2.4.2 地中系統モデルの解析結果

地中系統では,電力線と通信線が共架するという環境にはないため,基本的には誘導障害が発生する危険性は想定していない.このため,22 kV/400 V変圧器や需要家変圧器内部での特高-低圧混触事故時の低圧線電位上昇が中性点接地抵抗値選定上の課題となる.最適な中性点接地抵抗値の選定にあたっての絞り込み方法を以下に示す.

① 事故点を変えたときのシミュレーションポイント最過酷位置の選定
② ケーブルシース接地(D種接地)抵抗値を変えたときの最過酷値の選定
③ B種接地抵抗値を変えたときの最過酷値の選定

なお,系統モデルとして設定した本予備系統モデルとスポットネットワーク

(SNW) 系統モデルの解析結果について大きな差異がみられなかったため，解析結果としては，本予備系統モデルを代表として記載する．

① **事故点を変えたときのシミュレーションポイント最過酷位置の選定**

地中ケーブル系統における特高−低圧混触時の低圧線電位上昇値は，図 2.4.4 に示すとおり，事故時における事故電流の帰路回路でのインピーダンスが小さく，事故電流が一番大きくなる立ち上がり地点での事故が最過酷となる．しかし，事故地点の違いによる電位上昇の差は，100 V/km 程度と小さい．

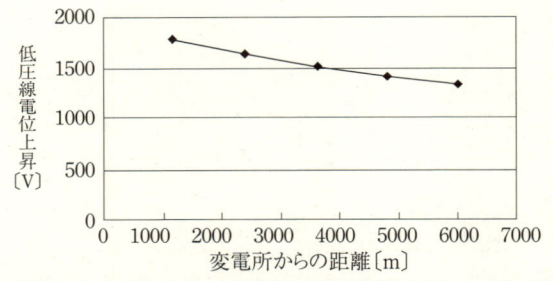

図 2.4.4 事故点を変えたときの低圧線電位上昇最大値の一例（本予備方式）

② **ケーブル接地抵抗値（D 種接地）抵抗値を変えたときの最過酷値の選定**

ケーブル接地抵抗値（R_c）をパラメータとして 10，100 Ω と変化させたときの解析結果を図 2.4.5 に示す．中性点接地抵抗値が同じであれば，事故電流量は，B 種接地抵抗値の大きさを主要因として決まり，R_c の大きさによる影響は少ない．しかしながら，事故電流はケーブルシースへ流れ込むため，ケーブル

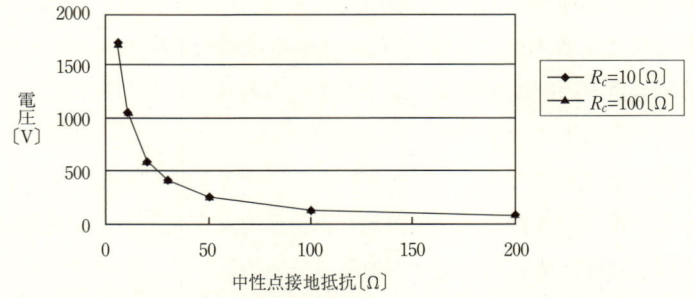

図 2.4.5 中性点接地抵抗値と低圧線電位上昇値の関係の一例（本予備方式）

2.4 22 kV 系統モデルの解析結果および中性点接地方式の選定

接地抵抗値が低い程，ケーブル接地抵抗を介して大地へ流れる電流が増加し，僅かであるが低圧線電位上昇値が高くなる．（図 2.4.5 において $R_c = 10\,\Omega$ のケースの方が $R_c = 100\,\Omega$ のケースに比べて僅かな差であるが発生する電圧が大きくなっている．）

③ B 種接地抵抗値を変えたときの最過酷値の選定

B 種接地抵抗値が大きければ，事故回路のインピーダンスが大きくなり事故電流が減少するため，B 種接地を流れる電流値は減少する．しかしながら，低圧線電位上昇値は B 種接地抵抗値とそこを流れる電流との積であるため，B 種接地抵抗値（R_b）が大きくなると図 2.4.6 に示すとおり電位上昇値は大きくなる．したがって，中性点接地抵抗値が同じであれば，B 種接地抵抗値が大きいほど低圧線の電位上昇は大きくなる．

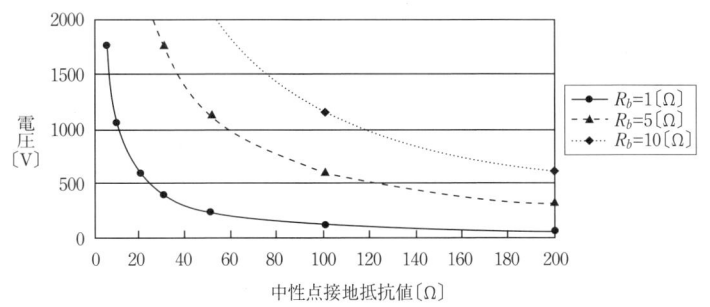

図 2.4.6 B 種接地をパラメータとした中性点接地抵抗値と低圧線電位上昇との関係の一例（本予備方式）

2.4.3 22 kV 架空系統における中性点接地抵抗の許容値の選定

最適な中性点接地抵抗値の絞り込み方法を以下に示す．

① 事故点・シミュレーションポイント（測定値）の最過酷条件を見つける．
② ①の条件下で，中性点接地抵抗値などの各種パラメータを変化させる．
③ ②の結果に基づき，最適な中性点接地抵抗（許容範囲）を選定する．

図 2.4.1，図 2.4.2，図 2.4.3 から得られた，最過酷条件となる事故点および

シミュレーションポイント（測定値）を表 2.4.1 に示す．

中性点接地抵抗値の選定上で，制約条件の面で一番厳しい誘導危険電圧と中性点接地抵抗との関係の解析結果を図 2.4.7 に示す．一般的な EMTP/ATP 常時領域での計算精度は，測定値と比較して＋10～－30％と評価されている[12]．事故時の電位分布解析に，この誤差を加味すると図 2.4.8 のエラーバーの範囲を取りうる．誤差も考慮した中性点接地抵抗選定例を表 2.4.2 に示す．なお，B 種接地抵抗値については，単極の管理値が 65Ω 以下となっていることから，R_b＝65Ω のケースを最過酷条件として中性点接地抵抗値の選定を実施した．

図 2.4.7 および表 2.4.2 を導き出した方法と同様に，その他のこう長や装柱形態（6 kV 併架装柱）に適用した際の中性点接地抵抗値選定の解析結果を示す．架空ケーブル系統において最も厳しい制約条件となる特高−低圧混触事故時の誘導危険電圧に関する 22 kV/400 V 配電装柱，6 kV 併架装柱の解析結果をそれぞれ図 2.4.8，図 2.4.9 に示す．また，それらによる中性点接地抵抗値

表 2.4.1　22 kV 架空系統における地絡・混触事故時の最過酷条件

	事故点	シミュレーションポイント
常時誘導縦電圧	—	末端
誘導危険電圧	末端	末端
低圧線電位上昇	立ち上がり	立ち上がり

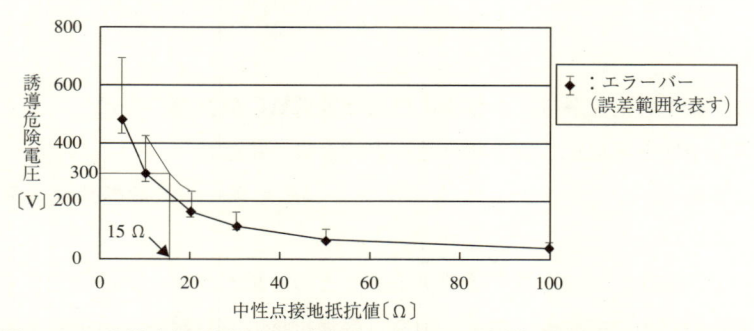

図 2.4.7　中性点接地抵抗値と事故時に発生する誘導危険電圧との関係の一例
（誘導危険電圧，中こう長，22 kV/400V 配電装柱）

2.4 22 kV 系統モデルの解析結果および中性点接地方式の選定

の許容範囲を表 2.4.3 にまとめる.

表 2.4.2 誤差を考慮した許容しうる中性点接地抵抗値の選定例(中こう長,2 kV/400 V 配電装柱)

検討内容	シミュレーション項目	評価	解析結果	誤差を考慮した結果
定常時	通信線への常時誘導縦電圧	○		
一線地絡時	通信線への誘導危険電圧	△	$R_n \geq 10 [\Omega]$ で○	$R_n \geq 15 [\Omega]$ で○
高低圧混触時	通信線への誘導危険電圧	△	$R_n \geq 10 [\Omega]$ で○	$R_n \geq 15 [\Omega]$ で○
	低圧線への対地電位上昇	○		
総合評価		△	$R_n \geq 10 [\Omega]$ で○	$R_n \geq 15 [\Omega]$ で○

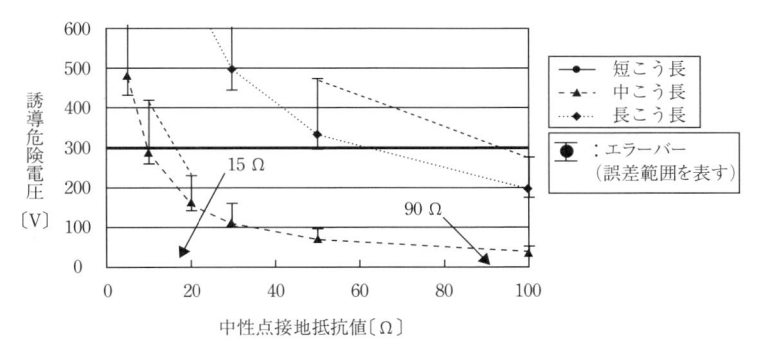

図 2.4.8 中性点接地抵抗値と誘導危険電圧との関係
(22 kV/400 V 配電装柱モデル)

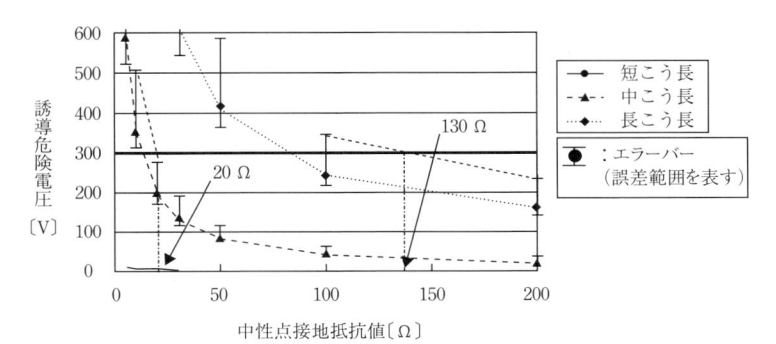

図 2.4.9 中性点接地抵抗値と誘導危険電圧との関係
(6 kV 併架装柱モデル)

表 2.4.3 架空系統の誤差を含めた中性点接地抵抗値の許容値

		線路こう長	解析結果	誤差を含めた結果
22 kV/400 V 装柱	短こう長	500 m	制約無し	制約無し
	中こう長	6 000 m	$R_n \geqq 10$ 〔Ω〕	$R_n \geqq 15$ 〔Ω〕
	長こう長	30 000 m	$R_n \geqq 60$ 〔Ω〕	$R_n \geqq 90$ 〔Ω〕

		線路こう長	解析結果	誤差を含めた結果
6 kV 併架装柱	短こう長	500 m	制約無し	制約無し
	中こう長	6 000 m	$R_n \geqq 15$ 〔Ω〕	$R_n \geqq 20$ 〔Ω〕
	長こう長	30 000 m	$R_n \geqq 75$ 〔Ω〕	$R_n \geqq 130$ 〔Ω〕

2.4.4 22 kV 地中系統における中性点接地抵抗の許容値の選定

地中系統モデルでは先述のとおり誘導障害による制約が想定されないため，中性点接地抵抗値の選定に際し，地絡事故時，特高－低圧混触時の低圧線電位上昇が問題となる．2.4.2項の解析結果から混触時の低圧線電位上昇は，需要家側のB種接地抵抗値（R_b）の大きさによる影響が支配的となる．これまでにも紹介しているが，需要家側のB種接地抵抗値は電気設備の技術基準の解釈第19条において，発生する電位上昇を600 V以内（混触事故発生時において1秒以内に自動的に電路を遮断する場合）に抑えるような推奨値が定められているが，第19条2項の緩和措置により5Ω未満の値であることを要しないとあり，現状では発生する電位上昇が制約値（600 V以内）を超過する恐れがある．R_bをパラメータとしたときの中性点接地抵抗値と低圧線電位上昇との関係を図2.4.10に示す．EMTPの計算精度を加味するとエラーバーの範囲が発生する電位上昇の値となる．図2.4.10より，$R_b = 5$ Ω（緩和措置の最過酷条件）の場合，発生する低圧線の電位上昇を600 V以下とするためには，中性点接地抵抗を100 Ω以上，計算誤差を考慮すると150 Ω以上とする必要がある．

また，同様にスポットネットワーク（SNW）系統モデルの解析結果を図2.4.11に示す．図2.4.10，図2.4.11より得られた中性点接地抵抗値の許容範囲を表2.4.4にまとめる．

2.4 22 kV系統モデルの解析結果および中性点接地方式の選定

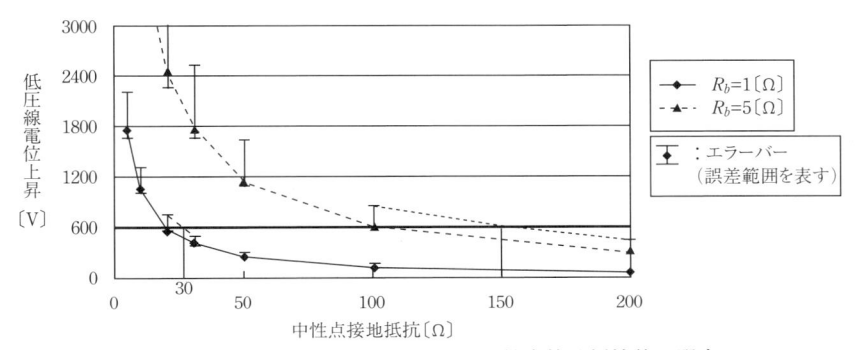

図 2.4.10 本予備モデルにおける中性点接地抵抗値の選定

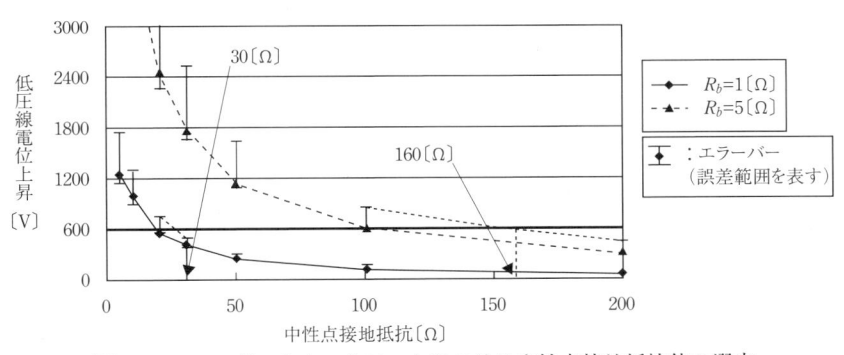

図 2.4.11 スポットネットワークにおける中性点接地抵抗値の選定

表 2.4.4 地中系統の許容しうる中性点接地抵抗値

		線路こう長	解析結果	誤差を含めた結果
本予備モデル	$R_b \leqq 1\ [\Omega]$	6 000 m	$R_n \geqq 20\ [\Omega]$	$R_n \geqq 30\ [\Omega]$
	$R_b \leqq 5\ [\Omega]$	6 000 m	$R_n \geqq 100\ [\Omega]$	$R_n \geqq 150\ [\Omega]$
	$R_b \leqq 10\ [\Omega]$	6 000 m	$R_n \geqq 200\ [\Omega]$	$R_n \geqq 310\ [\Omega]$

		線路こう長	解析結果	誤差を含めた結果
SNWモデル	$R_b \leqq 1\ [\Omega]$	3 000 m	$R_n \geqq 20\ [\Omega]$	$R_n \geqq 30\ [\Omega]$
	$R_b \leqq 5\ [\Omega]$	3 000 m	$R_n \geqq 100\ [\Omega]$	$R_n \geqq 160\ [\Omega]$
	$R_b \leqq 10\ [\Omega]$	3 000 m	$R_n \geqq 200\ [\Omega]$	$R_n \geqq 350\ [\Omega]$

2.5 11.4 kV 系統モデルの解析結果および中性点接地方式の選定

2.5.1 11.4 kV 系統の解析結果
(1) 一線地絡時の誘導危険電圧

　誘導危険電圧は電力線と通信線の併架線路こう長により積分されるため，併架距離が長いほどその値は大きくなる．以下，2.3.3 項で構築したモデルの解析結果を述べる．

　共通中性線多重接地方式の場合，図 2.5.1 に示すように中性線は B 種接地を連接している低圧アース線と共用していることから，大地に対し並列回路となる．一般的にその合成抵抗は数 Ω 以下となり，変電所のメッシュ抵抗と同程度かそれ以下となるため，事故電流は大きくなる．しかしながら，一線地絡時には地絡抵抗（最小で 40 Ω と設定）を介した電流となるため，その大きさは抑制されること，大地帰路電流の一部が大地から B 種接地を通り中性線に流れ，電圧線を流れる事故電流と打ち消し合うことから誘導危険電圧は抑制され，制約値である 300 V を超えるほどの大きさとはならない．また，B 種接地抵抗値はその値が大きいほど中性線へ流れ込む電流が少なくなるため，大地帰路電流が増し，誘導危険電圧は大きくなる．

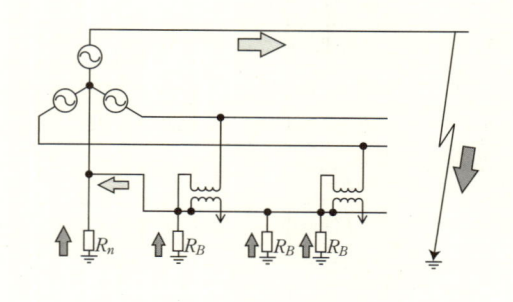

(a) 事故電流の分布イメージ

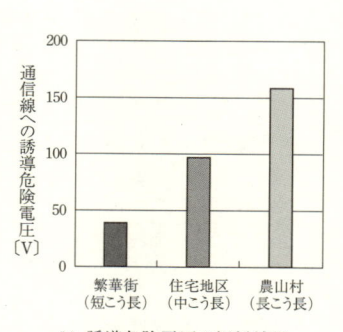

(b) 誘導危険電圧の解析結果

図 2.5.1 共通中性線多重接地方式における一線地絡電流と誘導危険電圧

2.5 11.4 kV 系統モデルの解析結果および中性点接地方式の選定

低圧多重接地方式についても，中性線と低圧アース線が分離しているといった差はあるものの，連接されたB種接地が中性点に繋がっていることから共通中性線多重接地方式と同様，地絡電流の大きさが地絡抵抗値によって抑制されるため，図2.5.2に示すように制約値の300 Vを超える大きさには至らない．

単一抵抗接地方式の場合，図2.5.3に示すようにケーブル立ち上がり柱側の

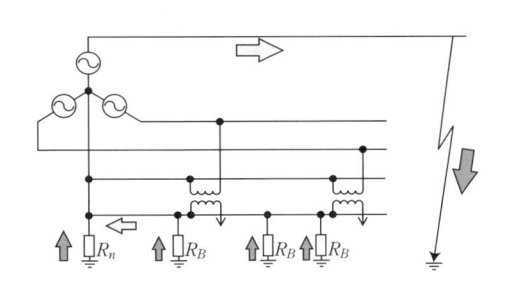

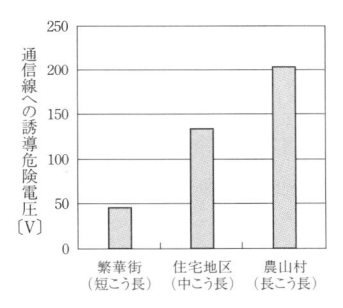

(a) 事故電流の分布イメージ　　　　　(b) 線路こう長による誘導危険電圧の解析結果

図2.5.2 低圧多重接地方式における一線地絡電流と誘導危険電圧

ケーブルシースは低圧アース線，架空地線（Ground Wire）を介してB種接地に，変電所側では変電所メッシュ抵抗に接続されており，地絡電流の多くは低圧アース線，架空地線を介して変電所に帰還し中性点接地抵抗を通るため，多重接地方式に比べて事故電流が小さくなり通信線への誘導危険電圧は緩和され

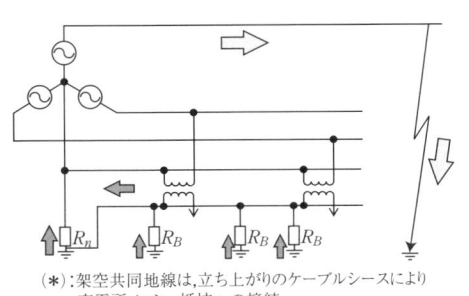

(＊)：架空共同地線は，立ち上がりのケーブルシースにより変電所メッシュ抵抗への接続

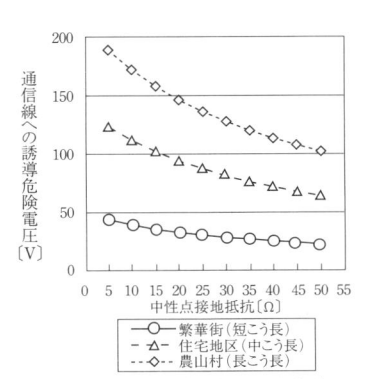

(a) 事故電流の分布イメージ　　　　　(b) 線路こう長による誘導危険電圧の解析結果

図2.5.3 単一抵抗接地方式における一線地絡電流と誘導危険電圧

る．このため，この方式も誘導危険電圧が制約値（300 V）を超えることはない．

(2) 混触事故時の誘導危険電圧

共通中性線多重接地方式および低圧多重接地方式の場合，**図2.5.4**，**図2.5.5**に示すように中性線に流れ込んだ混触事故電流はB種接地を通り大地に分流する．これらの方式では，等価的な中性点接地抵抗値が小さいことと，地絡抵抗と比較して混触抵抗は小さい（金属接触）ことにより事故電流は大きくなることから，通信線への誘導危険電圧は大きくなり，こう長が長い配電線の場合には，制約値を超過する．

単一抵抗接地の場合は，多重接地方式と異なり，低圧アース線が中性点接地抵抗の二次側に繋がることから，低圧アース線を流れる事故電流の割合は小さ

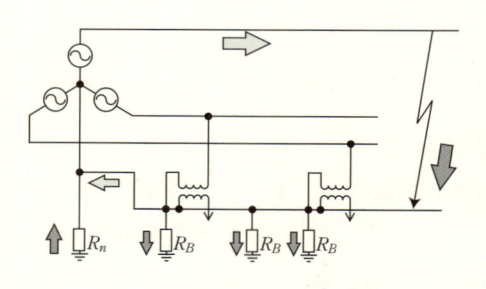

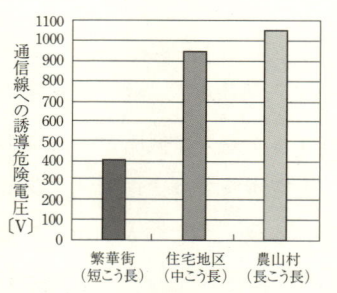

(a) 混触事故電流の分布イメージ　　(b) 線路こう長による誘導危険電圧の解析結果

図2.5.4　共通中性線多重接地方式における混触事故電流と誘導危険電圧

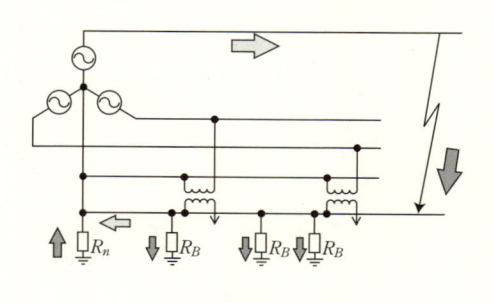

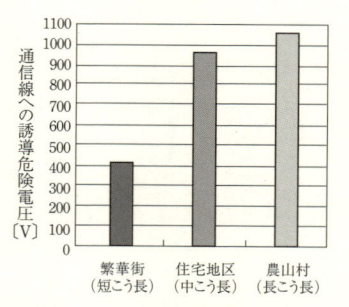

(a) 事故電流の分布イメージ　　(b) 線路こう長による誘導危険電圧の解析結果

図2.5.5　低圧多重接地方式における混触事故電流および誘導危険電圧

2.5 11.4 kV 系統モデルの解析結果および中性点接地方式の選定

くなり,大地帰路電流の割合が大きくなる.したがって,中性点接地抵抗が低く事故電流自体が大きく,線路こう長の長い配電線の場合には,制約値を超過する.図2.5.6に示すように中性点接地抵抗値を適正に選定することで,事故電流を抑制することができるため,制約値の範囲内に収めることが可能となる.

(3) 常時誘導縦電圧

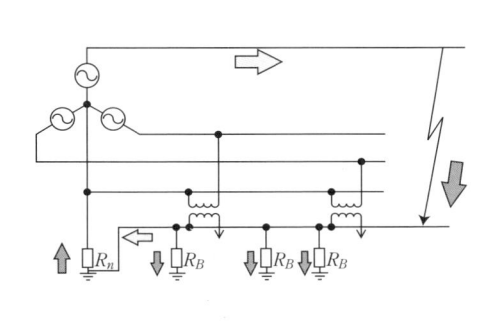

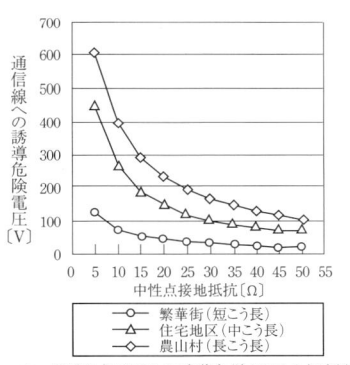

図2.5.6 単一抵抗接地方式における混触事故電流と誘導危険電圧
(a) 事故電流の分布イメージ
(b) 線路こう長による誘導危険電圧の解析結果

通信線への常時誘導電圧は,中性線に流れ込む不平衡負荷の負荷電流および3の倍数次の高調波電流により誘起される.また,電力線-通信線・中性線-通信線の離隔が小さいなど,相互インピーダンスの差が大きい程高くなる.

図2.5.7に負荷平衡時に3の倍数次の高調波が「高調波抑制対策技術指針」[15]で定める流出限度までとした場合の解析結果を示す.常時誘導縦電圧は定常時の電力線を流れる電流および負荷不平衡により生ずる中性線に流れる電流により発生する誘導電圧であることから,中性点接地抵抗の値に関係なく一定値となり,解析結果は図2.5.7に示すように制約値15 Vを十分下回る.また,不平衡を表す指数[※1]を0.33とした場合においても,常時誘導縦電圧は最大6.4 Vとなり,制約値上の問題とはならない.

(※1) 不平衡指数 $= \dfrac{I_a - I_c}{\dfrac{I_a + I_b + I_c}{3}}$ $\quad (I_a > I_b > I_c)$

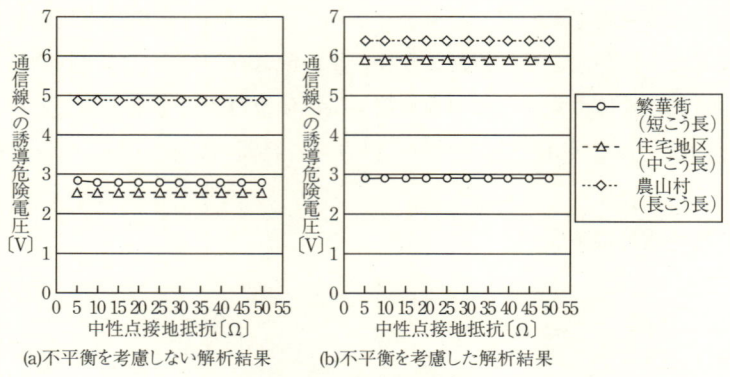

(a)不平衡を考慮しない解析結果　(b)不平衡を考慮した解析結果

図 2.5.7　常時誘導縦電圧

(4) 低圧線電位上昇解析

混触事故時の低圧線電位上昇は，B種接地抵抗値とそこを流れる電流の積であるため，同じモデル系統であればB種接地の合成抵抗の大きい方が大きくなる．今回のモデル系統では，一極あたりの抵抗値をパラメータにした上で施設率を固定して設定しているため，合成抵抗は線路こう長の長い系統（農山村系統）が小さくなる．したがって，混触事故時の低圧線電位上昇は，B種接地の合成抵抗値が大きくなる線路こう長の短い系統（繁華街系統）の方が大きい値となる．

共通中性線多重接地方式および低圧多重接地方式の場合は，中性点接地抵抗の合成値が小さいため，事故電流が大きくなる．このため両方式では，図 2.5.8，図 2.5.9 に示すとおり制約値の 600 V を超過する．

単一抵抗接地方式の場合は，中性点接地抵抗値を適正に選定することで事故電流を抑制することができるため，発生する電位上昇を制約値以内とすることが可能となる（図 2.5.10）．

2.5.2　11.4 kV 系統における中性点接地抵抗の許容値の選定

通信線への誘導危険電圧および混触事故時の低圧線電位上昇面から，共通中性線多重接地方式および低圧多重接地方式の採用は難しい．単一抵抗接地方式

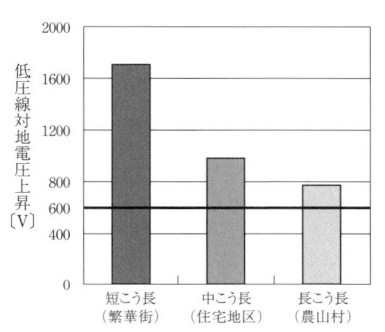

2.5 11.4 kV系統モデルの解析結果および中性点接地方式の選定

図 2.5.8 共通中性線多重接地方式における混触時の低圧線電位上昇

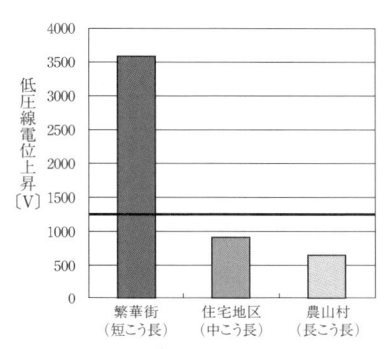

図 2.5.9 低圧多重接地方式における混触時の低圧線電位上昇

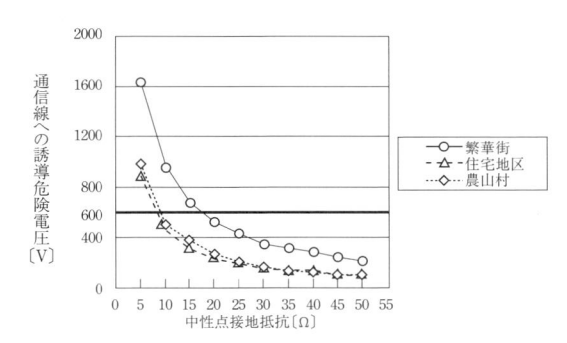

図 2.5.10 単一抵抗接地方式における混触時の低圧線電位上昇

のみが,中性点接地抵抗値を適切な値とすることで,適用が可能となる.
2.5.1項で紹介した解析結果から,混触事故時の誘導危険電圧および低圧線電位上昇については,それぞれ

・誘導危険電圧の最過酷モデル…長こう長(農山村)
・混触時の低圧線電位上昇の最過酷モデル…短こう長(繁華街)

が最過酷となり,いずれも中性点接地抵抗値が小さい程,事故電流が大きくなることから厳しい値となるため,適用可能な中性点接地抵抗(下限値)を求めた.図2.5.11,図2.5.12から,中性点接地抵抗値を20Ω以上とすることでそれぞれの制約値を満足するとの結果が得られた.ただし,EMTPの計算誤差(定常領域において真値に対して−30%〜+10%程度)を考慮すると制約値を

満足する値は，それぞれ 25 Ω 以上となる．

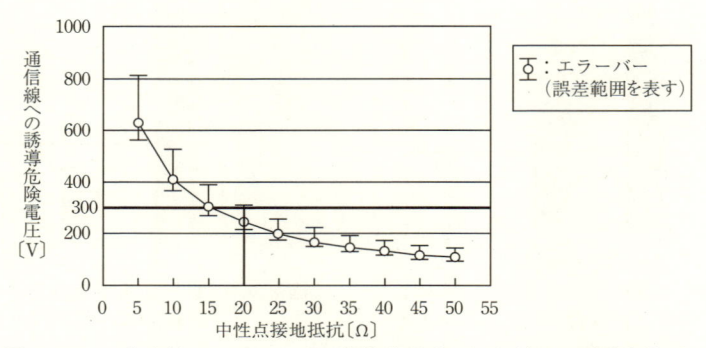

図 2.5.11 農山村モデルにおける混触事故時の通信線への誘導危険電圧

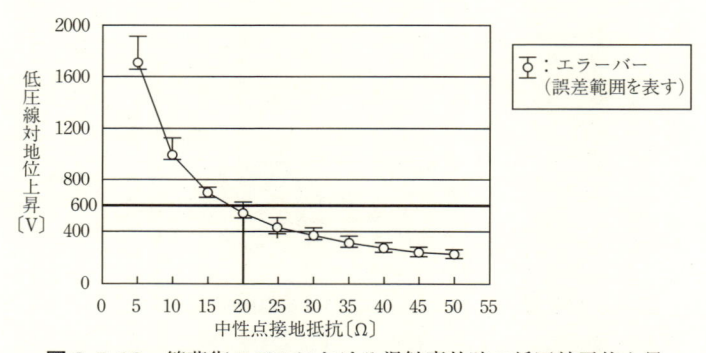

図 2.5.12 繁華街モデルにおける混触事故時の低圧線電位上昇

●参考文献●

（1） 電気学会通信教育会，"送配電工学"，電気学会，1980-4
（2） 山口　純一・家村　道雄・中村　格，"送配電の基礎"，森北出版株式会社，1999-11
（3） 川本　浩彦，"究極の図説 6 kV 高圧受電設備の保護協調 Q & A"，エネルギーフォーラム，2002-6
（4） 20 kV 級配電方式専門委員会，架空配電分科会，"電気協同研究　第 30 巻　第 3 号　20 kV 級配電方式（架空編）"，社団法人　電気協同研究会，1974-12
（5） 配電方式専門委員会　高圧配電系統分科会，"電気協同研究　第 21 巻　第 2 号　Y 11.4 kV 配電方式"，社団法人　電気協同研究会，1965-6

2.5 11.4 kV 系統モデルの解析結果および中性点接地方式の選定

(6) 配電方式専門委員会　高圧配電系統分科会, "電気協同研究会　第23巻　第1号　共通中性線多重接地3相4線式配電線路における電磁誘導", 社団法人　電気共同研究会, 1967-3

(7) 誘導調査特別委員会, "電力および通信技術の進歩と電磁誘導対策への展開", 電気学会・電子情報通信学会, 1993-11

(8) 資源エネルギー庁　公益事業部 編, "解説　電気設備の技術基準", 文一総合出版, 2001

(9) 日原　良造, "近代　配電工学", 電気書院, 1969-7

(10) 誘導調査特別委員会　電磁誘導対策小委員会, "電磁誘導に関する最新の動向と課題", 電気学会・電子通信学会, 1979-3

(11) International Standard International Electrotechnical Commission (IEC) "60364 Electrical Installations of Buildings", 2001

(12) EPRI, "EPRI/DCG: EMTP Review, Vol. 4", 1990-8

(13) 雨谷　昭弘・長岡　直人・馬場　吉弘・菅　雅弘, "電気・電子回路解析プログラム EMTP 入門", 電気学会, 1994

(14) 雨谷　昭弘, "OHM 9月号別冊　電力システムのパソコンシミュレーション", オーム社, 1998-9

(15) 電気技術基準調査委員会, "高調波抑制対策技術指針 (JEAG 9702-1995)", 社団法人　日本電気学会, 1995-10

第3章
配電系統の絶縁設計合理化

　電力機器の絶縁設計においては，機器が系統に生じる過電圧に対して耐えるのみでなく，信頼性や経済性を考慮した上で最も合理的な状態となるよう協調を図る必要がある．

　本章では，まず絶縁設計の基本となる系統に生じる過電圧および絶縁設計思想について知見の整理を行い，続いて EMTP を用いた過電圧解析結果に基づく 22 kV および 11.4 kV 配電系統の絶縁設計の合理化について述べることとする．

3.1 絶縁設計思想

3.1.1 系統に生じる過電圧[1]

　電力系統には，ときとして通常の運転電圧よりも高い電圧が発生する場合があり，これを「過電圧」と称する．異常電圧と呼ばれる場合もあるが，こちらには，通常の運転電圧よりも異常に低い場合も含まれる．

　サージというのは，線路上を伝搬する波動を意味するが，過電圧には進行波の往復反射によりその大きさ・波形が変化するものがあり，このような過電圧をサージあるいはサージ性過電圧と呼称する場合もある．

　電力系統に適用される機器は，通常の運転電圧に対してはもちろん，過電圧に対しても絶縁耐力を有している必要がある．どのような性質のどの程度の大きさの過電圧に対して機器が耐えるべきか，経済性その他を考慮して決定することが絶縁設計の思想であり，過電圧の種類・性質を把握することは絶縁設計

の基本である．

配電系統の絶縁設計に関連する過電圧を大別すると以下のようになる．

① 雷過電圧

雷撃により配電系統に生じる過電圧．配電設備に直接落雷する直撃雷による過電圧のほか，配電設備近傍への落雷により線路に誘導される誘導雷過電圧も発生する．雷過電圧は，数百 kV 以上にもなるが，その時間スケールは数十～数百 μs のオーダである．

② 開閉過電圧

変電所遮断器の投入等に伴い線路に発生する過電圧．全ケーブル等の単純な系統では，通常その値は常規対地電圧波高値の 2 倍程度以下であるが，ケーブル＋架空オープン・ワイヤ系統等，系統中にインピーダンス不整合がある場合は，その値は 3 倍以上にまで上昇し，22 kV の実系統で 3.2 pu（pu＝常規対地電圧波高値に対する倍数）が測定された例もある．

また，一般的な配電系統では，事故発生時に変電所遮断器をいったん開放し，再投入する運用を行うのが通例であるが，この再投入の際に線路で地絡状態が継続している場合には，健全相（地絡を生じていない相）の運転電圧が常規対地電圧よりも上昇するため，健全相に生じる開閉過電圧はさらに高い値となり得る．

なお，開閉過電圧の時間スケールは数百 μs ～数十 ms 程度である．

③ 地絡過電圧

線路運転状態でいずれかの相に地絡が生じた際に，健全相に過渡的に生じる過電圧（図 3.1.1 参照）[2]．回路としては，地絡相対地電位が 0 となるよう逆極性の電圧を印加するため，開閉過電圧の一種ととらえることもできる．

④ 短時間交流過電圧

通常の運転周波数において，対地電圧波高値が上昇することによる過電圧で，代表的な過電圧に一線地絡時の健全相対地電位上昇がある．変電所において，変圧器中性点を直接接地する系統では地絡時にも健全相の対地電位上昇はほぼ 0 であるが，配電系統の場合には，抵抗接地系もしくは非接地系であるた

3.1 絶縁設計思想

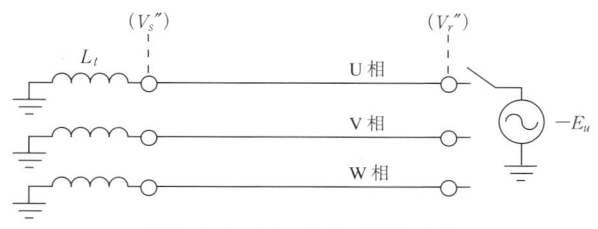

図 3.1.1 地絡事故等価回路図

め一線地絡時の健全相対地電位は 1.7 倍程度まで上昇する．絶縁設計を検討する際は，一線地絡時の健全相対地電位上昇のほか，負荷遮断時の過電圧やフェランチ効果なども併せて考慮する必要があり，JEC-217[3] では短時間交流過電圧最大値として，抵抗接地系で 2.34 倍，非接地系で 3.2 倍と見積もられている．

3.1.2 必要耐電圧・試験電圧

(1) 語句の解説

① 必要耐電圧

系統に生じる各種過電圧に対して，避雷器の効果や線路運用形態等の要素も見込んだ最大発生過電圧を想定し，この過電圧に対して，機器の絶縁特性や経年による機器の劣化その他を考慮し，長期間にわたる機器の運転を保証するために初期に具備すべき絶縁耐力をいう．

② 試験電圧

系統に生じる過電圧最大値より算出した必要耐電圧を検証するために実施する耐電圧試験に用いる電圧値を試験電圧と呼ぶ．「試験電圧標準(JEC-0102)[4]」における耐電圧試験には雷インパルス耐電圧試験，短時間商用周波耐電圧試験，長時間商用周波耐電圧試験の 3 種類が規定されており，有効接地系 (187 kV 以上) では雷インパルス耐電圧試験と長時間商用周波耐電圧試験，非有効接地系/非接地系 (154 kV 以下) では雷インパルス耐電圧試験と短時間商用周波耐電圧試験が規定されている．したがって，たとえば非有効接地系/非接地系においては，雷過電圧と短時間商用周波過電圧については，機器が必要

耐電圧を有しているか否か直接試験を行い検証することができるが，開閉過電圧に対しては，雷インパルス耐電圧試験もしくは短時間商用周波耐電圧試験をもって検証することになるため，異なる種類の過電圧を等価換算するための「換算係数」が用いられる．換算係数は，機器の種類ごとにマイクロ秒から数分にわたる V-t 特性を調査し，開閉インパルス耐電圧から雷インパルス耐電圧，開閉インパルス耐電圧から短時間商用周波耐電圧にそれぞれ換算するための係数を求めたものである（図 3.1.2 参照）[5]．なお，この係数は開閉インパルス耐電圧を雷インパルス耐電圧もしくは短時間商用周波耐電圧に換算する場合にのみ用いられ，逆方向の換算には用いられない．

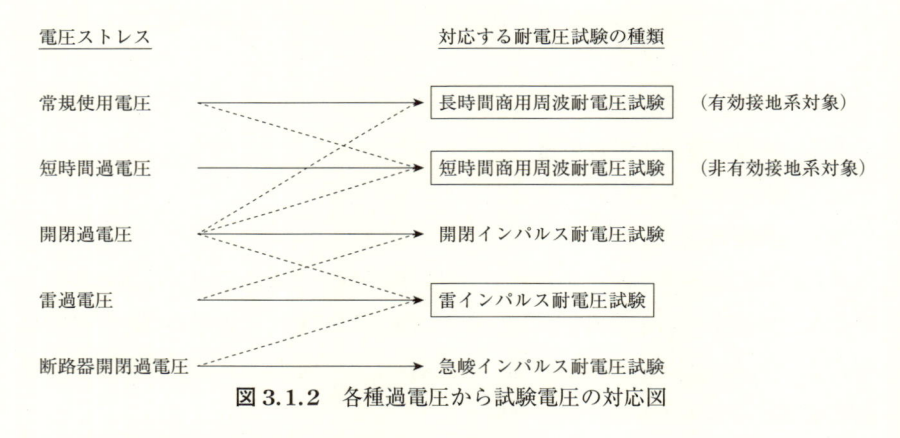

電圧ストレス		対応する耐電圧試験の種類	
常規使用電圧	→	長時間商用周波耐電圧試験	（有効接地系対象）
短時間過電圧	→	短時間商用周波耐電圧試験	（非有効接地系対象）
開閉過電圧	→	開閉インパルス耐電圧試験	
雷過電圧	→	雷インパルス耐電圧試験	
断路器開閉過電圧	→	急峻インパルス耐電圧試験	

図 3.1.2　各種過電圧から試験電圧の対応図

（2）配電電圧クラスにおける現行試験電圧

JEC-0102 による配電電圧クラスの試験電圧を**表 3.1.1** にまとめる．表 3.1.1 において，短時間商用周波耐電圧試験値と公称電圧の比を求めると，電圧階級が低いほどその値が大きくなる，すなわち公称電圧に対して試験電圧が高くなる傾向があるが，これは先に述べたように，6.6 kV 以下の非接地系においては，間欠アーク地絡による持続性過電圧を考慮する必要があるためである．

3.1 絶縁設計思想

表 3.1.1　配電電圧クラスの試験電圧一覧

公称電圧〔kV〕	雷インパルス耐電圧試験	短時間商用周波耐電圧試験(実効値)
3.3	45	16
	30	10
6.6	60	22
	45	16
11	90	28
	75	
22	150	50
	125	
33	200	70
	170	

3.1.3　絶縁協調の考え方

(1)　基準・規格における絶縁協調思想の解説[1]

絶縁協調の歴史は，20世紀初頭のアメリカに始まる．それまでは，送電線の絶縁と，変電所機器の絶縁は別個に設計されていた．変圧器等の機器絶縁においては，「送電電圧の2倍に1分間耐える」という規格で設計されていたが，送電線においては，雷によるフラッシオーバが多発する年を経るたびにがいし絶縁が次第に強化され，その結果，線路を伝搬する雷サージにより変電所機器の破損が増えるという経緯があった．これらの経験をW. W. LewisとP. Spornがそれぞれ同時期に論文にまとめ「電力系統各部の絶縁特性を適切に選んで，絶縁事故を最も損害の少ない場所に限定する」という絶縁協調の基本となる考え方を初めて打ち出したのである．

現在では，例えばIEC規格では「ある装置の絶縁レベルを標準レベルの中から選択すること．この標準絶縁レベルはその装置が置かれるシステムで生じる電圧に関連し，選択に当たってはサービスの環境と，用い得る保護装置の性能を考える（IEC Pub. 71-1-1993）」と定義されており，我が国の規格であるJEC

においては「系統各部の機器・設備の絶縁の強さに関して，技術上，経済上ならびに運用上から見て最も合理的な状態になるよう協調を図ること（JEC-0102-1994）」と定義されている．IEC 規格は個別的かつ具体的であり，JEC はシステム全体の協調をより重視しているといえる．

(2) 配電系統における絶縁協調の考え方

配電電圧クラスでは，絶縁レベルが低く完全な雷保護は不可能であることから，系統に通常発生しうる内部異常電圧（開閉過電圧・短時間商用周波過電圧）に対しては系統の絶縁で耐えることとし，これに経過地域の気象条件その他を加味して耐雷・耐塩方策を施すことが一般的である．以下，JEC-0102 制定時の考え方にならい，抵抗接地系・非接地系ごとに絶縁協調手法を整理する．

① 抵抗接地系（22 kV 級・11.4 kV 級）

(a) 短時間交流過電圧に対する協調

系統設備はその耐用年数の間，非汚損時の系統に発生する短時間交流過電圧に対して 100％耐える絶縁とし，避雷器による過電圧保護は行わない．なお，短時間交流過電圧としては，通常，一線地絡事故時に健全相対地電圧が達しうる最高値を選定する．また，非接地系でその発生が危惧される間欠アーク地絡による過電圧は，抵抗接地系では零相電圧が積み上がらないため，高い過電圧が発生する頻度は極めてまれと考えられており，通常は考慮しない．

(b) 開閉過電圧に対する協調

開閉過電圧の 98％値を最大値と考え，これに対しては 100％耐える絶縁とし，残りのごくまれに発生する 2％の過大な開閉過電圧は避雷器により保護する．なお，避雷器と被保護機器の開閉過電圧に対する保護裕度は通常 15％程度が見込まれている．一般的に配電系統では，ケーブルと架空線が混在することによるインピーダンス不整合により，サージ進行波の複雑な透過・反射が発生し，系統条件によっては高い開閉過電圧が生じることがあるが，近年の都市部で見られる全ケーブル系統では，そうした過電圧が発生し得ないことから，より低位の絶縁レベルを採用する方向にある．

3.1 絶縁設計思想

(c) 雷過電圧に対する協調

配電系統においては，線路上に機器が分散配置され，避雷器による雷過電圧保護が不可欠であることから，避雷器制限電圧と被保護機器絶縁レベルの保護裕度は20％以上必要であると考えられている．なお，ケーブル系統等，雷サージ進入のおそれがない系統には避雷器を配置しない．

以上の考え方を**図3.1.3**にまとめる．[6]

② 非接地系(6 kV級・3 kV級)

絶縁協調に関する基本的な考え方は，抵抗接地系の場合と同様，系統に生じる内部異常電圧に対しては系統自体の絶縁で耐えることとし，雷過電圧に対しては，線路絶縁と避雷器等の耐雷機材の組み合わせによりフラッシオーバ事故を極力抑えようとするものである．わが国における配電線の線路絶縁は，各社とも60 kV以上で，雷害対策としては避雷器と架空地線を適宜組み合わせて施されており，避雷器は線路保護と機器保護の両方に用いられている．近年で

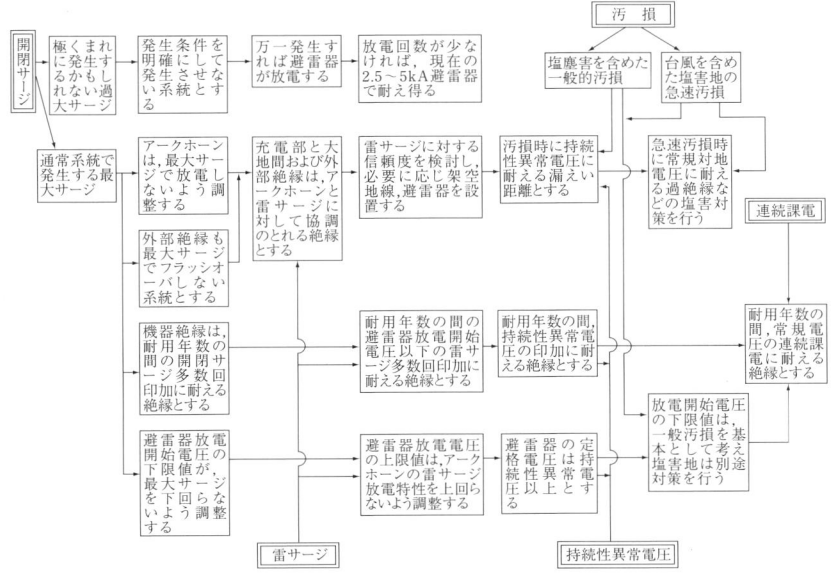

図3.1.3 抵抗接地配電系統における絶縁協調の考え方

は，さらに耐雷信頼度を高める方策として機器保護用の耐雷素子を変圧器や開閉器に内蔵する方法も採用されている．こうした現状にあって，6.6 kV 以下の配電系統においては，耐雷対策が各社一様でないこと，また，現行の絶縁レベルで非接地系固有の間欠アーク地絡も含めて内部異常電圧による絶縁破壊事故も生じていないことから，JEC-0102 においても旧規格である JEC-167 の試験電圧値が用いられている．

3.1.4 絶縁設計合理化の考え方

3.1.1 でも述べたように，系統に生じる過電圧を把握することは絶縁設計の基本であるが，近年ではデジタル解析技術の進歩により，過電圧の発生状況を正確に想定することができるようになってきた．ここでは，そうした技術的な進歩を踏まえ，これまでの配電系統における絶縁設計合理化への取り組みとして，20 kV 級配電系統における絶縁合理化検討を例にあげ紹介するとともに，次節以降で詳解する近年の新たな絶縁設計合理化検討の背景についても触れることとする．

（1） **20 kV 級配電系統の絶縁合理化検討 (JEC-0102 制定時)**
① **20 kV 級配電系統における試験電圧算定手法**

20 kV 級配電系統における試験電圧算定手法が，電気学会技術報告 517 号にとりまとめられている．同報告によれば，内部異常電圧に基づく試験電圧の算定手法は以下のとおりである．

- 開閉過電圧最大値に劣化等を考慮した安全係数 15 ％を見込み，開閉過電圧耐電圧値（SIWV）とする．
- SIWV に等価換算係数（＝1/0.78〜0.83）を乗じて雷インパルス試験電圧値（LIWV）を算出する．
- SIWV に等価換算係数（＝0.6）を乗じて商用周波耐電圧値を算出する．
上記の考えに基づく試験電圧決定フローを図 **3.1.4** に示す[7]．

② **EMTP 解析を用いた試験電圧算定**

20 kV 級配電系統の絶縁設計は，電気協同研究第 30 巻 3 号「20 kV 級配電方

3.1 絶縁設計思想

式」(昭和49年) において体系づけられており，その中では最大開閉過電圧レベルについても検討されている．すなわち，通常の系統においては，一線地絡時の投入サージを含めても最高過電圧倍数は3.6pu以下であり，ケーブル-架空混在系統等で特別な回路条件[※]の場合，5.5puのサージが発生する場合があるとされている (表3.1.2)．

※特別な回路条件とは，非接地系統において地中ケーブル l_1 km の先端に単純な架空線 l_2 km が接続された形態を指し，$1 < l_1/l_2 < 4$ の範囲がこれに該当する．

この最大過電圧レベルは架空線，もしくは架空-ケーブル混在系統に対する検討結果であったため，JEC-0102の制定時には，それまで検討例がなかった

表3.1.2　20kV級配電系統の開閉サージ最大倍数 (電気協同研究第30巻3号)

	電源並列回数のサージインピーダンス	三相不揃投入サージ	一線地絡時投入サージ
架空線のみの系統	5Ω程度	2.1 pu	3.3 pu
	50Ω程度	2.1 pu	3.3 pu
架空，地中併用系統	5Ω程度	3.2 pu	5.5 pu
	50Ω程度	2.1 pu	3.6 pu

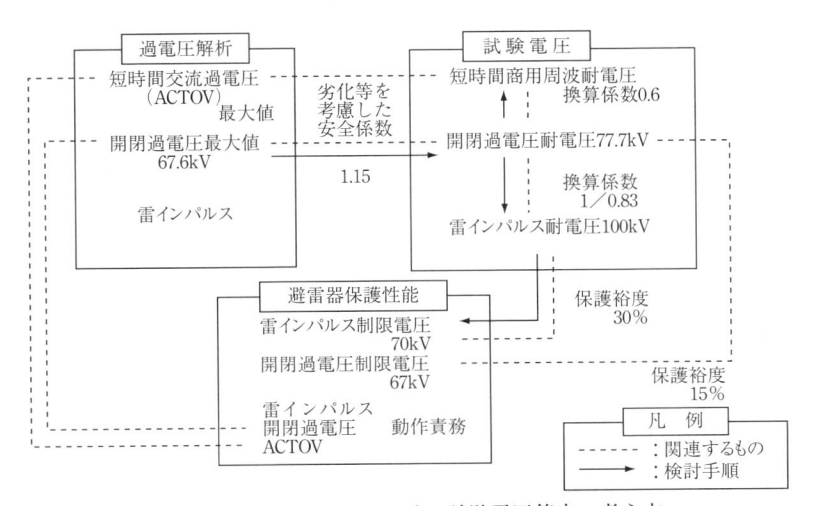

図3.1.4　JEC-0102における試験電圧算定の考え方

地中系統を対象として，図3.1.4における開閉過電圧最大値についてEMTP過電圧解析を用いて想定した．解析は，**図3.1.5**[8]に示すように，一般的な系統条件の範囲内でパラメータを絞り込み，最過酷条件を探索する手法が採用された．当時の解析結果を**表3.1.3**にまとめる．表3.1.3より，EMTP解析による開閉過電圧最大値は，最過酷条件を採用した場合であっても2.8 puであった．これに，系統につながれた負荷による他相へのサージ移行分を10％見込んでも最大値は3.1 puであり，従来架空系統で用いられてきた3.6 puを大きく下回る結果であった．これより一般的な配電系統の開閉過電圧最大値としては，従来の3.6 puを使用すれば十分であり，この値と図3.1.4による算定手法を用いて，それまでのLIWV 150 kV・125 kVに加えて，新たにLIWV 100 kVが制定された．

なお，3.6 puの開閉過電圧最大値を用いて，図3.1.4の手法によれば，短時間商用周波耐電圧試験値の低減も可能であったと考えられるが，当時の検討に

```
┌─────────────────────────────────┐
│ 1．設備実態調査結果に基づく解析条件の検討 │
│   （標準条件およびパラメータ範囲）       │
└─────────────────────────────────┘
            │
┌─────────────────────┐
│ 2．標準系統での解析   │
└─────────────────────┘
            │
┌─────────────────────┐
│ 3．並列回線数の変更   │  （以下過酷側の条件でのみ解析を実施）
└─────────────────────┘
            │
┌─────────────────────┐
│ 4．中性点接地抵抗の変更 │
└─────────────────────┘
            │
┌─────────────────────┐
│ 5．線路こう長の変更   │
└─────────────────────┘
            │
┌─────────────────────┐
│ 6．分岐線路数の変更   │
└─────────────────────┘
            │
┌─────────────────────┐
│ 7．ケーブルサイズの変更 │
└─────────────────────┘
            │
┌─────────────────────┐
│ 8．一線地絡投入時の評価 │
└─────────────────────┘
```

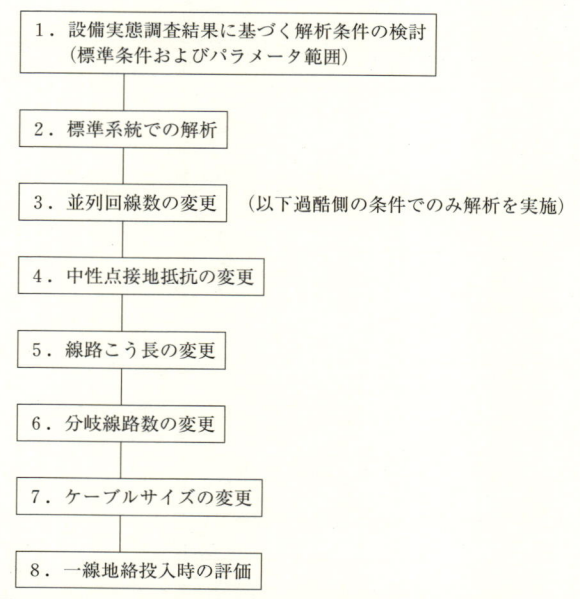

図3.1.5 JEC-0102制定時の地中系統開閉サージ検討フロー

3.1 絶縁設計思想

表 3.1.3 地中系統開閉サージ検討結果

	過酷側条件	過電圧倍率
標 準 系 統	——	2.19 pu
並列回線数の変更	9 回線	2.20 pu
中性点接地抵抗の変更	40 Ω	2.20 pu
線路こう長の変更	3.3 km	2.40 pu
分 岐 数 の 変 更	分岐なし	2.40 pu
ケーブルサイズの変更	400 mm² 3.1 km 250 mm² 0.2 km	2.45 pu
一 線 地 絡 投 入	変電所端地絡	2.81 pu

おいては，商用周波耐電圧試験の見直しは行われなかった．

(2) 配電系統における新たな絶縁低減への取り組み

JEC-0102 制定時の絶縁合理化検討に引き続いて，デジタルシミュレーション技術の高度化を背景とした配電系統のさらなる絶縁合理化への取り組みとして，22 kV 全ケーブル系統および既設 6 kV 機材を流用した 11.4 kV 系統の絶縁合理化検討を実施した．各方式における解析手法・試験電圧算定手法等については，3.2，3.3 で詳解するが，ここではそれぞれの配電方式における絶縁合理化手法手法の基本的な背景について解説する．

① **22kV 全ケーブル系統の絶縁設計合理化手法**

22 kV 配電系統については，将来の 20 kV 級/400 V 配電方式の普及拡大に向けさらなる機材コストの低減が望まれている状況にある．将来の都市部，過密地域における 22 kV 配電系統においては，景観，他物との離隔確保その他の理由から架空線，地中線とも全ケーブル系統が採用されると考えられている．系統が全てケーブルで構成される場合，系統中にサージインピーダンスの不整合がなくなり，最大過電圧レベルが低減することが予想される．また，全ケーブル系統においては，一線地絡発生時に遮断器の再投入運用を行わないことから，最も過酷な条件であった地絡再投入の条件が緩和され，さらに発生過電圧が低くなる可能性がある．

以上，22 kV 配電系統においては，諸条件を今日的に見直すことで，さらなる絶縁低減が期待できることから，全ケーブル系統に対する絶縁合理化検討が行われた．検討の詳細は 3.2 に記す．なお，試験電圧値の算定に当たっては，電気学会技術報告第 517 号による手法（図 3.1.4）をベースとしたが，一線地絡再投入を考慮しない場合に，中性点接地抵抗によっては地絡時の過渡過電圧（地絡サージ）が無視できなくなるため，地絡サージも広い意味での開閉過電圧ととらえ，図 3.1.6 に示すような「試験電圧算定フロー」を採用した．

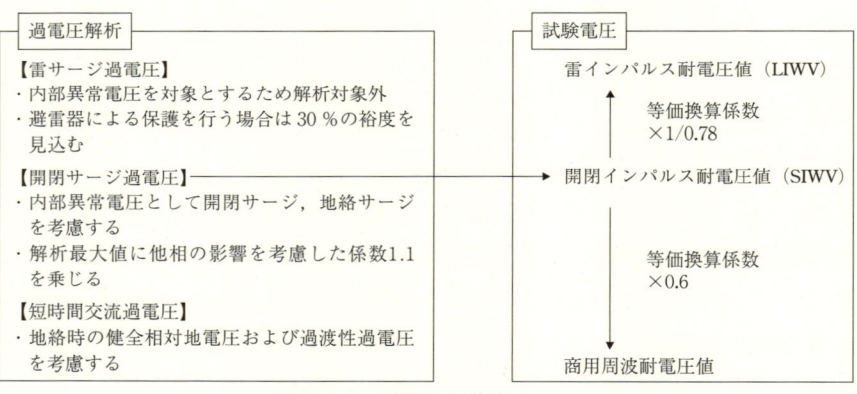

```
┌─────────────────────────────┐          ┌─────────────────────────┐
│ 過電圧解析                  │          │ 試験電圧                │
│ 【雷サージ過電圧】          │          │ 雷インパルス耐電圧値(LIWV)│
│ ・内部異常電圧を対象とするため解析対象外 │                         │
│ ・避雷器による保護を行う場合は30％の裕度を│   等価換算係数          │
│   見込む                    │              ×1/0.78              │
│ 【開閉サージ過電圧】────────┼──────→  │ 開閉インパルス耐電圧値(SIWV)│
│ ・内部異常電圧として開閉サージ，地絡サージ│                         │
│   を考慮する                │              等価換算係数          │
│ ・解析最大値に他相の影響を考慮した係数1.1│     ×0.6               │
│   を乗じる                  │                                    │
│ 【短時間交流過電圧】        │          │ 商用周波耐電圧値        │
│ ・地絡時の健全相対地電圧および過渡性過電圧│                         │
│   を考慮する                │          │                         │
└─────────────────────────────┘          └─────────────────────────┘
```

図 3.1.6　試験電圧算定フロー

② 既設 6 kV 設備を流用した 11.4 kV 系統の絶縁設計合理化手法

　11.4 kV 配電方式においては，中性点と電力相間の電圧が 6.6 kV であるため，現在の 6 kV 配電機材の接続位置を 6 kV 線路の線間から 11.4 kV 配電方式の中性線と電力相間（線間電圧 6.6 kV）に替えることで，現行 6 kV 配電機材の流用が可能となる．この配電方式に関してのこれまでの検討結果としては，電気協同研究会第 21 巻 2 号「Y 11.4 kV 配電方式」（昭和 40 年）[9] があげられる．しかし，当時の検討では，短時間交流過電圧に関する検討は単一接地系と多重接地系に分けてモデル配電線を設定して検討しているが，雷インパルス耐電圧値については当時の試験電圧を準用しているのみで，絶縁設計に関して系統立った検討はなされていないため，今日的に見れば過大な絶縁レベルとなっ

ている可能性もある．さらには，「3.1.3 絶縁協調の考え方」の項でも述べたように，現在の6kV機材の中には，雷保護のために耐雷素子を内蔵しているものもあり，これらが系統中に十分面的に施設されていれば，雷保護のみでなく開閉過電圧等の内部異常電圧保護にも効果を発揮すると考えられる．

こうした状況を踏まえ，既設6kVを流用する11.4kV配電系統に関する絶縁設計合理化検討を実施した．検討の詳細は第3節に記す．なお，11.4kV系統の試験電圧値算定に関する既存の知見がないため，同じ抵抗接地系である22kV級配電系統に関する絶縁設計手法（図3.1.6）を準用した．

3.2　22 kV配電系統の絶縁合理化

3.2.1　22 kV配電系統の過電圧解析

ここでは，22kV全ケーブル系統に関する絶縁合理化に向けたEMTP過電圧解析の詳細について解説する．なお，検討手法としては，JEC-0102制定時と同様に，一般的な系統条件の範囲内で過酷側条件となるパラメータを絞り込み，最過酷系統条件を探索する手法を採用した．

（1）解析対象モデルの選定

過電圧解析を行うにあたり，電力会社における設備実態，運用方式等の実態調査結果に基づき，実系統の代表として最も適当と考えられる系統モデルを選定した．以下に概要を記す．

① 中性点を抵抗接地する架空・地中全ケーブル系統とする．これにより，間欠アーク地絡等，非接地系固有の現象は考慮しないこととした．

② 全ケーブル系統を対象とするため，事故時の再投入運用は考慮しない．また系統中に避雷器は無いものとする．

③ 架空ケーブル系統の系統構成は分割連系方式，地中ケーブル系統の系統構は本予備方式およびSNW方式を検討対象とする．

④ 電源インピーダンスの値は，実態調査結果に基づく代表値として45 MVAベースで11.5％を採用し，解析プログラムにおいては電源部に3.9 mHの

集中インダクタンスとして挿入し模擬した．このインダクタンスの値は，JEC-0102制定時にEMTP解析を行った際に用いた値よりも30％程度小さいが，集中インダクタンスは透過する進行波の波高値・峻度を減じる作用が有るので，開閉サージに対しては過酷側の条件であると考え，この値を用いて合理化検討を行うこととした．

⑤ 架空ケーブル系統のB種接地（電柱接地）は，設備実態調査結果に基づき，表3.2.1のとおり設定した．解析モデルでは，ブランチ長（ノード間の長さ）と接地極間隔・1極当たり抵抗値から算出した合成抵抗値をケーブルシースの接地抵抗値として用いた．

表3.2.1 電柱接地抵抗値

線路こう長 （地域例）〔km〕	接地極間隔 〔m／極〕	1極当たり 抵抗値〔Ω〕	ブランチ長 〔m〕	ブランチ当たり 抵抗値〔Ω〕
0.5（繁華街）	47.46	20	62.5	15.2
6.0（住宅地）	56.63	65	750	4.9
30（農山村）	74.76	65	3750	1.3

⑥ 地中ケーブル系統は一般的に各接続部ごとに接地極を設けるため，解析モデルでは各ノードごとに10Ωでシースを接地した．ノード間隔は，こう長500 mモデル：250 m，こう長3 kmモデル・6 kmモデル：300 mに設定した．

⑦ 線路残留電荷は，実系統では負荷により速やかに放電されると考えられ，また高速再投入運用も行わないことから残留電荷の影響は考慮しない．

⑧ 架空ケーブル系統における変電所引き出しケーブルこう長は，設備実態調査結果より300 mを採用した．

図3.2.1に解析系統モデル図を示す．

(2) 発生最大過電圧想定手法

最大発生過電圧の想定にあたっては，(1)で定めた系統モデルについて

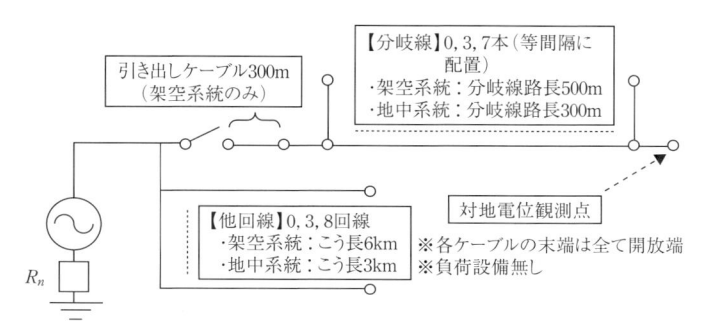

3.2 22 kV 配電系統の絶縁合理化

図 3.2.1 解析系統モデル図

EMTPによるパラメータスタディを行い，各パラメータの最過酷条件を採用した最過酷系統についてランダムシミュレーションを行い，発生最大過電圧レベルを想定した．

① 解析条件

解析対象は，全ケーブル系統であるため，線路定数の算出にあたっては，EMTPのサブルーチンである Cable Constants を用いた．Cable Constants の計算周波数は，サージ進行波の線路伝搬時間（伝搬速度を170 m/μsと仮定）τ〔s〕より，$f = 1/4\tau$〔Hz〕として算出した．遮断器投入・地絡故障発生は時間スイッチにより模擬し，投入抵抗，地絡抵抗はともに0Ωに設定した．なお，解析対象過電圧としては，JEC-0102制定時に検討された電源遮断器投入時に生じる三相投入サージの他に，一線地絡時に健全相に現れる地絡サージを考慮した．今回，地絡サージを考慮するのは，中性点接地抵抗（以下R_nと記す）の値によっては，地絡サージの方が三相投入サージよりも過電圧レベルが大きくなるためである．一線地絡再投入サージを考慮しないのは既述のとおりである．

② 解析パラメータ

主なパラメータとして以下の6種類を設定した．
    a. 投入位相   b. 地絡位置   c. 中性点接地抵抗値
    d. 分岐数   e. 線路こう長 f. 並列回線数

なお，SNW系統については投入時の系統形態が本予備系統と同様であるた

め地絡サージのみを検討し，また並列回線数・こう長についても線路による違いは少ないと考え，3回線（cct）・3.0km一定とした．パラメータスタディにおいては，あるパラメータについて検討する際は，他のパラメータは標準値に固定して解析を行い，各ケースにおける過酷条件を組み合わせた系統を最終的な最過酷系統とした．この最過酷系統に対してEMTPの統計処理スイッチを用いたランダムシミュレーションを行い，系統の最大発生過電圧を求めた．各パラメータの設定値を表3.2.2に示す．

表3.2.2 解析パラメータ

	パラメータ項目	標準系統		変動値	単位
1	投入位相[※1]	(※2)		−60, −50, −40, −30, −20, −10, 0, 10, 20, 30, 40, 50, 60	度
2	中性点抵抗値	50		5, 50, 500	Ω
3	並列回線数	1		1, 4, 9	回線
4	線路こう長	架空	6	0.5, 6, 30	km
		地中	3	0.5, 3, 6	km
5	分岐数	なし		なし, 3, 7	箇所
6	地絡事故位置	変電所立ち上がり		変電所立ち上がり，線路中間，線路末端	—

※1：U相を基準として電源電圧をcos関数で表したときの位相角度
※2：最大過電圧倍数が発生したときの位相角

（3） 過電圧解析結果

EMTP解析を行い各パラメータと開閉サージ・地絡サージとの相関を分析した結果について以下にまとめる．

① 投入・地絡位相と過電圧倍数の関係

スイッチの投入位相と過電圧倍数の相関を図3.2.2〜図3.2.6に示す．図より，開閉サージにおいては投入位相0°で最も過電圧倍数が大きくなった．これは，投入位相0°のときにスイッチ極間電圧が最大となるためである．一方，地絡サージにおいては，地絡位相20°で最大過電圧を発生した．これは健全相対地電圧が交流電圧波高値に向けて上昇する振幅に，系統固有の減衰過渡振動

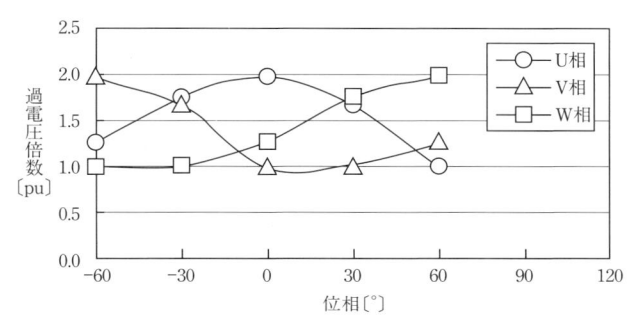

3.2 22 kV 配電系統の絶縁合理化

図 3.2.2 投入位相と開閉過電圧倍数との関係（架空）

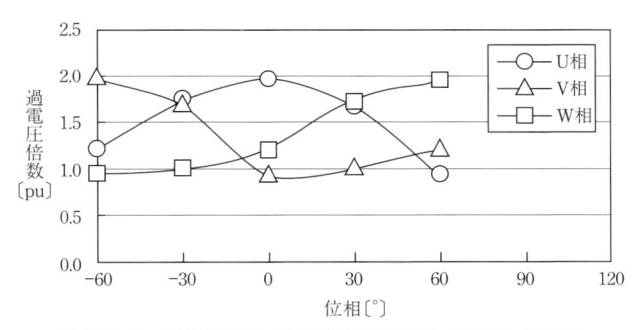

図 3.2.3 投入位相と開閉過電圧倍数との関係（地中）

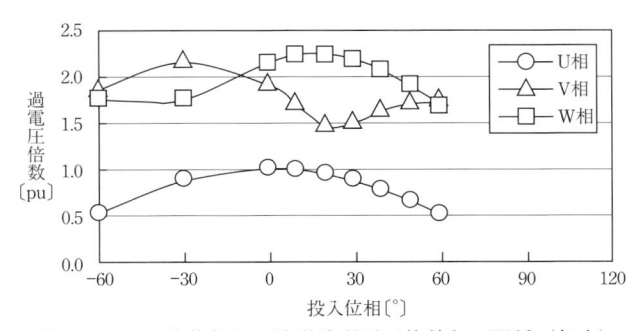

図 3.2.4 地絡位相と地絡過渡過電圧倍数との関係（架空）

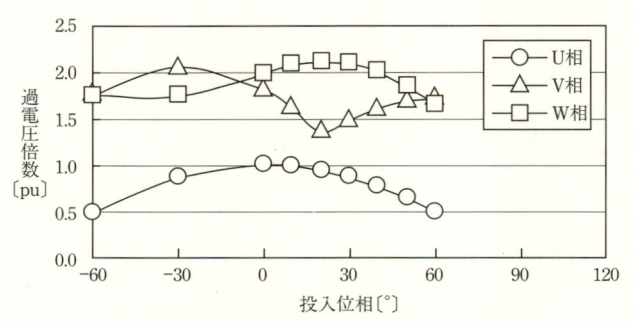

図 3.2.5　地絡位相と地絡過渡過電圧倍数との関係（地中）

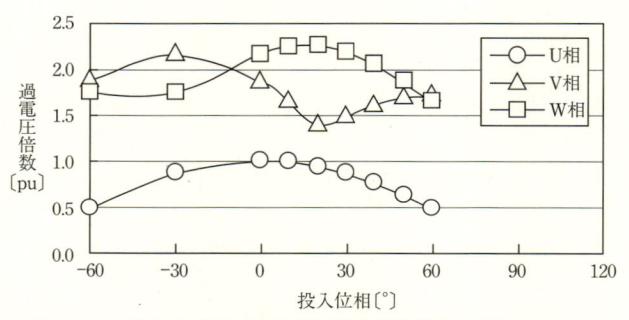

図 3.2.6　地絡位相と地絡過渡過電圧倍数との関係（SNW）

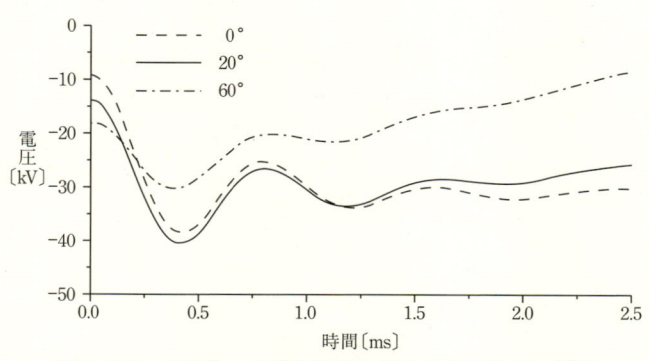

図 3.2.7　地絡サージ解析波形に対する地絡位相の影響

3.2　22 kV 配電系統の絶縁合理化

が重畳したサージ電圧波高値が地絡位相20°付近で極大となるためである．U相地絡時の健全相（W相）地絡サージ波形解析例を図 **3.2.7** に示す．

以降のスイッチ投入位相以外のパラメータ解析に際しては，スイッチ投入位相を開閉サージ＝0°，地絡サージ20°に固定して計算を行った．

② 開閉サージと各パラメータの相関
(ⅰ)　中性点接地抵抗

中性点接地抵抗値によらず開閉サージの過電圧倍数は概ね2 pu であった（図 **3.2.8** 参照）．

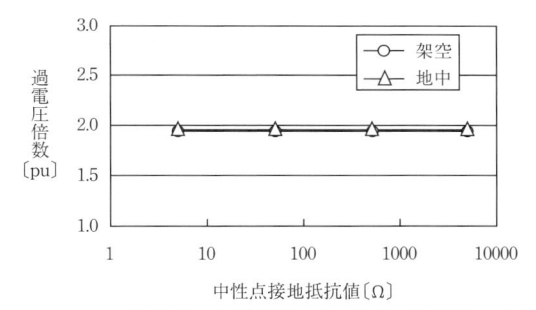

図 **3.2.8**　中性点接地抵抗値と開閉過電圧倍数との関係

(ⅱ)　分岐数

分岐数によらず開閉サージの過電圧倍数は概ね2 pu であった（図 **3.2.9** 参照）．

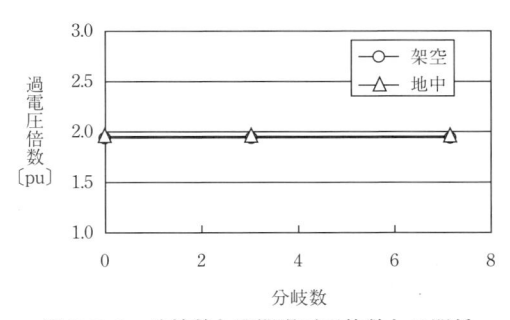

図 **3.2.9**　分岐数と開閉過電圧倍数との関係

(ⅲ) 並列回線数

並列回線数と開閉サージの関係は図 3.2.10 に示すとおりである．選定したパラメータ範囲の中では，4 回線のケースで過電圧倍数が小さくなる傾向であった．

これは図 3.2.11 に示す解析波形比較例に示すとおり，並列回線の存在により線路固有の過渡振動に他回線からの反射波が重畳し，線路固有の振動と反射波の干渉により発生過電圧が変化するためである．それらの振動周期と波高値の関係により，並列回線 1 回線のときに最大過電圧が発生する．

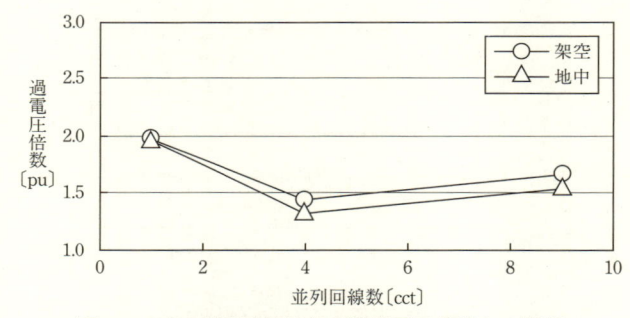

図 3.2.10　並列回線数と開閉過電圧倍数との関係

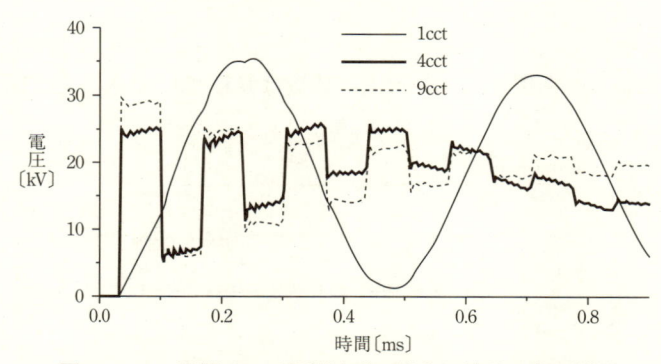

図 3.2.11　開閉サージ解析波形に対する並列回線の影響

(ⅳ) 線路こう長

線路こう長 500 m のケースで 2 pu 程度の過電圧倍数が生じ，線路こう長が

3.2　22 kV 配電系統の絶縁合理化

増加するに従い過電圧倍数は漸減傾向を示した（**図 3.2.12** 参照）．

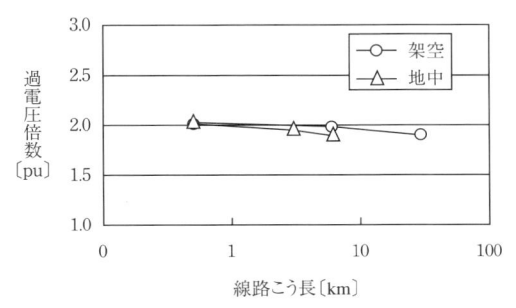

図 3.2.12　線路こう長と開閉過電圧倍数との関係

③　地絡サージと各パラメータの相関

（ⅰ）　中性点接地抵抗

中性点接地抵抗値の増加に伴い，地絡サージ過電圧倍数も増加傾向を示した（**図 3.2.13** 参照）．これは地絡相に，R_n を含む閉回路が大地を介して形成され，R_n を流れる地絡電流により中性点電位が上昇するためである．

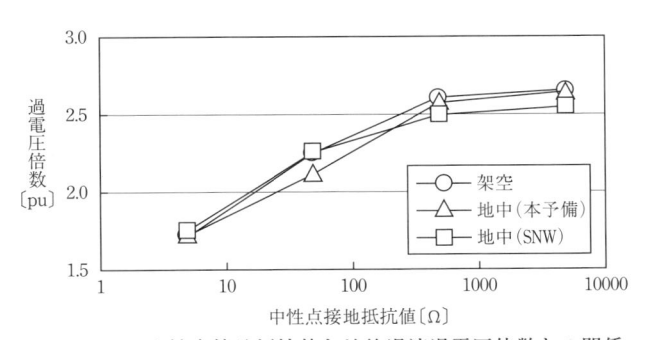

図 3.2.13　中性点接地抵抗値と地絡過渡過電圧倍数との関係

（ⅱ）　分岐数

分岐数によらず地絡サージの過電圧倍数は概ね 2.3 pu であった（**図 3.2.14** 参照）．

（ⅲ）　並列回線数

並列回線数が 4 回線のときに架空系統の地絡サージが僅かに大きくなった

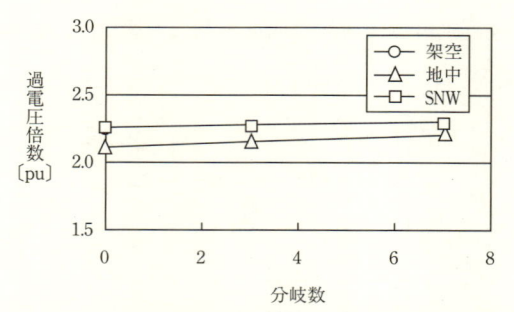

図 3.2.14 分岐数と地絡過度過電圧倍数との関係

が,その他のケースを含めて過電圧倍数は概ね 2.3〜2.4 pu であった(図 3.2.15 参照).

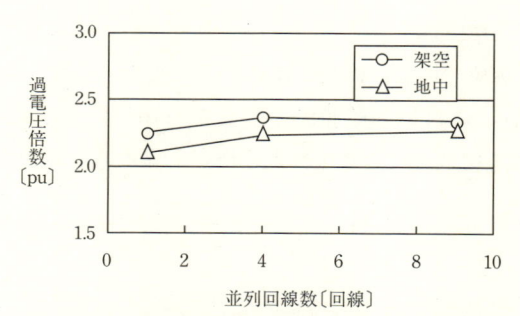

図 3.2.15 並列回線数と地絡過度過電圧倍数との関係

(iv) 線路こう長

線路こう長が増加するに従い,過電圧倍数は増加傾向を示した(図 3.2.16).これは,線路こう長が短こう長のケース(500 m)においては,線路固有の過渡振動波高値が他のケースと比較して低く,減衰時定数も小さいためである.線路こう長ごとの解析波形の比較例を図 3.2.17 に示す.

(v) 地絡位置

始端地絡のケースが他のケースに比べて過電圧倍数が大となる傾向であった(図 3.2.18).これは始端地絡の場合,地絡回路に線路インピーダンスが含まれないため R_n を流れる事故電流が大となり,中性点電位がより高くなるためである.

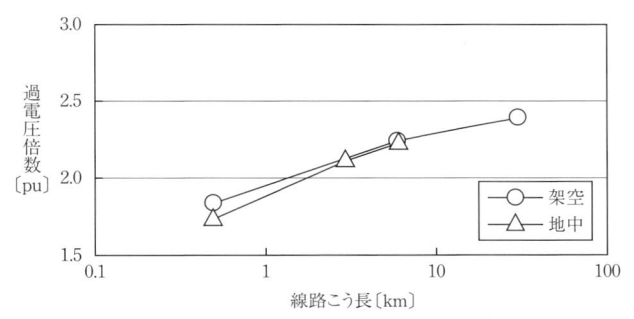

3.2 22 kV 配電系統の絶縁合理化

図 3.2.16 線路こう長と地絡過渡過電圧倍数との関係

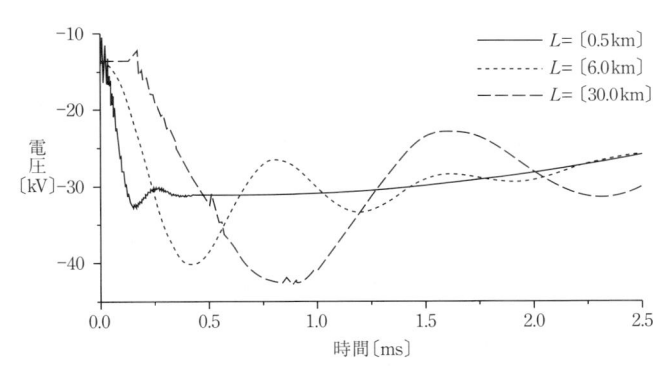

図 3.2.17 地絡サージ解析波形に対する線路こう長の影響

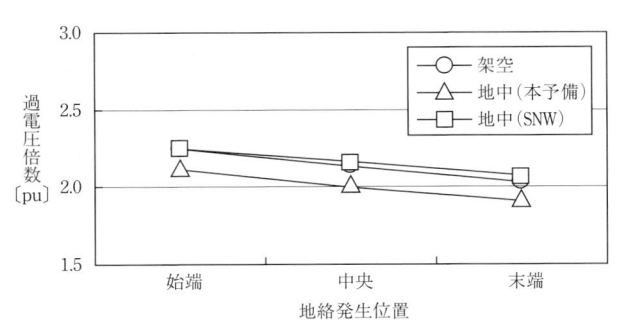

図 3.2.18 地絡位置と地絡過渡過電圧倍数との関係

④ 最過酷条件

各パラメータの影響は,架空・地中で大きな差異はなかったが,並列回線数やこう長等,開閉サージと地絡サージで過酷側条件が相反するパラメータもあったので,開閉サージ・地絡サージそれぞれについて最過酷系統条件を抽出した.パラメータ解析の結果選定された最過酷系統条件について表3.2.3,表3.2.4にまとめる.

表3.2.3 最過酷条件（開閉サージ）

架空・地中区分	架空,地中（差異なし）	
パラメータ値	①電源位相角	0度
	②中性点接地抵抗値	（差異なし）
	③並列回線数	1 cct
	⑤線路こう長	0.5 km
	⑥分岐数	（差異なし）

表3.2.4 最過酷条件（地絡サージ）

架空・地中区分	架空	
パラメータ値	①電源位相角	20度
	②中性点接地抵抗値	500 Ω
	③並列回線数	4 cct
	⑤線路こう長	30 km
	⑥分岐数	7分岐

（4） ランダムシミュレーションによる最大過電圧の想定

パラメータスタディより得られた開閉サージ・地絡サージそれぞれの最過酷系統に対して,スイッチ投入時刻を目標投入時刻に対して0.1 msの標準偏差でランダム投入するシミュレーションを50回実施した.上記シミュレーションによる最大過電圧とR_nの関係を図3.2.19に示す.図3.2.19より,R_nが10Ω以下の場合,最大過電圧倍数は開閉サージで決定され,その値はR_nによらずほぼ2.0 puである.一方,R_nが10Ωを超えると最大過電圧倍数に対しては地絡サージが支配的となり,R_nの増加につれて過電圧倍数も上昇し,R_nが

3.2 22 kV 配電系統の絶縁合理化

500 Ω で最大値 2.68 pu が発生する．なお，図 3.2.19 では地中系統の地絡サージが架空系統より小となる傾向であるが，これは地中系統の線路こう長設定値が架空よりも短いことによる（図 3.2.16 参照）．

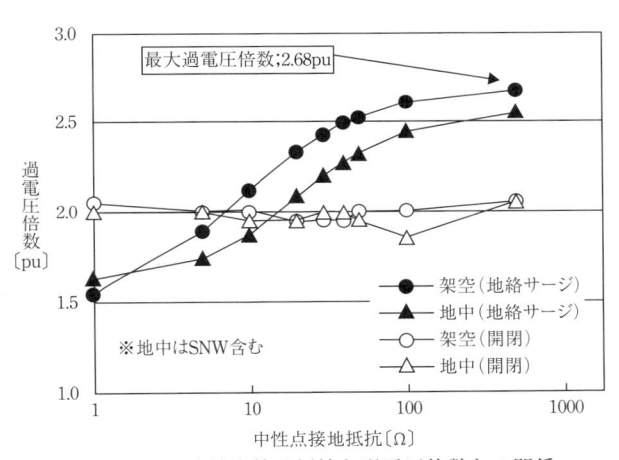

図 3.2.19 中性点接地抵抗と過電圧倍数との関係

3.2.2 過電圧解析に基づく試験電圧

(1) 必要耐電圧の算定

最過酷系統に対するランダムシミュレーションの結果，内部異常電圧最大値を 2.0～2.68 pu と想定することができた．この値と図 3.1.6 の試験電圧算定フローより求まる必要耐電圧値は，LIWV＝60～78 kV，商用周波耐電圧値＝28～37 kV となる．現在の JEC-0102 における 22 kV 系統の試験電圧は，LIWV＝100・125・150 kV（3 区分），商用周波耐電圧＝50 kV であるので，全ケーブル系統かつ事故時再投入運用無しという系統要件であれば，500 Ω という高抵抗接地系であっても，現行試験電圧の 20％以上の低減が可能である．

(2) 国際規格との整合を踏まえた試験電圧選定

EMTP 解析を用いた絶縁合理化検討より，避雷器なしの系統であっても現行の低位試験電圧（100 kV）を 20％以上低減できる見通しが得られた．

以上の検討により，22 kV 全ケーブル系統の低位試験電圧値としては，高抵抗接地方式を採用した場合であっても以下の値を推奨しうる．

  雷インパルス耐電圧値　　：　75 kV
  短時間商用周波耐電圧値　：　38 kV

上記試験電圧における 75 kV という値は，過電圧解析より選定される必要耐電圧値である 78 kV を若干下回っているが，以下の理由により採用できると考えられる．

① 必要耐電圧が 78 kV となる条件は，線路こう長 30 km のときの地絡サージであるが，現実的にはそのような長こう長の全ケーブル系統はまれである．
② 試験電圧決定フローにおいても，他相の影響等の裕度を見込んでいる．
③ 国際規格との整合を図ることによる機材のコストメリット等が期待できる（表 3.4.5 参照）．

表 3.4.5　IEC 規格における試験電圧（IEC Pub. 71-1）

標準電圧〔kV〕	短時間商用周波耐電圧〔kV〕	雷インパルス耐電圧〔kV〕
12	28	60, 75, 95
<u>17.5</u>	<u>38</u>	<u>75</u>, 95
24	50	95, 125, 145

3.3　11.4 kV 配電系統の絶縁合理化

3.3.1　11.4 kV 配電系統の過電圧解析

ここでは，3.2 で述べた 22 kV 配電系統の絶縁合理化と同様の手法により実施した 11.4 kV 配電系統の絶縁合理化検討について述べる．

（1）解析対象モデルの選定

11.4 kV 配電方式への昇圧方式として，中性点非接地 6 kV 配電系統に中性線

3.3 11.4 kV 系統における絶縁合理化

を付加し，中性点接地した上で中性線と電力線間の電圧を 6.6 kV，電力線間の電圧を 11.4 kV とする方式の検討を行った．基本となる 6 kV 配電系統を電気協同研究会第 46 巻 2 号「電力系統における高調波とその対策」(平成 2 年)[10] における調査結果を参考とし，それをベースに 11.4 kV 配電系統のモデル系統（**図 3.3.1**，**表 3.3.1**，**表 3.3.2**）を構成した．また，11.4 kV 配電系統の架空線および地中ケーブルの線路定数は EMTP サブルーチンの Line Constants および Cable Constants を用いて算出した．なお，変電所の背後インピーダンスは，短絡電流が 6 kV 系統と同等（12.5 kA）となる値を選定し，各相 0.527 Ω（1.678 mH，50 Hz）とした．

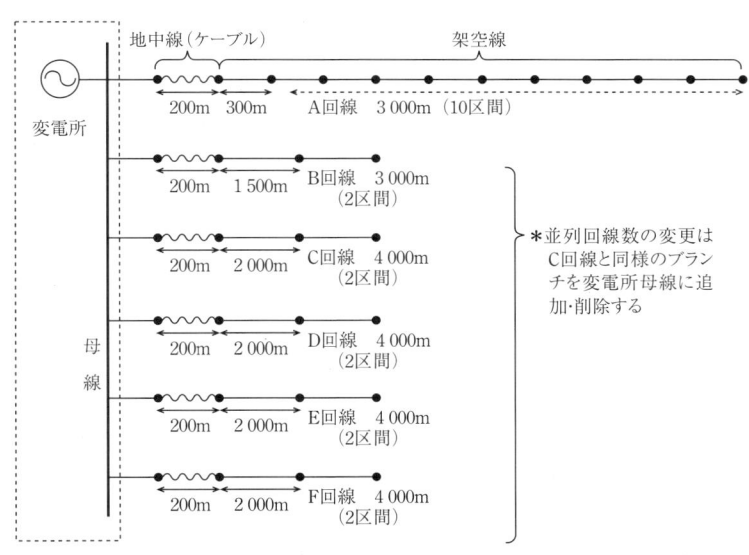

図 3.3.1 解析モデル系統（住宅地区モデル，線路こう長 3 km）

表 3.3.1 回線ごとの単位ブランチ長（繁華街モデル，線路こう長 1 km）

	A 回線	B 回線	C 回線	D 回線	E 回線	F 回線
地中線	600	600	600	600	600	600
架空線（径間長）	100	450	450	450	450	450
径間数	10	2	2	2	2	2

表3.3.2 回線ごとの単位ブランチ長（農山村モデル，線路こう長5km）

	A回線	B回線	C回線	D回線	E回線	F回線
地中線	200	200	200	200	200	200
架空線 (径間長)	300	2400	2400	2400	2400	2400
径間数	18	2	2	2	2	2

(2) 発生過大過電圧想定手法

最大発生過電圧の想定にあたっては，22 kVの場合と同様に(1)で定めた系統モデルについてEMTPによるパラメータスタディを行い，各パラメータの最過酷条件を採用した系統条件にてランダムシミュレーションを行い，発生最大過電圧を想定する手法を採用した．

① 検討対象の過渡性過電圧

下記3種類の過渡性過電圧（設定条件を図3.3.2に示す）について基準電圧（1 pu = 9.31 kV）に対する比（以下「過電圧倍数」とする）を検討した．

（ⅰ） 開閉サージ

変電所の遮断器を三相投入した際に線路に発生するサージ．

（ⅱ） 地絡サージ

通常の送電状態において，電力線に地絡事故が発生した場合に健全相に発生するサージ．

（ⅲ） 一線地絡時投入サージ

地絡事故発生によりいったん遮断器を三相とも開放した後，電力相〜大地間の地絡状態が継続している状態で変電所の遮断器を再投入した際に発生するサージ．

上記（ⅰ）〜（ⅲ）のうち（ⅲ）一線地絡時投入サージを検討した理由は，通常6 kV配電系統では，事故発生時に再送電を行い，事故区間を切り離す線路運用をしているためである．なお，再投入時の線路残留電荷については，配電系統の場合線路に負荷が常時接続されており，再送電時（通常1分程度経過後）には残留電荷は放電されていると考えられ，またJEC-0102制定時におけ

3.3 11.4 kV系統における絶縁合理化

る解析においても同様の理由で残留電荷無しの条件が採用されているため，考慮しないこととした．

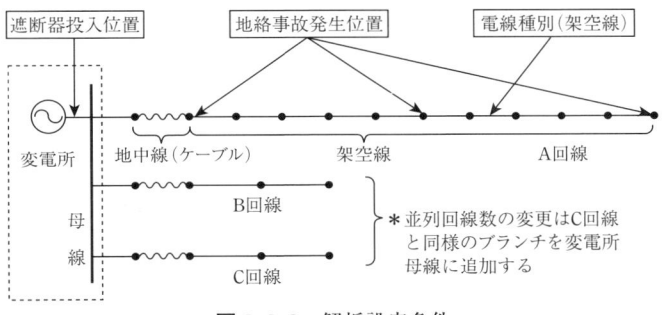

図3.3.2 解析設定条件

② 検討対象パラメータ

過電圧の解析は，前述の図3.3.1および表3.3.1，表3.3.2に示す解析モデル系統に対して，**表3.3.3，図3.3.3，図3.3.4**の各パラメータの影響をそれぞれ評価し，最大過電圧倍数が発生するパラメータを過酷条件とする方法で実施した．すなわち，あるパラメータの影響を評価する場合，他のパラメータは**表3.3.3**に示す標準系統の値に設定し，当該パラメータのみを変化させて過電圧倍数の変化を比較した．

表3.3.3のそれぞれのパラメータにおいて，最大過電圧倍数が発生したパラメータ値を過酷値として，各パラメータの過酷値を組み合わせた系統を最過酷ケースとした．なお，通常，発生過電圧は各相の投入時刻ずれに影響を受けるが，各パラメータ解析においてはスイッチの設定を三相同時投入とし，最終的に選定された最過酷ケースに対して，各相スイッチをランダム投入する繰り返し計算を行い，投入時刻ずれを考慮した．

表3.3.3 検討対象パラメータ

	パラメータ項目	標準系統	変動値	単位
1	投入位相[※1]	(※2)	0, 10, 20, 30, 50, 60, 90, −10, −20, −30, −50, −60, −90	度
2	中性点接地抵抗値	50	5, 50, 500, 1000, 5000, 10000	Ω
3	並列回線数	3回線	3, 4, 6	回線
4	電線種別	HAl-OC240	ACSR-OE32, ACSR-OE120, HAl-OC240	mm^2
5	線路こう長	3	1, 3, 5	km
6	分岐数	なし	なし, 3, 11	分岐
7	地絡事故位置	変電所立上り	変電所立上り 線路中間 線路末端	—
8	地絡事故点抵抗値	40	0, 40	Ω

※1. U相を基準として電源電圧をcos関数で表したときの位相角
※2. 最大過電圧倍数が発生したときの位相角

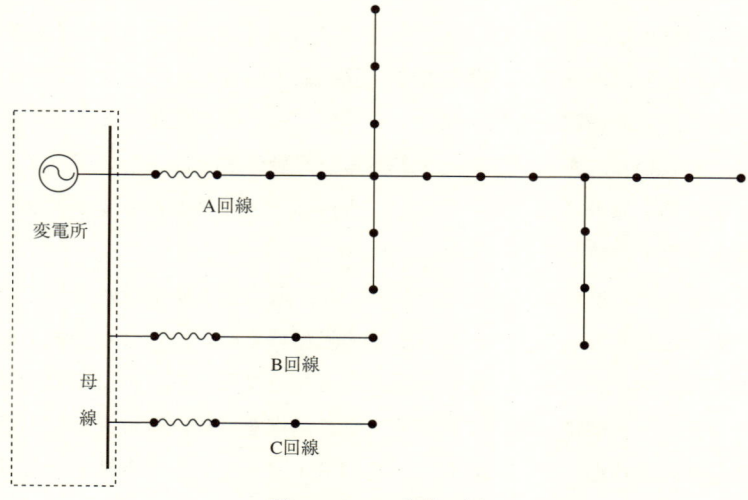

図3.3.3 3分岐の例

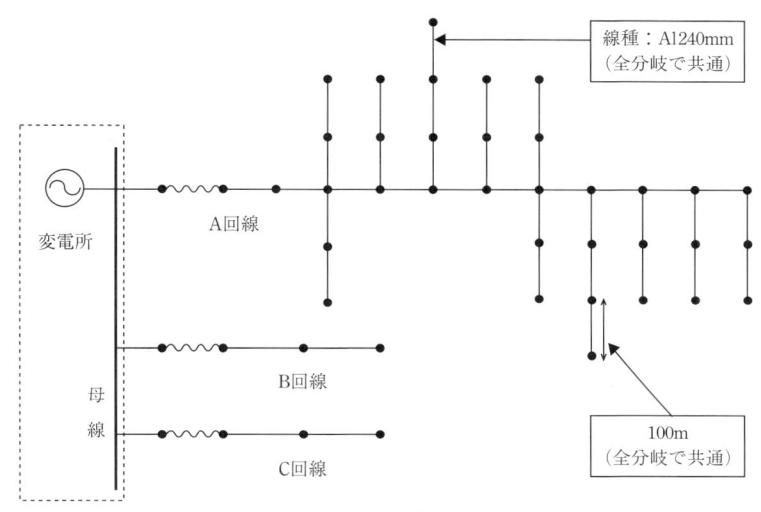

3.3 11.4 kV 系統における絶縁合理化

図 3.3.4 11 分岐の例

(3) 過電圧解析結果

① 解析結果の考察

(a) 投入位相・地絡事故発生位相（図 3.3.5）

(i) 開閉サージ

開閉サージは，投入位相が−60°，0°，60°のときに極大となった．これは，このとき三相のいずれかの相が商用周波の最大波高値で投入される条件となるためである．

(ⅱ) 地絡サージ

地絡サージにおいては，地絡位相30°で最大過電圧を発生した．これは，健全相対地電圧が交流電圧波高値に向けて上昇する振幅に，系統固有の減衰過渡振動が重畳したサージ電圧波高値が地絡位相30°付近で極大となるためである．

(ⅲ) 一線地絡時投入サージ

投入位相−50°で過電圧倍数が最大値となった．これは，遮断器投入に伴う健全相電圧波形の立ち上がりに系統固有の過渡振動波形が重畳したサージ波形が，−50°の条件のときに最大となるためである．U相地絡状態における遮断

器三相同時投入時の解析波形例を図 3.3.6 に示す．なお，図 3.3.6 の波形において，周波数約 250 kHz の振動成分は，変電所引き出しケーブル（= 200 m）内部におけるサージの往復反射成分であり，周波数約 25 kHz の振動成分は架空線（= 3 000 m）部分での往復反射成分である．

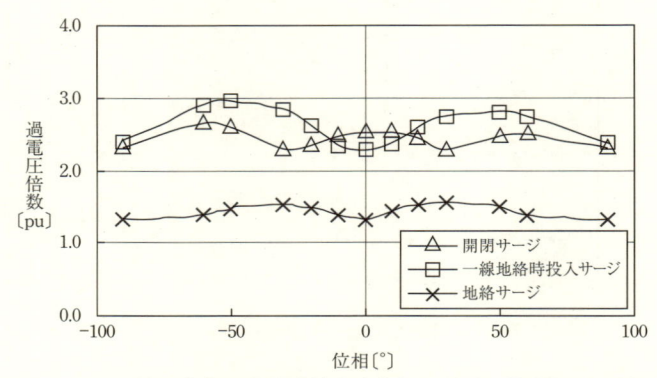

図 3.3.5 投入位相・地絡事故発生位相と過電圧倍数との関係

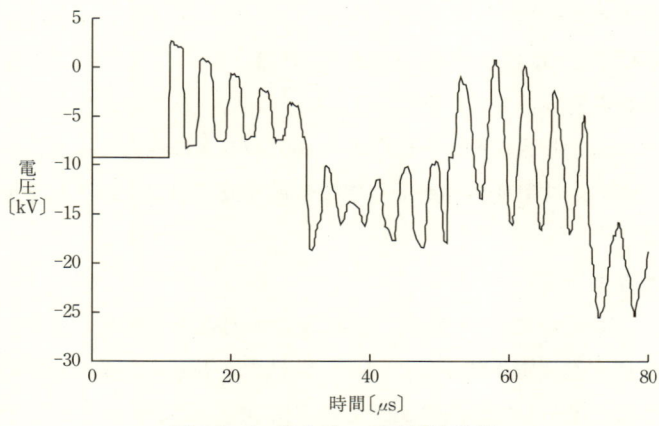

図 3.3.6 投入サージ解析波形例

(b) 中性点接地抵抗値（図 3.3.7）

（ⅰ）開閉サージ

中性点接地抵抗値（R_n）が変化しても過電圧倍数は一定であった．

3.3 11.4 kV 系統における絶縁合理化

(ⅱ) 地絡サージ

中性点接地抵抗値が 500 Ω 程度まではその増加とともに過電圧倍数も増加する．これは地絡相に R_n を含む回路が大地を介して形成され，R_n を流れる地絡電流により中性点電位が上昇するためである．

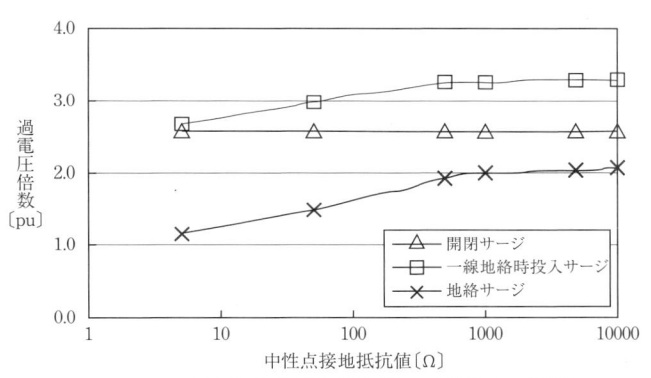

図 3.3.7 中性点接地抵抗値と過電圧倍数との関係

(ⅲ) 一線地絡時再投入サージ

R_n が 500 Ω までは，中性点接地抵抗値の増加とともに過電圧倍数は増加するが，これは地絡サージの場合と同様に，R_n を流れる地絡電流により中性点電位が上昇するためである．

(c) 並列回線数（図 3.3.8）

(ⅰ) 開閉サージ

開閉サージには，並列回線数が増加すると増加する傾向が見られた．これは，並列回線が増加することにより線路から見た電源側インピーダンスが低下し，サージ第一波の波高値が高くなるためである．回線数ごとの開閉サージ解析波形例を**図 3.3.9** に示す．

(ⅱ) 地絡サージ

地絡サージには並列回線数との相関は見られなかった．

(ⅲ) 一線地絡時投入サージ

並列回線数が増加すると過電圧倍数も増加するが，これは開閉サージと同様

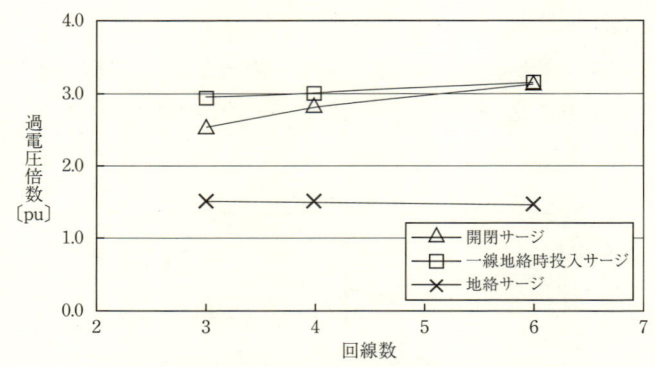

図 3.3.8　並列回線数と過電圧倍数との関係

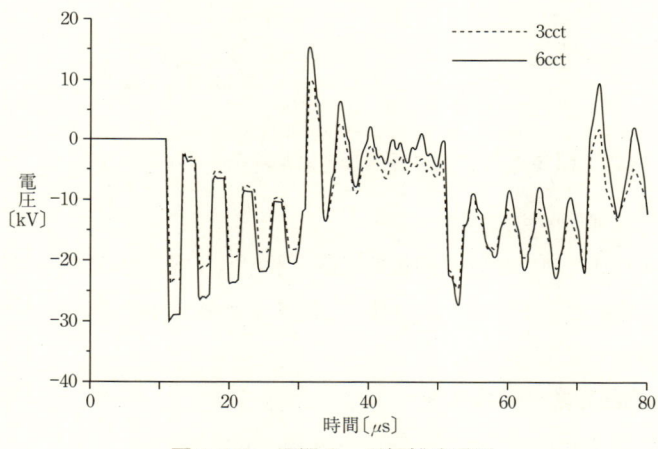

図 3.3.9　開閉サージ解析波形例

の理由による．

(d)　電線種別（図 3.3.10）

各種サージにおいて，電線種別と過電圧倍数に顕著な相関は認められない．

(e)　線路こう長（図 3.3.11）

（ⅰ）　開閉サージ

線路こう長が増加した場合，3 km で過電圧倍数が低下し，その後増加している．これは，開閉サージ過電圧は，地中ケーブル内部におけるサージの往復

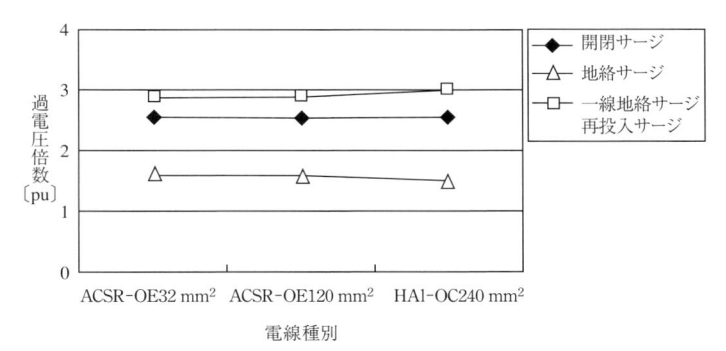

3.3　11.4 kV 系統における絶縁合理化

図 3.3.10　電線種別と過電圧倍数との関係

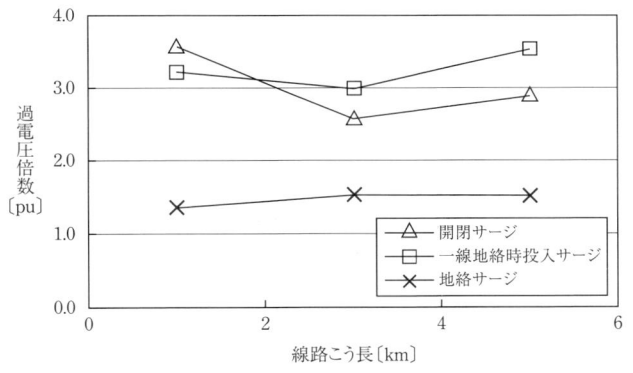

図 3.3.11　線路こう長と過電圧倍数との関係

反射成分と架空線路部分におけるサージの往復反射成分が重畳した波形であり，架空線部分のこう長が異なると 2 つの反射成分が重なるタイミングも異なってくるために発生する事象である．図 3.3.12 にこう長 3 km・5 km の各ケースにおける解析波形例の比較を示す．5 km のケースでは，周波数の異なる 2 種類のサージ波形の重畳により 90 μs 付近で最大となっている．

　（ⅱ）　地絡サージ

　線路こう長が増加すると過電圧倍数は増加するが，強い相関は見られない．

　（ⅲ）　一線地絡時投入サージ

　3 km 線路で過電圧倍数は減少するが，これも開閉サージの場合と同様の理

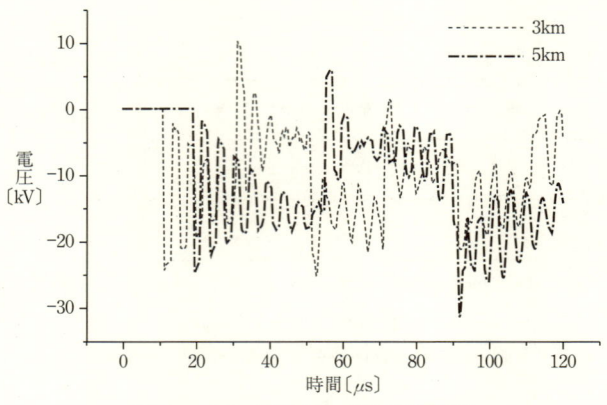

図 3.3.12　開閉サージ解析波形例

由による．

(f)　分岐数（図 3.3.13）

各種サージにおいて分岐数と過電圧倍数の間に顕著な相関は見られなかった．

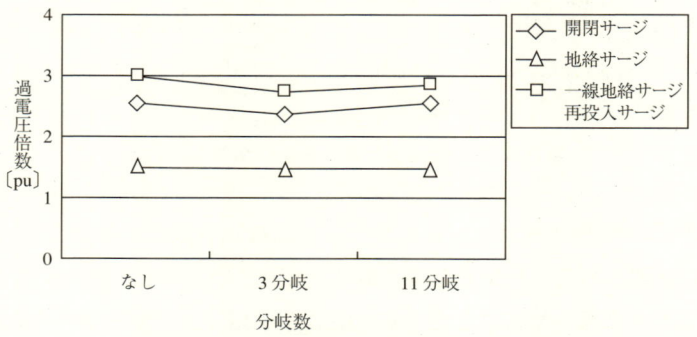

図 3.3.13　分岐数と過電圧倍数との関係

(g)　地絡事故位置（図 3.3.14）

地絡サージ，一線地絡時再投入サージとも地絡事故位置と過電圧倍数の間に顕著な相関は見られなかった．

(h)　地絡事故点抵抗（表 3.3.4）

地絡サージ，一線地絡時投入サージともに地絡事故点抵抗が増加すると過電

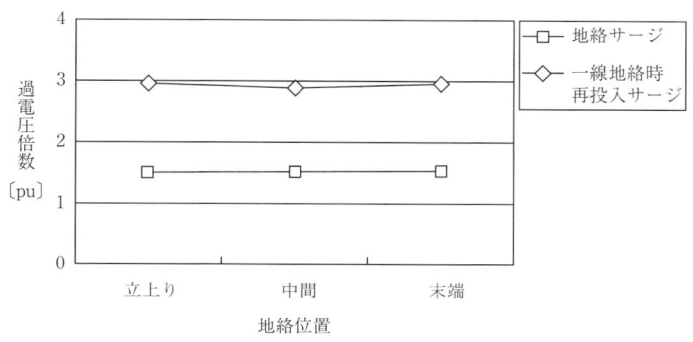

3.3 11.4 kV系統における絶縁合理化

図3.3.14 地絡事故位置と過電圧倍数との関係

圧倍数は低下する傾向であった．これは，地絡相に大地を介して形成される回路において，地絡点抵抗が介在することにより地絡電流が減少し，中性点電位の上昇が抑制されるためである．

表3.3.4

	地絡事故点抵抗		抑制率 (%)
	0 Ω (①)	40 Ω (②)	(②／①)
地絡サージ	1.96 pu	1.51 pu	77.0%
一線地絡投入サージ	3.37 pu	2.98 pu	88.4%

(4) ランダムシミュレーションによる最大過電圧の想定

各パラメータの解析結果より得られた最過酷系統条件を**表3.3.5**に示す．この最過酷ケースに対して，スイッチ投入時刻を目標投入時刻に対して0.1 msの標準偏差でランダム投入するシミュレーション（以下ランダムシミュレーション）を50回実施した．

① 耐雷素子を考慮しない場合

系統に耐雷素子を付加しない条件下でランダムシミュレーションを行った結果，最大過電圧倍数は3.81 puであった．

② 耐雷素子を考慮した場合

一方，11.4 kV系統への昇圧が既設6 kV設備の流用を前提としていることを

表 3.3.5 最過酷ケース・耐雷素子を考慮した発生過電圧

過電圧発生条件	一線地絡時投入サージ	
パラメータ値	①電源位相角	$-50°$
	②中性点接地抵抗値	500 Ω
	③並列回線数	6 回線
	④電線種別	HAl-OC240mm^2
	⑤線路こう長	5 km
	⑥分岐数	なし
	⑦地絡位置	末端
	⑧事故点抵抗値	0 Ω

考慮し，前述の最過酷系統に対して，既設 6 kV 配電機材に内蔵されている耐雷素子を配置してランダムシミュレーションを行った結果では，最大過電圧倍数が 3.33 pu に低減された（図 3.3.15）．なお，耐雷素子の特性は動作開始電圧が $V_{1\,mA}=17$ kV 以上，制限電圧 $V_{2.5\,kA}=36$ kV 以下で，モデル系統へ組み込んだ耐雷素子の個数は，既設 6 kV 配電設備の実態から等価換算し，各相 7.7 個/km に設定した．また，上記シミュレーションにおける避雷器の最大処理エネルギーは 4.6 J であり，一般的な酸化亜鉛素子のエネルギー耐量に比べて十分小なる値であるので，既設 6 kV 設備内蔵の耐雷素子による 11.4 kV 系統の

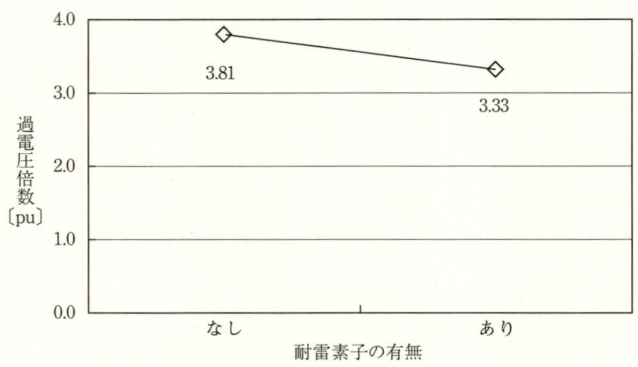

図 3.3.15 耐雷素子が過電圧倍数に与える影響

3.3 11.4 kV 系統における絶縁合理化

過渡性内部異常電圧保護は可能である．

3.3.2 過電圧解析に基づく試験電圧

ランダムシミュレーションより想定される最大発生過電圧と，中性点接地抵抗との関係を図 3.3.16 に示す．同図より，系統中に耐雷素子を設置した場合には，発生過電圧が抑制され，その値は中性点接地抵抗によらず，3.33 pu となる．試験電圧の選定にあたっては，既存の 6.6 kV 配電設備を流用して 11.4 kV へ昇圧するという前提を踏まえ，既設耐雷素子を考慮した過電圧解析結果を採用することが妥当である．

上記の耐雷素子ありの場合の過電圧倍数と，図 3.3.16 の試験電圧算定フローを用いて 11.4 kV 配電系統の試験電圧値を算定すると，雷インパルス耐電圧試験値として 50 kV，短時間商用周波耐電圧試験値として 24 kV を選定しうる（換算係数は過酷側である 0.78 を採用）．この値は JEC-0102 における 6 kV 級の絶縁レベルと同等であり，新規に開発する 11.4 kV 機材の試験電圧低減が期待できる．

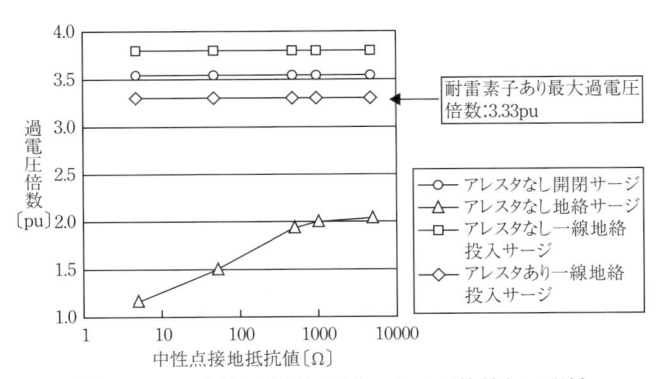

図 3.3.16 中性点接地抵抗値と過電圧倍数との関係

●参考文献●
（1） 河野照哉，「系統絶縁論」，昭和 59 年，コロナ社
（2） 雨谷昭弘，「分布定数回路論」，p.185，1990 年，コロナ社

（3） 電気学会,「酸化亜鉛型避雷器」電気規格調査会標準規格 JEC-217, 1984 年
（4） 電気学会,「試験電圧標準」電気規格調査会標準規格 JEC-0102, 1994 年
（5） 電気学会,「試験電圧と機器の絶縁に関する諸特性」電気学会技術報告第 518 号, p. 35, 1994 年
（6） 電気学会,「試験電圧の考え方と過電圧」電気学会技術報告第 517 号, p. 92, 1994 年
（7） 電気学会,「試験電圧の考え方と過電圧」電気学会技術報告第 517 号, p. 93, 1994 年
（8） 電気学会,「試験電圧の考え方と過電圧」電気学会技術報告第 517 号, p. 95, 1994 年
（9） 電気協同研究会,「Y 11.4 kV 配電方式」電気協同研究第 21 巻第 2 号, 昭和 40 年
（10） 電気協同研究会,「電力系統における高調波とその対策」電気協同研究会第 46 巻 2 号, 平成 2 年

第4章
22kV系統・11.4kV系統の実証試験

4.1 22 kV 系統の実証試験

22 kV 全ケーブル系統の一線地絡事故時および特高-低圧混触事故時の通信線への誘導電圧，低圧線電位上昇および過渡性内部異常電圧の実証試験を実施し，誘導電圧，帰還電流，発生過電圧の様相把握ならびに実測波形と解析波形の比較により，EMTP 解析精度および妥当性の確認を行った．[1],[2]

4.1.1 試験概要
（1）試験設備

試験設備は，事前に調査・検討を行い EMTP 解析にて用いたモデル系統と同様に，標準的な設備実態に基づき構築した．

試験線路の構成を図 4.1.1，図 4.1.2 に示す．線路は，変電所母線から遮断器を通じて，地中線路約 200 m（線種：CVT 250 mm^2）＋架空線路約 900 m（線種：HCCA 200 mm^2）で構成されている．また，主変圧器の中性点に 8～500 Ω の範囲で変更可能な接地抵抗（R_n）を接続した．架空ケーブル部分には，線路立上がり部，末端部を含め 8 箇所に接続体を設置した．架空ケーブルのシースは，低圧アース線および地中ケーブルシースと接続され変電所メッシュ接地に接続している．電柱には 65 Ω（＝通常の B 種接地抵抗管理値上限）を目標値としてほぼ 2 柱に 1 極の割合（34 基中 21 極）で B 種接地極を設け，架空ケーブルシース，低圧アース線に接続した（接続体設置柱には接地極を設けてある）．

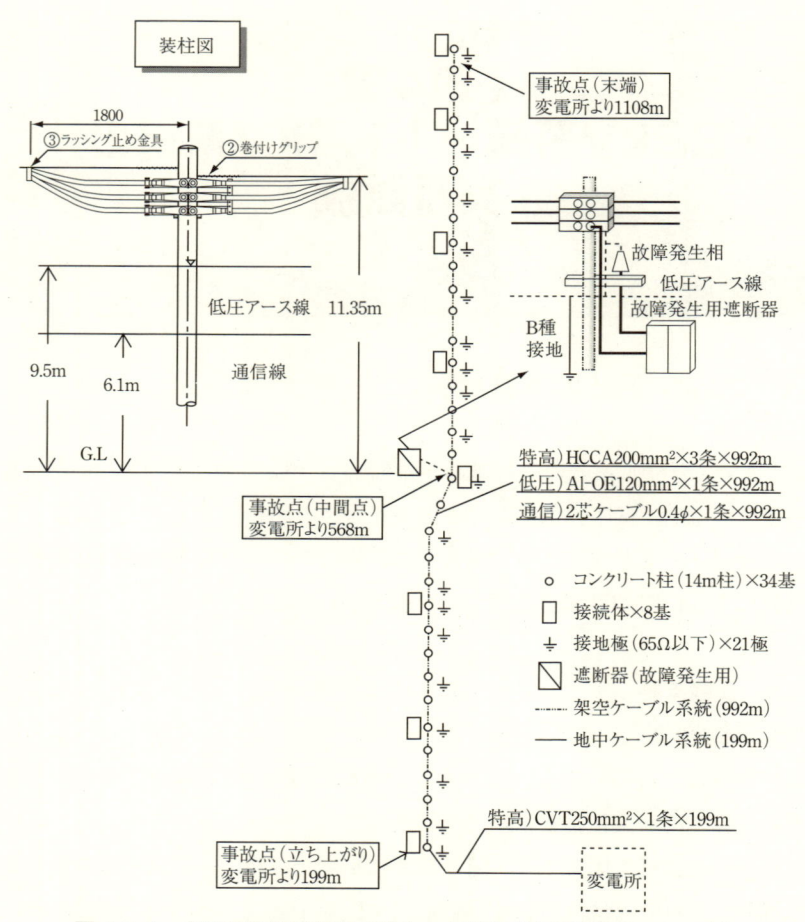

図 4.1.1　実証試験線路概要（電力中央研究所赤城試験センター内）

変電所の％インピーダンスは 2 MVA ベースで 3.06 ％，変電所遮断器は真空遮断器（VCB）を主として油遮断器（OCB）との 2 種類を使用した（地絡再投入サージ試験）．また，地絡・特高‐低圧混触事故を発生させるために，VCB を用いた可搬式の故障発生用遮断器（図 4.1.1 参照）を使用した．

　なお，試験線路は以下のコンセプトで構築を行った．

・シミュレーションとの整合（モデル化が容易な線路形態）

4.1 22 kV 系統の実証試験

(1) 22 kV 試験線路用ミニクラ 　　(2) 立ち上がり柱

(3) 線路中間地点 　　(4) 末端柱

図 4.1.2　実証試験線路概要

・測定誤差の縮小（既設設備との離隔確保）
・現実設備との整合
(2) **試験項目および方法**

図 4.1.1 に示した実証試験線路において，以下の試験を実施した．

① 特高-低圧混触時の通信線への誘導電圧および低圧線電位上昇試験

22 kV 全ケーブル系統に電圧を印加し，架空線末端または中間点にて，故障発生用遮断器を用いて特高-低圧混触事故（混触抵抗 0 Ω）を発生させた．

末端事故においては，事故点で事故電流，ケーブルシース帰還電流，低圧アース線（NW）帰還電流および大地流入電流をクランプ型電流計で測定し，その出力をメモリハイコーダにて記録した．さらに，通信線誘導電圧および低圧アース線（NW）対地電位上昇を高圧プローブで測定し，その出力を E/O, O/E 変換し，ディジタルオシロスコープで記録した．また，中間端では大地流入電流，通信線誘導電圧および NW 対地電位上昇を測定した．さらに，変電所構内では，各相送り出し電圧・各相電流，零相電圧・電流，中性点接地抵抗通過電流，ケーブルシース電流をメモリハイコーダで測定した．

中間事故においては，末端事故と同様に，事故点で事故電流，ケーブルシース帰還電流，零相電圧・電流，NW 電流および大地流入電流と通信線誘導電圧および NW 対地電位上昇を測定した．また，変電所構内でも各相送り出し電圧・各相電流，零相電圧・電流，中性点接地抵抗通過電流，ケーブルシース電流を測定した．

【試験パラメータ】
・故障箇所…架空ケーブル末端，中間点
・故障種類…特高-低圧線混触（R 相地絡）事故で故障抵抗 0 Ω
・中性点接地抵抗（R_n）… 8, 16, 70, 140, 210, 500 Ω
・B 種接地抵抗の条件… 65 Ω/ 2 極，65 Ω/ 4 極，3 極接地（立ち上がり・中間・末端）

② 開閉サージ試験

変電所の遮断器を投入し，その際に生じる過電圧（開閉サージ）を架空ケーブル立ち上がり，末端の 2 か所において，各相電圧を CR 分圧器（1/100）により降圧し，高圧プローブ（1：1000）の出力を E/O, O/E 変換して，ディジタルオシロスコープで測定した．また，変電所構内では，各相の送り出し電圧・電流，零相電圧・電流，中性点接地抵抗通過電流，ケーブルシース電流をメモ

4.1 22 kV 系統の実証試験

表 4.1.1 実証試験線路諸元

線路概要	架空	地中
線路こう長	922 m	177 m
特別高圧	HCCA 200 mm^2 × 3	CTV 250 mm^2 × 1
低圧線	NI 120 mm^2 × 1	
通信線	ツイストペア × 1	

項目	値	根拠
B 種接地	65 Ω	B 種上限値
接地間隔	1 極／2 柱	東電施設平均
柱の間隔	30 m	強度計算による
接続体	1 器／5 柱	引留の割合
事故点	変電所からの距離	
立ち上がり	177 m	
中間	559 m	
末端	1099 m	

リハイコーダで測定した．

【試験パラメータ】

・対象遮断器…油入遮断器（OCB），真空遮断器（VCB）

・中性点接地抵抗 (R_n) … 16，70，500 Ω

③ **地絡サージ試験**

線路を充電状態にしておき，立ち上がりまたは末端において，故障発生用遮断器で一線地絡（特高低圧混触）事故を発生させ，開閉サージ試験と同様に，各相の地絡サージ電圧を立ち上がり，末端の 2 か所で測定した（測定方法，測定項目は開閉サージ試験と同様）．

【試験パラメータ】

・故障箇所…立ち上がり，末端

・中性点接地抵抗 (R_n) … 16，70，140，210，500 Ω

④ **一線地絡時投入サージ試験**

立ち上がりまたは末端で一線地絡状態にしておき，変電所遮断器を投入（再

閉路模擬）し，開閉サージ試験と同様に，各相の一線地絡時投入サージ電圧を立ち上がり，末端の2か所で測定した（測定方法，測定項目は開閉サージ試験と同様）．

【試験パラメータ】
 ・対象遮断器…油入遮断器（OCB），真空遮断器（VCB）
 ・故障箇所…立ち上がり，末端
 ・中性点接地抵抗(R_n)…16, 70, 500 Ω

4.1.2 特高−低圧混触時の通信線への誘導電圧および低圧線電位上昇の試験結果

特高−低圧混触事故時の通信線への誘導電圧，低圧線電位上昇の様相は以下のとおり．

(1) 帰還電流分布

架空ケーブル系統では，地絡・高低圧混触事故を発生させると，事故点から中性点までの経路のインピーダンス比に従い，事故電流は以下の3とおり（A，B，C経路）に分流し，中性点に帰還する（図4.1.3）．

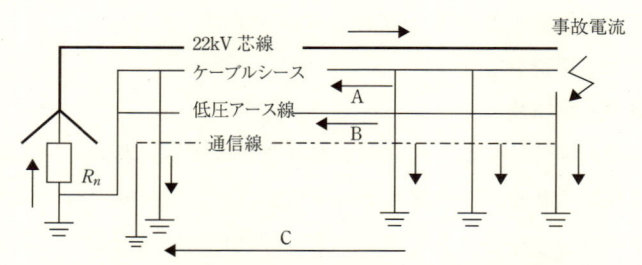

図 4.1.3 架空ケーブル系統における事故時の帰還電流

〈事故電流の帰還電流経路〉
 ・HCCAケーブルシース―CVTケーブルシース―中性点接地抵抗―中性点…A
 ・NW（架空中性線）―CVTケーブルシース―中性点接地抵抗―中性点 …B
 ・B種接地極―大地―中性点接地抵抗―中性点 …C

表4.1.2に実験結果を示す．この結果から以下のことが導ける．

4.1 22 kV 系統の実証試験

表 4.1.2 各経路における帰還電流および分流比(実験結果)

NGR		末端事故 (65 Ω / 2 極)				中間事故			
		事故電流	A シース電流	B NW電流	C 大地電流	事故電流	A シース電流	B NW電流	C 大地電流
8	測定値〔A〕	1054	884	226.3	6.78	1061.0	862.8	268.7	5.3
	分流比〔%〕	—	79.1	20.3	0.6	—	75.9	23.6	0.5
16	測定値〔A〕	643.5	572.8	143.2	4.1	636.5	516.2	169.7	2.83
	分流比〔%〕	—	79.5	19.9	0.6	—	74.9	24.6	0.4
70	測定値〔A〕	171.5	134.4	39.3	1.1	173.3	132.6	49.6	0.8
	分流比〔%〕	—	76.9	22.5	0.6	—	72.5	27.1	0.4
140	測定値〔A〕	89.1	67.9	19.98	0.56	86.2	68.6	24.6	0.39
	分流比〔%〕	—	76.8	22.6	0.6	—	73.3	26.3	0.4

- 事故電流は事故点の位置によらず概ねケーブルシース(72~79%),低圧アース線(20~27%),大地(0.4~0.6%)に分流し中性点に帰還する.
- 分流比は中性点接地抵抗値(R_n)によらずほぼ一定となる.
- 架空ケーブル系統では大部分の事故電流がケーブルシースを帰還するため,地絡・混触事故時の誘導危険電圧,低圧線電位上昇に影響を及ぼす大地帰路電流の分流比が非常に小さくなり,絶縁電線を使用した系統(オープンワイヤ系統)と比較して共架可能線路こう長が格段に延びることが期待できる.

(2) 誘導危険電圧

誘導危険電圧は,前述したように,事故電流の大部分(約 99.5%)がケーブルシースおよび低圧アース線に流れ帰還することから,誘導危険電圧に影響を与える大地帰路電流が 0.5% 程度となり,誘導電圧の大幅な低下が見込める.

しかし,実測値には事故電流が流れることによる大地電位上昇分が計測値に加味されるため,正確な誘導電圧を測定することは困難であった(当試験では立ち上がりで測定した場合 $R_n = 8\,\Omega$(事故電流 1000 A 程度)のとき,25 V 程度発生).

測定結果は,こう長 1 km の配電線では大地電位上昇分を含めても 30 V 以下(制限値 300 V 以内)であり,誘導電圧は低いレベルに抑えられる(誘導電圧/

大地電流を距離単位 km で表した定数を誘導係数とすれば，末端事故で 0.4～0.45 V/A・km であり十分小さく問題ない）．

また，B種接地抵抗値による影響（電柱接地箇所で模擬，65 Ω/2極…34基中 20 基接地，65 Ω/4極…34基中 10 基接地，3極接地…立ち上がり・中間・末端接地）評価試験での結果は，接地極が多く合成接地抵抗値が低いほど事故時の大地帰路電流が大きくなり，誘導電圧が高くなる（図 4.1.4，図 4.1.5 参照）．この試験条件（こう長：1 km）では事故点位置の違いによる影響は少ない（図 4.1.6）．

(3) 特高-低圧混触時の低圧線電位上昇

混触事故時の低圧線電位上昇値は，B種接地線を介した大地流入電流とB種接地抵抗値の積となる．したがって，低圧線電位上昇値は事故電流に比例する

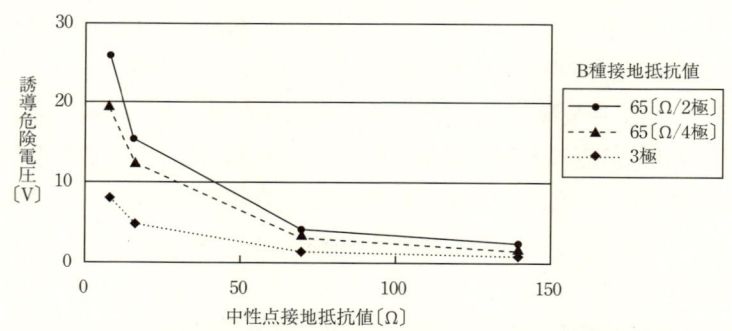

図 4.1.4 実証試験線路での誘導危険電圧測定結果（末端事故時）

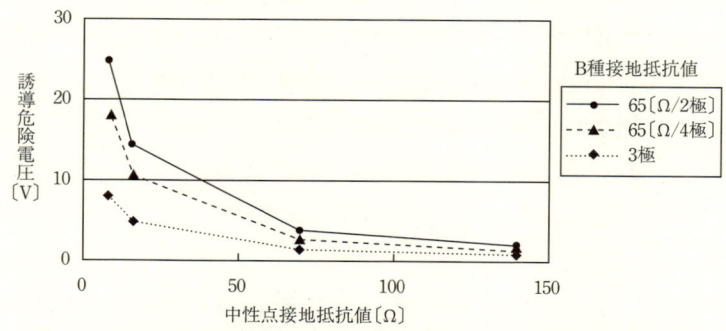

図 4.1.5 実証試験線路での誘導危険電圧測定結果（中間点事故時）

4.1 22 kV系統の実証試験

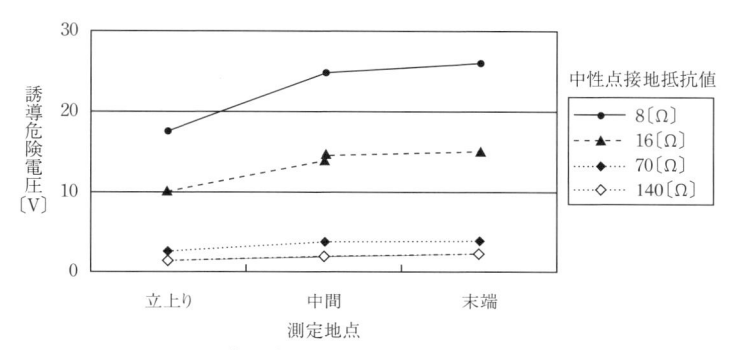

図4.1.6 各測定点における誘導危険電圧測定結果

ものの,架空ケーブル系統では事故電流の大部分がケーブルシース,低圧アース線に分流することから,低圧線電位上昇値に起因する大地帰路電流の分流比は小さく,電位上昇も抑えられる.B種接地抵抗値は大きい程,低圧線電位上昇値も高い値となるが,B種接地抵抗値が高いことにより大地流入が抑制され,試験上最過酷となる $R_n = 8\,\Omega$ でも350 V程度(制限値600 V)となる.

混触時の低圧線電位上昇は事故点で最大値となるが,事故電流は連接されたB種接地に分流することにより,事故点以外の接地極でも電位上昇が発生する(**図4.1.7,4.1.8,4.1.9**).

(4) 測定値に対する考察

実験結果と2.4節での解析で用いたEMTP/ATP解析モデルを用いた解析との比較に基づき,解析の妥当性検証を行った.実測値-解析値の比較の一例を**図4.1.10**に示す.

詳細には,特高-低圧混触事故時の各地点での電圧・電流分布,通信線誘導電圧の測定結果と,同線路モデルでの解析結果との比較(**表4.1.3**)を行ったところ,以下のような結論が得られた.

・ケーブルシース,低圧アース線,大地帰路電流の電流値および分流比の解析結果は,測定結果に対して誤差−10〜−40%であり,EMTPの誤差範囲と概ね一致している.
・通信線誘導電圧は,測定値に事故電流による接地電位上昇分(測定系含

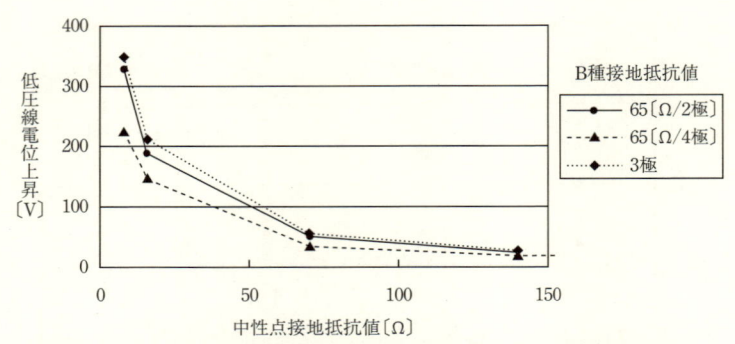

図 4.1.7　実証試験線路での事故時の低圧線電位上昇（末端事故時）

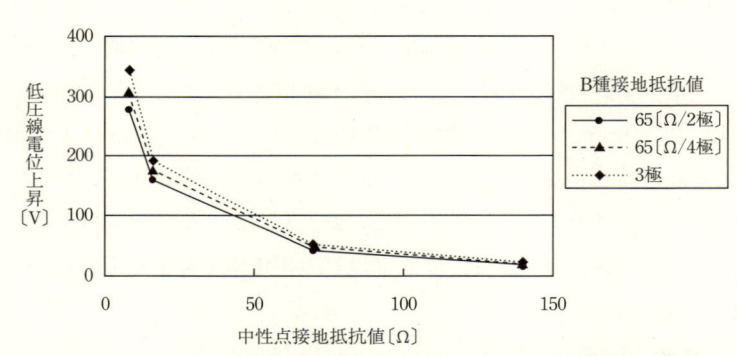

図 4.1.8　実証試験線路での事故時の低圧線電位上昇（中間事故時）

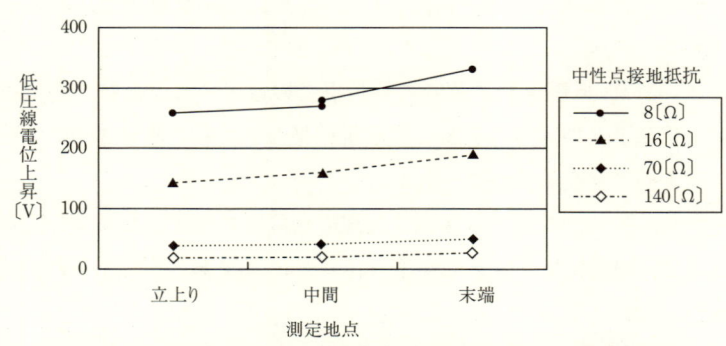

図 4.1.9　各測定点における混触事故時の低圧線電位上昇測定結果

4.1 22 kV 系統の実証試験

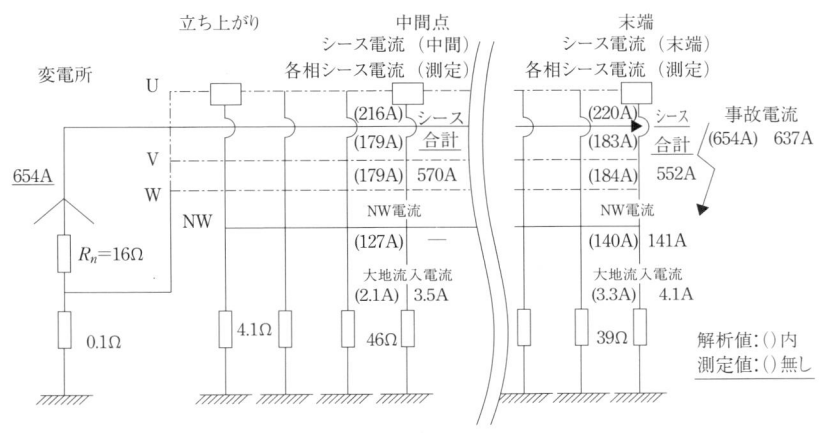

図 4.1.10 22 kV 実証試験線路の各帰路分流電流の比較

表 4.1.3 実証試験線路における測定値と解析値の比較

R_n [Ω]	ミニクラの接地抵抗	末端				中間		
		大地電流 [A]	誘導電圧 [V]	NW 電流 [A]	NW 電圧 [V]	大地電流 [A]	誘導電圧 [V]	NW 電圧 [V]
8	測定値	6.78	26.02	226.3	328.8	5.79	25.0	279.3
	シミュレーション	5.07	11.60	217.57	197.65	3.33	8.04	152.99
	誤差 [%]	25.3	55.4	3.9	39.9	42.6	67.8	45.2
16	測定値	4.1	15.27	143.2	189.5	3.27	14.9	161.2
	シミュレーション	3.25	7.44	139.52	126.74	2.13	5.15	98.10
	誤差 [%]	20.7	51.3	2.6	33.1	34.8	65.4	39.1
70	測定値	1.1	4.16	39.3	50.9	0.92	3.96	43.3
	シミュレーション	0.87	2.00	37.53	34.08	0.57	1.39	26.39
	誤差 [%]	20.6	52.0	4.5	33.0	37.6	65.0	39.1
140	測定値	0.56	2.29	19.98	26.59	0.47	2.1	22.1
	シミュレーション	0.44	1.01	19.11	17.34	0.29	0.70	13.43
	誤差 [%]	20.6	55.8	4.4	34.8	37.9	66.4	39.2

む）が重畳されており，正確な値の把握を行い，比較することは困難であった．ただし，各種電流の分流比に基づく解析結果と測定された誘導電圧に接地電位上昇分を見込んだ値とを比較すれば，誤差範囲と概ね一致する傾向が認められる．

以上のことから，電流・電圧分布の解析結果は，測定系を含めても測定値に対して誤差 -10 ～ -40% の範囲であり，定常領域内での EMTP 計算精度（$+10$ ～ -30%）と比較して概ね等価の範囲内にあるといえる．このことから，本解析は，十分な精度を有していることが確認された．

4.1.3 過渡性過電圧の試験結果と考察

各試験における過電圧発生様相は以下のとおりであった．

(1) 開閉サージ試験

R_n を変化させたときの各ケースにおける最大開閉サージ過電圧倍数を図 4.1.11 に示す．開閉サージの過電圧倍数は，$R_n = 16\,\Omega$ のケースで 1.8 pu であり，R_n の増加につれて漸減傾向を示し，$R_n = 500\,\Omega$ のケースでは 1.5 pu であった．また，投入位相を変化させたときの過電圧倍数は，投入相の対地電圧波高値が最大となる位相（$= \sin 90°$）付近で最大となる結果であった．また，遮断器種別（VCB：真空遮断器，OCB：油入遮断器）と過電圧倍数の関係については，いずれの R_n においても OCB の方が高い結果となった．

(2) 地絡サージ試験

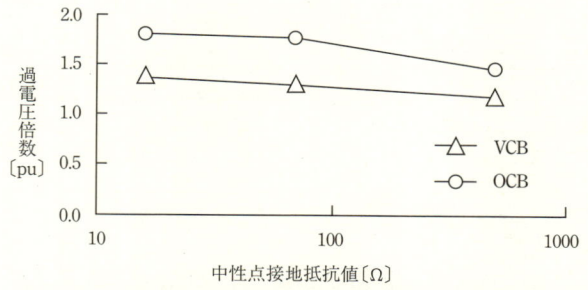

図 4.1.11 中性点接地抵抗値と開閉過電圧倍数との関係

R_n を変化させたときの各ケースにおける最大地絡サージ過電圧倍数を図 4.1.12 に示す．R_n が $16\,\Omega$，$70\,\Omega$ のケースでは，サージ成分がほとんど発生せず，過電圧倍数は健全相対地電圧波高値よりわずかに大きい 1.8 ～ 1.9 pu であった．一方，R_n が $100\,\Omega$ を超える領域ではサージ成分が支配的となり，R_n が高

4.1 22 kV 系統の実証試験

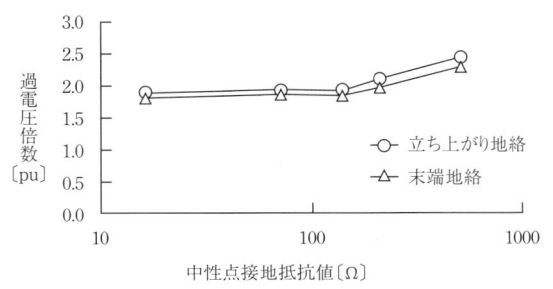

図 4.1.12 中性点接地抵抗値と地絡過電圧倍数との関係

いほど過電圧倍数も大きくなる結果となった ($R_n = 210\,\Omega$ で $2.12\,\text{pu}$, $R_n = 500\,\Omega$ で $2.47\,\text{pu}$).

なお，末端地絡よりも立ち上がり地絡の場合に過電圧倍数がわずかに大きくなる傾向が見られた．

(3) 一線地絡時投入サージ試験

R_n を変化させたときの各ケースにおける最大一線地絡時投入サージ過電圧倍数の関係を**図 4.1.13**に示す．各 R_n における一線地絡時投入サージ過電圧倍数の実測最大値は，$R_n = 16\,\Omega$ のとき $2.03\,\text{pu}$, $70\,\Omega$ のとき $2.61\,\text{pu}$, $500\,\Omega$ のとき $2.85\,\text{pu}$ であり，R_n が高いほど過電圧倍数が大きくなる結果となった．なお，立ち上がり地絡と末端地絡の比較では，R_n が $16\,\Omega$, $70\,\Omega$ のケースでは，立

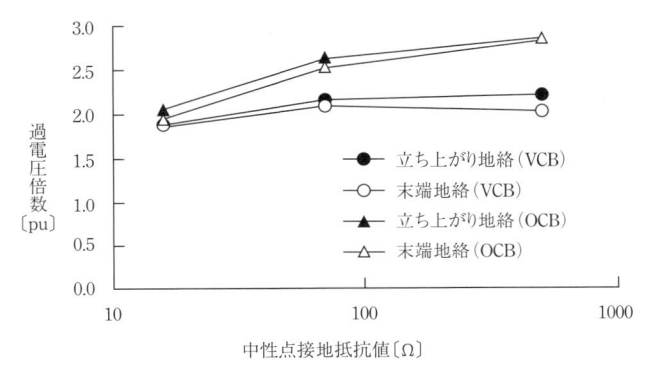

図 4.1.13 中性点接地抵抗値と一線地絡時投入過電圧倍数との関係

ち上がり地絡の方が大きな過電圧倍数であったが，$R_n=500\,\Omega$ のケースでは差異が見られなかった．また，遮断器種別（VCB，OCB）による違いでは，開閉サージのときと同様にOCBの方が高い過電圧が発生する結果となった．

(4) 試験結果の考察

① R_n の影響

開閉サージの最大過電圧倍数は R_n の増加につれて漸減する傾向であったが，これは中性点接地抵抗のダンピング効果によるものである．

遮断器投入においては，3相が完全に同時に閉極することはなく，各相が順次投入されていくことになる．このとき，第一投入相においては，ケーブルの純抵抗とインダクタンスを無視すれば，中性点抵抗（R_n）・電源インピーダンス（L）・ケーブル静電容量（C）からなるRLC直列回路が構成される（図4.1.14参照）．図4.1.14のRLC直列回路において，

$$k = \frac{R}{2}\sqrt{\frac{C}{L}} \tag{4.1.1}$$

としたときの k を「制動定数」と呼び，図4.1.14に示す回路の過渡応答は，k の値が1より小さいときは振動性，1より大きいときは非振動性の過渡応答特性となる．主変圧器%インピーダンス，ケーブル諸元に基づく L，C の値は，$L=23.1\,\text{mH}$，$C=0.37\,\mu\text{F}$ であるので，(4.1.1)式より $k=1$ となる臨界抵抗値 R を求めると $R=499\,\Omega$ となる．したがって，$R_n=500\,[\Omega]$ のケースでは波頭部における過渡振動成分が抑制され，16，70 Ω のケースに比べて波高値が小さくなると考えられる．ただし第二相が投入された後は L，C の並列要素を含む回路に変化するため，上記の臨界条件は成り立たなくなる．

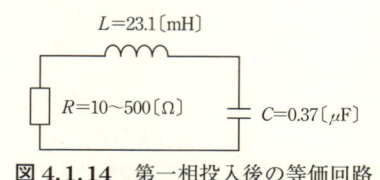

図4.1.14の等価回路についての過渡電圧計算結果を**図4.1.15**に，$R_n=$

図4.1.14 第一相投入後の等価回路

4.1 22 kV 系統の実証試験

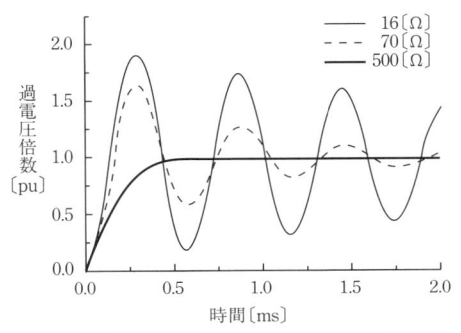

図 4.1.15 過渡電圧計算結果

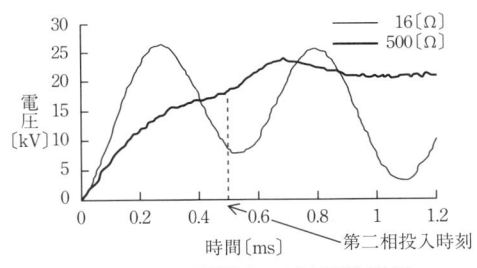

図 4.1.16 開閉サージ実測波形例

16 Ω，500 Ω における開閉サージ実測波形例を図 4.1.16 に示す．

一方，地絡サージ，一線地絡時投入サージにおいては R_n が増加するにつれて過電圧倍数も大きくなるが，これは，地絡相において R_n を介して直接事故電流が流れることにより，中性点電位が上昇するためである．

② 遮断器の影響

VCB 投入による開閉サージ最大過電圧倍数の方が OCB の場合よりも小さい傾向であった．これは，VCB が接点コンタクト前の極間プレアークや，コンタクト後に可動電極がバウンドしチャタリングが発生した際のアークを消弧するため，完全に接点同士のコンタクトが完了するまでに数回スイッチの ON・OFF が繰り返されるような状態となるためである．

このため，過渡振動が波高値に至る前にアークが消弧される場合は過電圧が抑制されることになる．チャタリング発生時の波形としては，アークが消弧さ

れ再発弧するまでの間は，線路残留電荷による電圧が維持されるため，全体としては階段状の波形となる．

VCB 投入サージの波形例を図 4.1.17 に示す．なお，チャタリングは，突き合わせ接触（butt contact）の遮断器で発生する現象であるため，チューリップ接触方式の OCB では発生しない．

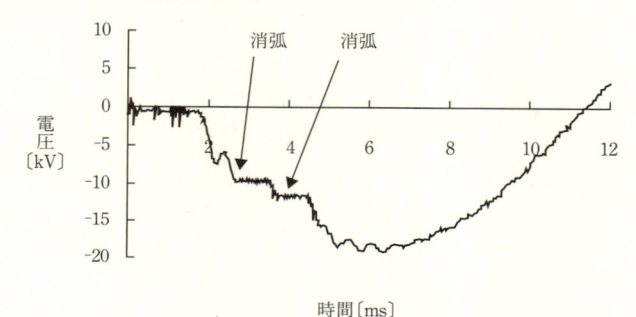

図 4.1.17　VCB 開閉サージ実測波形

③ 実験結果に基づく検証

22 kV 全ケーブル系統実証試験線路を再現した EMTP 解析モデルによる過電圧計算を行い，実測波形と解析波形の比較による計算精度確認を行った．

(a) 解析条件

解析対象は，全ケーブル系統であるため，線路定数の算出にあたっては，EMTP のサブルーチンである Cable Constants を用いた．（Cable Constants に入力した寸法・電気特性データを表 4.1.4 に示す．）

Cable Constants では，表皮効果などのいわゆる周波数特性を計算させるため，計算周波数を入力する必要がある．一般的に開閉サージの計算周波数としては，

$$f = \frac{1}{4\tau} \quad (\tau：進行波の伝搬時間)$$

が用いられる．τ はサージ進行波の伝搬速度 v と線路長 L より求まる．ケーブルの同軸モード伝搬速度は一般的に 150〜190 m/μs であるので，$v = 170$ m/μs として τ を算出した．

4.1 22 kV系統の実証試験

遮断器投入・地絡故障発生はスイッチにより模擬し,投入抵抗,地絡抵抗はともに0Ωに設定した.その他の条件および解析対象回路の構成を図4.1.18に示す.

表 4.1.4 Cable Constants 入力データ

項 目	種 類	架空 HCCA 200	地中 CVT 250
導体 内径	r_1 [mm]	0.0	0.0
〃 外径	r_2 [mm]	8.50	9.50
シース内径	r_3 [mm]	15.35	16.35
〃 外径	r_4 [mm]	16.35	16.45
鎧装 内径	r_5 [mm]	——	20.00
導体固有抵抗率	ρc [Ω・m]	1.732 E-8	1.732 E-8
〃 導体比透磁率	μ_c	1.0	1.0
絶縁物比透磁率	μ_1	1.0	1.0
〃 比誘電率	ε_1	2.3	2.3
シース固有抵抗率	ρs [Ω・m]	2.825 E-8	1.732 E-8
〃 比透磁率	μs	1.0	1.0
絶縁物比透磁率	μ_2	——	1.0
〃 比誘電率	ε_2	——	4.0

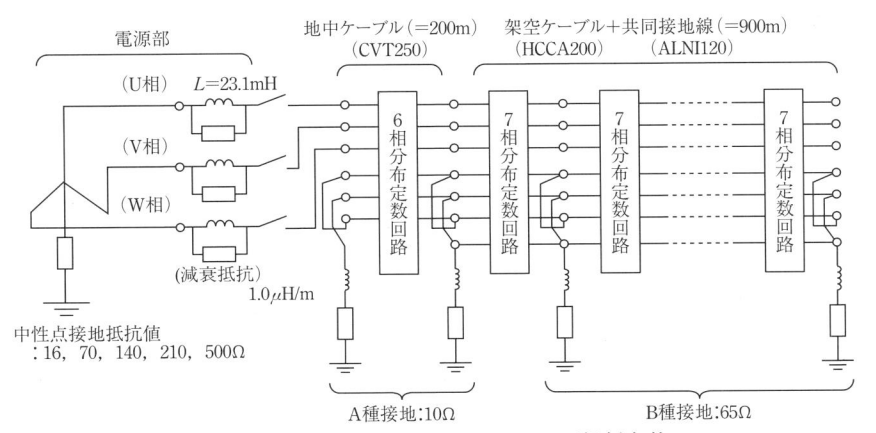

図 4.1.18 試験線路のモデル図および解析条件

図 4.1.18 中の電源部インピーダンスと並列に挿入されている減衰抵抗は，電源変圧器の鉄損（無負荷損）を模擬しており，抵抗値は実測波形との比較から 7.5 kΩ と仮定した．なお，巻線の純抵抗分は考慮していない．

(b) 解析結果の検証

開閉サージ・地絡サージ・一線地絡時投入サージの各試験において発生過電圧最大値が記録されたケースについて，実測波形と EMTP 解析波形を比較した結果を**図 4.1.19** に示す．

なお，図 4.1.19 中には，各ケースにおける最大過電圧発生相のみを示している．開閉・地絡・地絡再投入，いずれのケースにおいても解析波形が実測結

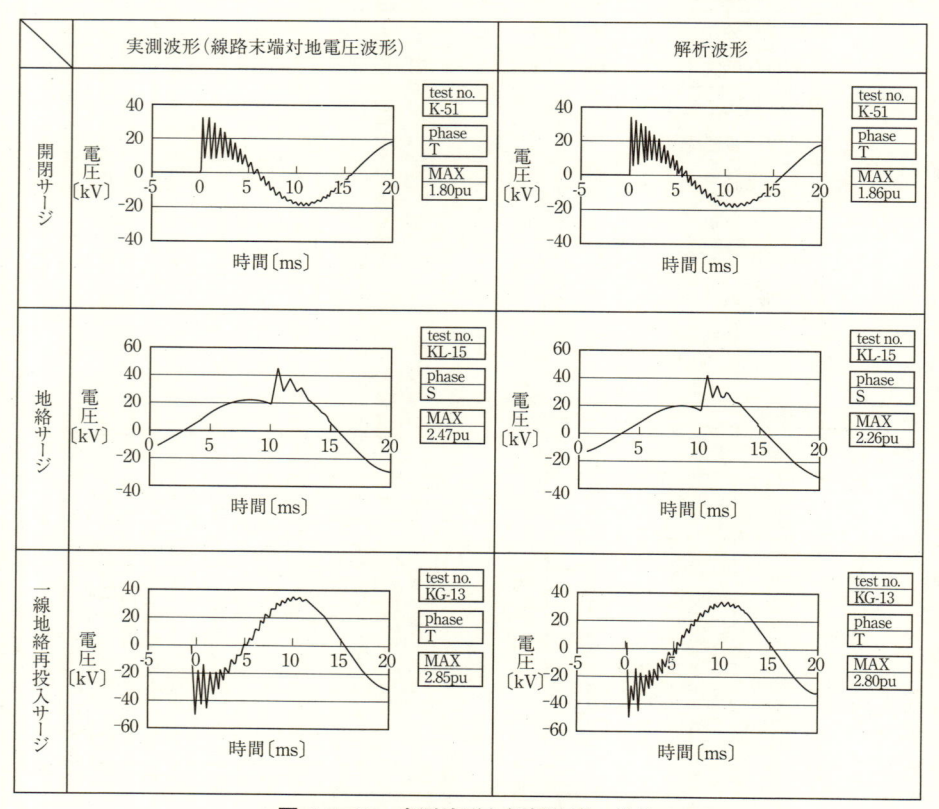

	実測波形（線路末端対地電圧波形）	解析波形
開閉サージ	test no. K-51 / phase T / MAX 1.80pu	test no. K-51 / phase T / MAX 1.86pu
地絡サージ	test no. KL-15 / phase S / MAX 2.47pu	test no. KL-15 / phase S / MAX 2.26pu
一線地絡再投入サージ	test no. KG-13 / phase T / MAX 2.85pu	test no. KG-13 / phase T / MAX 2.80pu

図 4.1.19 実測波形と解析波形の比較

果とほぼ一致していることが確認できる．これらの解析結果において，解析値の実測値に対する誤差は，概ね 1.8〜11.0％の範囲内である．EPRI/DCG による検討では，開閉サージ領域における EMTP の計算誤差は約 20％程度と報告されており，今回確認できた解析精度はこの誤差範囲に収まる結果であった．

4.2　11.4kV 系統の実証試験

　三相 4 線式 11.4 kV 系統の一線地絡事故時および特高-低圧混触事故時の通信線への誘導電圧，低圧線電位上昇および過渡性内部異常電圧の実証試験を実施し，誘導電圧，帰還電流，発生過電圧の様相把握ならびに実測波形と解析波形の比較により，EMTP 解析精度の確認を行った．[3], [4]

4.2.1　試験概要
(1)　試験設備

　試験設備は，事前に調査・検討を行い EMTP 解析にて用いたモデル系統と同様に，標準的な設備実態に基づき構築した．

　図 4.2.1，図 4.2.2 に三相 4 線式 11.4 kV 実規模配電線路の概略図を示す．試験線路は変電所母線から遮断器を通じて，地中線路約 400 m（線種：特別高圧 CVT 250 mm^2，中性線 CV 250 mm^2）＋架空線路約 800 m（線種：特別高圧 HAl-OC 240 mm^2，中性線 ACSR-OE 120 mm^2）から構成されている．架空線路は，架空地線（Ground Wire）・電力線三相・中性線・低圧アース線（Neutral Wire）から構成されている．中性点接地抵抗値（R_n）の影響を確認するため，変電所変圧器の中性点に 4〜500 Ω の範囲で変更可能な接地抵抗を接続した．電柱には接地抵抗値 65 Ω（＝通常の B 種接地抵抗管理値上限）を目標値としてほぼ 2 柱に 1 極の割合（20 柱中 11 極）で B 種接地極を設けて GW および低圧アース線を接地している．また，他回線有無の影響を確認するために，等価キャパシタンスを系統に付加して他回線を模擬できる構成となっている．なお変電所変圧器には短絡電流調整用の R（＝1 Ω），L（＝3.18 mH）を設置し

4章 22 kV系統・11.4 kV系統の実証試験

装柱図

- 850, 850
- G
- U V W
- 1160
- 950
- 3100
- 11350 (14m) or 13050 (16m)
- 6100
- •E
- •A
- •S

試験線路概要図

事故点(末端) 変電所より1208m

事故点(中間点) 変電所より840m

- ○ コンクリート柱(14m柱)×20基
- □ 開閉器×2基
- ⏚ 接地極(65Ω以下)×11極
- ⌽ 遮断器×1基(事故発生用・可搬)

特高)HAl-OC240mm²×3条×808m
中性)ACSR-OE120mm²×1条×808m

低圧)SN-OW120mm²×1条×808m

通信)2芯ケーブル×0.4φ×1条×808m

- ⌽ 遮断器×1(可搬)
- □ 開閉器×2
- ○ 新設電柱×20基

特高)CVT250mm²×1条×400m
中性)CV250mm²×1条×400m

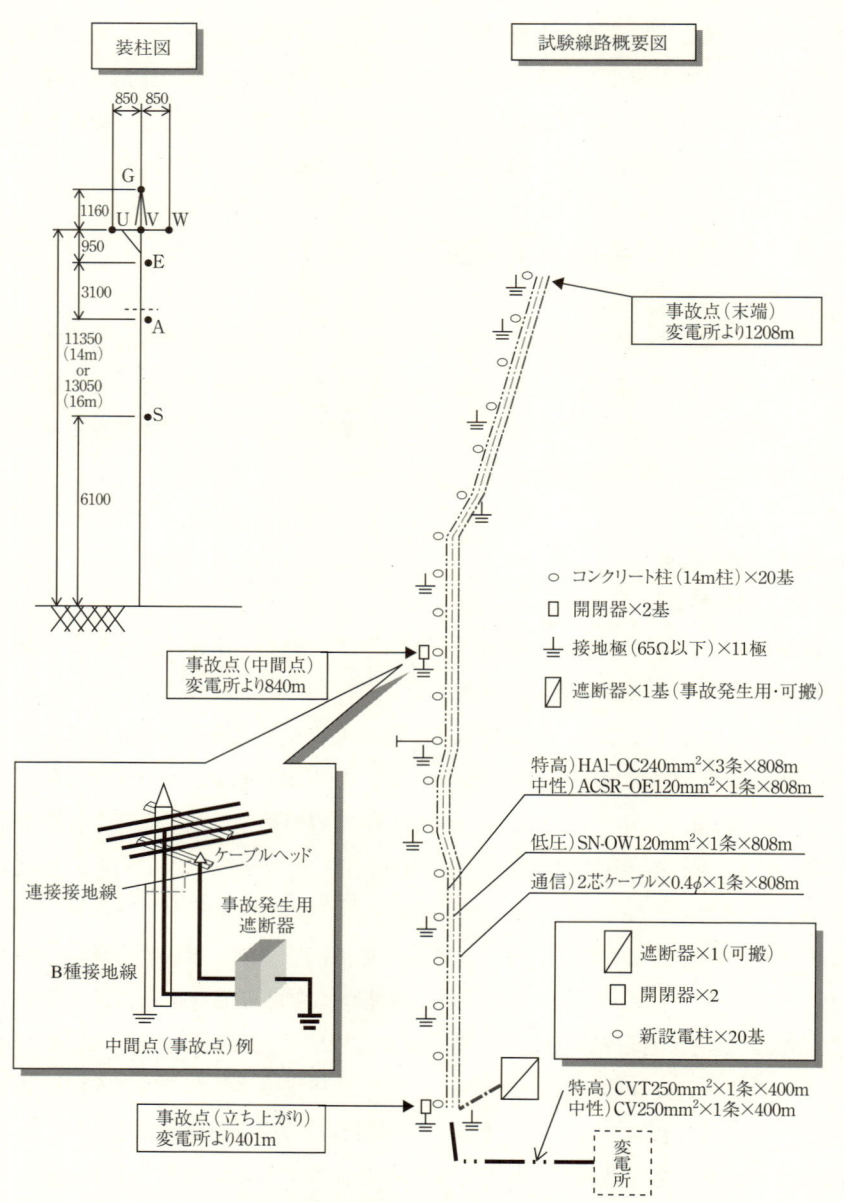

事故点(立ち上がり) 変電所より401m

変電所

中間点(事故点)例

- ケーブルヘッド
- 連接接地線
- 事故発生用遮断器
- B種接地線

図 4.2.1 実証試験線路概要（電力中央研究所赤城試験センター内）

4.2 11.4 kV系統の実証試験

(1) 11.4 kV キュービクル

(2) 立ち上がり柱

(3) 線路中間地点

(4) 末端柱

図 4.2.2 実証試験線路概要

た．

実証試験は，2章における解析結果に基づき，単一抵抗接地方式の線路にて実施した．

なお，試験線路は 22 kV 系統と同様に以下のコンセプトで構築を行った．
・シミュレーションとの整合（モデル化が容易な線路形態）
・測定誤差の縮小（既設設備との離隔確保）
・現実設備との整合

実証試験における主な諸元を**表 4.2.1** に示す．

表 4.2.1 実証試験線路諸元

線路概要	架空	地中
線路こう長	808 m	400 m
特別高圧	SN–ACSR–OC 240 mm^2 × 3	CTV 250 mm^2 × 1
中性線	SN–ACSR–OE 120 mm^2 × 3	
低圧線	NI 120 mm^2 × 1	
通信線	ツイストペア × 1	
項目	値	根拠
B 種接地	65 Ω	B 種上限値
接地間隔	1 極／2 柱	東電施設平均
柱の間隔	42.5 m	強度計算による
接続体	1 器／5 柱	引留の割合
事故点	変電所からの距離	
立ち上がり	400 m（変電所より）	
中間	840 m	
末端	1208 m	

(2) 試験項目および方法

図 4.2.1 に示した実証試験線路において，以下の試験を実施した．

① 特別高圧–低圧混触時の通信線への誘導電圧および低圧線電位上昇

11.4 kV 架空配電線路に電圧を印加し，架空線末端地点または中間地点で，一線地絡事故（故障抵抗 10，40，510，1010 Ω）および，特高–低圧混触事故（故障抵抗 0 Ω）を故障用遮断器で発生させた（図 4.2.1）．

末端地点事故においては，事故地点で事故電流，架空地線（GW）帰還電流，低圧アース線（NW）帰還電流および大地流入電流をクランプ型電流計で測定

4.2 11.4 kV 系統の実証試験

し，その出力をメモリハイコーダで記録した．さらに，通信線誘導電圧，低圧アース線（NW）対地電位上昇および健全相電圧を高圧プローブで測定し，その出力を E/O，O/E で光変換して，ディジタルオシロスコープで記録した．また，中間で大地流入電流をクランプ型電流計で測定し，通信線誘導電圧および NW 対地電位上昇，健全相電圧を測定した．さらに，変電所構内では，各相送り出し電圧・各相電流，零相電圧・電流，中性点接地抵抗通過電流をメモリハイコーダで記録した．また，リレー接点 OC 4 点，DG 1 点をメモリハイコーダで記録した．

中間事故においては，末端事故と同様に，事故点で事故電流，架空地線（GW）帰還電流，零相電圧・電流，NW 電流および大地流入電流と通信線誘導電圧および NW 対地電位上昇，健全相電圧を測定した．また，変電所構内でも各相送り出し電圧・各相電流，零相電圧，電流，中性点接地抵抗通過電流を測定した．

【試験パラメータ】
- 故障箇所…架空配電線末端，中間点
- 故障種類…一線地絡（R 相地絡）事故で故障抵抗 10, 40, 510, 1010 Ω
  特高-低圧線混触（R 相地絡）事故で故障抵抗 0 Ω
- 中性点接地抵抗値(R_n)… 4, 8, 16, 70, 140, 210, 500 Ω
- B 種接地条件… 65 Ω/ 2 極，65 Ω/ 4 極
- 他回線模擬静電容量… 0, 1, 3 μF/ 4 相

② 開閉サージ試験

変電所の遮断器を投入し，その際に生じる過電圧（開閉サージ）を変電所立ち上がり部，地中ケーブルの架空線立ち上がり部（地中ケーブルと架空線の接続部，1 号柱），架空線末端（20 号柱）の 2 か所で，各相対地電圧を CR 分圧器（1/125）により降圧し，高圧プローブの出力を光アイソレーションシステムにより伝送し，ディジタルオシロスコープで測定した．この測定系に見込まれる誤差は 3 ％以下である．また，変電所構内では，各相母線の相電圧・電流，および零相電圧をメモリハイコーダで測定した．下記に試験を実施した際に変化

させたパラメータを示す.

【試験パラメータ】
- 中性点接地抵抗値 (R_n) … 16, 70, 140, 500 Ω
- 線路こう長 … 800 m (1/2 こう長), 1200 m
- 接地極数 … 1 基おき, 3 基おき (1/4 極)
- 他回線模擬 C (1.1 μF/相) … あり, なし

③ 地絡サージ試験

大地と電力相を遮断器で接続する機能をもつ故障発生装置を電力線と大地接地極間に挿入し, 遮断器を投入することにより地絡事故を模擬した. 事故発生点は架空線立ち上がり部もしくは架空線末端のいずれかとし, 線路を充電した状態において故障発生装置により地絡事故を発生させ, 開閉サージ試験と同様に, 各相の地絡サージ電圧をケーブル立ち上がり部, 架空線末端の2か所で測定した (測定方法, 測定項目は開閉サージ試験と同様).

【試験パラメータ】
- 地絡位置 … 架空線立ち上がり, 架空線末端
- 中性点接地抵抗値 (R_n) … 16, 70, 140, 500 Ω
- 線路こう長 … 800 m (1/2 こう長), 1200 m
- 接地極数 … 1 基おき, 3 基おき (1/4 極)
- 他回線模擬 C (1.1 μF/相) … あり, なし

④ 一線地絡時再投入サージ

架空線立ち上がり部と架空線の末端のいずれかで故障発生装置により電力線と大地を接続した状態で, 変電所の真空遮断器 (VCB) を投入した (測定方法, 測定項目は開閉サージ試験と同様).

【パラメータ】
- 地絡位置 … ケーブル立ち上がり, 架空線末端
- 中性点接地抵抗値 (R_n) … 16, 70, 140, 500 Ω
- 線路こう長 … 800 m (1/2 こう長), 1200 m
- 接地極数 … 1 基おき, 3 基おき (1/4 極)

4.2 11.4 kV 系統の実証試験

・他回線模擬 C（$1.1\,\mu\mathrm{F}/$相）…あり，なし

4.2.2 解析模擬手法

今回の試験結果を用いて，2，3章で行った EMTP を用いた手法による解析結果と比較することにより解析の妥当性を検証する必要がある．実証試験系統の解析模擬条件を以下に述べる．

(1) 実規模配電線路の模擬方法

① 架空線模擬

表 4.2.2　Line Constants の各種定数

電線種別	電線名称	T/D 比	抵抗〔Ω/km〕	外径〔mm〕
架空地線	亜鉛めっき鋼より線30 mm^2	0.5	0.7	5.48
高圧線	HAl-OC 240 mm^2	0.5	0.124	20
中性線	ACSR-OE 120 mm^2	0.346	0.25	13.6
低圧アース線	ACSR-OW 120 mm^2	0.346	0.25	13.6

架空線部分は多相分布定数線路（相間の誘導を考慮）として Dommel モデルにより模擬している．線路定数の算出に用いた各種定数を**表 4.2.2**に示す．

線路定数の計算にあたっては，周波数依存性を考慮するため計算周波数を入力する必要がある．一般的に開閉サージの計算周波数は，次式で表される．

$$f = \frac{1}{4\tau} \quad (\tau：進行波の伝搬時間，\tau = L/v,\ L：線路長，v：伝搬速度)$$

11.4 kV 配電線路は架空・地中混在であるが，上記の τ は架空線・地中線合わせた線路長に対して，伝搬速度を架空線の伝搬速度 $v = 300\,\mathrm{m}/\mu\mathrm{s}$ として求め，計算周波数を 62.5 kHz とした．大地抵抗率は 100 Ω・m と仮定した．

② 地中線模擬

変電所引き出しケーブル（地中線）は多相分布定数線路として模擬した．線路定数の算出に用いた各種定数を**表 4.2.3**に示す．変電所立ち上がりケーブルの埋設深さは 0.4 m で，ケーブル種別，長さは図 4.2.1 に示すとおりである．

表 4.2.3 Cable Constants の各種定数

項　目		電力線 CTV250	中性線 CV250
導体　内半径	r_1 [mm]	0	0
〃　外半径	r_2 [mm]	9.5	9.5
シース内半径	r_3 [mm]	14	13.8
〃　外半径	r_4 [mm]	16.5	—
外装　内半径	r_5 [mm]	18	—
導体　固有抵抗率	ρ_c [Ω·m]	2.10 E-08	2.10 E-08
〃　比透磁率	μ_c	1	1
絶縁物比透磁率	μ_1	1	1
〃　比誘電率	ε_1	2.3	2.3
シース固有抵抗率	ρ_c [Ω·m]	2.10 E-08	2.10 E-08
〃　比透磁率	μ_s	1	1
絶縁物比透磁率	μ_2	1	1
〃　比誘電率	ε_2	7	7

(2) 接地線模擬

地中線部分，架空線部分とも接地線には IV 線（ビニル絶縁電線，導体径 2.6 mm）が用いられている．この接地線は，集中定数のインダクタンスと純抵抗で模擬した．インダクタンスの値は一般的に用いられる 1.1 μH/m とし，IV 線の純抵抗は $R = 3.45$ mΩ/m を用いた．

(3) 地絡模擬

実際に配電線事故が発生した際は，樹木の接触やがいしの絶縁破壊により大地もしくは腕金に接地されることが多い．このため，解析上は電力線と大地との間に事故点抵抗に対応する集中定数の抵抗を設定しておき，この抵抗に事故発生スイッチを接続することで地絡事故を模擬した．この際，事故点抵抗の設定値は，試験線路における事故点の接地抵抗実測値とした．

(4) 変電所の模擬

変電所の変圧器データ（39 600 kVA，インピーダンス 88％，11.4 kV）から，

4.2 11.4 kV系統の実証試験

変圧器の漏れリアクタンスを背後インピーダンスと見なした．なお，上記変圧器は短絡試験にも使用されるため，大きなインピーダンスを有している．

また，実測波形の減衰を再現するため，減衰抵抗を変圧器に付加した．ここで，変圧器巻線自体の抵抗を無視すれば，減衰抵抗は変圧器の無負荷損である鉄損の模擬となるため，変圧器の漏れリアクタンスと並列に挿入した．抵抗値は実測波形と解析波形の比較から330Ωとした．

4.2.3 実証試験結果

各試験における結果を以下に示す．

（1）特別高圧-低圧混触時の通信線への誘導電圧および低圧線電位上昇の試験結果

各試験における特高-低圧混触事故時の低圧線電位上昇，通信線への誘導電圧の様相は以下のとおりであった．

① 帰路電流分布

11.4 kV系統は既設の6 kV設備の延長（昇圧）といった考えから，絶縁電線を主体とした架空系統が主流となる．したがって，立ち上がりケーブルは柱側のケーブルシースが低圧アース線，GWを介してB種接地に接続され，変電所側は変電所メッシュ抵抗に接続されている．単一抵抗接地方式では，中性線が変電所でのみ接地（抵抗接地）されており，各柱では絶縁されているため，地絡電流の多くは低圧アース線，GWを介して変電所に帰還し中性点接地抵抗を

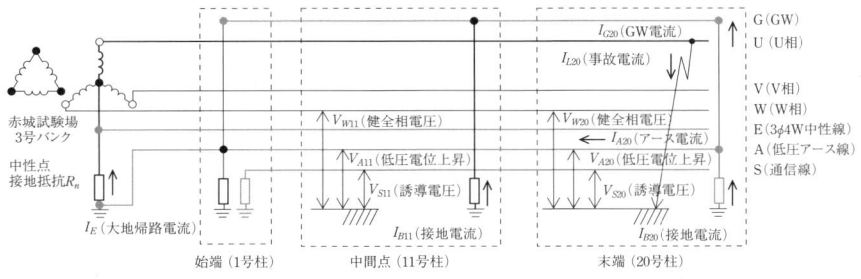

図4.2.3 11.4 kV系統における事故時の帰路電流（地絡事故時）

通る．事故電流は中性点接地抵抗および帰路のインピーダンスで抑えられることから，多重接地方式に比べて事故電流が小さくなる．

(a) 一線地絡事故時の帰路電流分布

また，表 4.2.4 より以下のことが分かる．

- 事故点の違いにより，低圧アース線電流，接地線電流の分流比に差異が見られる．これは事故点から中性点までの各経路のインピーダンス比に差が生じることによる．
- 分流比は中性点接地抵抗値（R_n）によらずほぼ一定となる．
- 分流比は線路こう長により差異は見られるが，実証試験では約 50 ％の電流が接地線からの吸い上げにより GW や低圧アース線を通り中性点に戻る．

表 4.2.4 一線地絡事故時の各経路における帰路電流および分流比

NGR		末端事故（65 Ω／2 極）				中間事故			
		事故電流	GW 電流	低圧電流	接地電流	事故電流	低圧電流		接地電流
							負荷側	電源側	
8	測定値 [A]	94.1	7.0	46.3	23.7	77.1	0.0	30.7	26.5
	分流比	—	0.1	0.5	0.3	—	0.0	0.4	0.3
16	測定値 [A]	84.9	6.1	41.7	21.9	70.7	0.0	27.9	24.0
	分流比	—	0.1	0.5	0.3	—	0.0	0.4	0.3
70	測定値 [A]	45.3	3.6	24.4	12.3	44.6	0.0	17.5	15.1
	分流比	—	0.1	0.5	0.3	—	0.0	0.4	0.3
140	測定値 [A]	30.1	2.4	16.4	8.4	30.4	0.0	12.2	10.4
	分流比	—	0.1	0.5	0.3	—	0.0	0.4	0.3

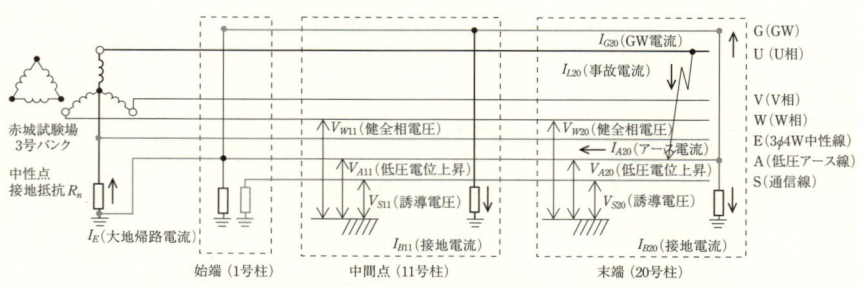

図 4.2.4 11.4 kV 系統における事故時の帰路電流（混触事故時）

4.2 11.4 kV 系統の実証試験

表 4.2.5 混触事故時の各経路における帰路電流および分流比

NGR		末端事故 (65 Ω／2 極)				中間事故			
		事故電流	GW 電流	低圧電流	接地電流	事故電流	低圧電流		接地電流
							負荷側	電源側	
8	測定値〔A〕	643.5	55.9	615.3	5.4	662.9	41.7	502.0	3.6
	分流比	—	8.7	95.6	0.8	103.0	6.5	78.0	0.6
16	測定値〔A〕	381.9	31.8	354.6	3.0	365.9	23.7	279.3	2.0
	分流比	—	8.3	92.9	0.8	95.8	6.2	73.1	0.5
70	測定値〔A〕	82.0		86.3		90.2		67.9	0.5
	分流比	—	0.0	105.2	0.9	110.0	7.3	82.8	0.6
140	測定値〔A〕	42.1	4.0	43.9	0.4	46.1	2.7	35.4	0.2
	分流比	—	9.5	104.3	0.9	109.5	6.4	84.1	0.6

(b) 特高-低圧混触事故時の帰路電流分布

表 4.2.5 より以下のことがわかる．

- 事故点の違いにより，低圧アース線電流，接地線電流の分流比に差異が見られる．これは一線地絡事故時と同様，事故点から中性点までの各経路のインピーダンス比に差が生じることによると考えられる．
- 分流比は中性点接地抵抗値 (R_n) によらずほぼ一定となる．
- 分流比は線路こう長により差異は見られるが，実証試験では接地線に流れる電流は非常に小さい（1％未満）．

② 一線地絡事故時の通信線への誘導危険電圧

単一抵抗接地系統では，事故電流は中性点接地抵抗値により抑えられることから，通信線への誘導危険電圧は緩和される．地絡電流はそのまま全ての電流が地面を介して中性点に戻るのではなく，一部が B 種接地を通り，接地系で繋がっている GW や低圧アース線を通り，地中ケーブルシースを通過して中性線に帰路する吸い上げ現象が見られる．誘導電圧は，22 kV のケースと同様，測定値に事故電流による接地電位上昇分が重畳されることから，図 4.2.5 で示すように解析値との乖離が見られる．正確な測定をする際には，測定器の基準電位の取り方など工夫が必要となる．

本試験での測定結果は，実証試験線路のこう長が短い（架空：約 800 m，地中：約 400 m）ことと，中性点接地抵抗値，地絡抵抗値に事故電流が抑えられ

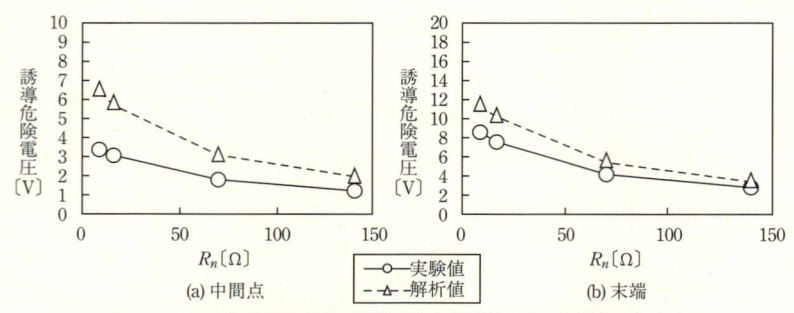

図 4.2.5 末端事故時の誘導電圧（解析値と実測値の比較）

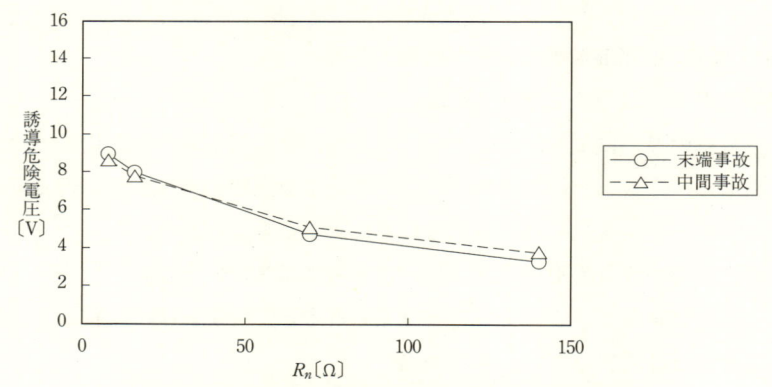

(a) 中間点 / (b) 末端
凡例：○ 実験値、△ 解析値

図 4.2.6 実証試験線路での誘導危険電圧測定値

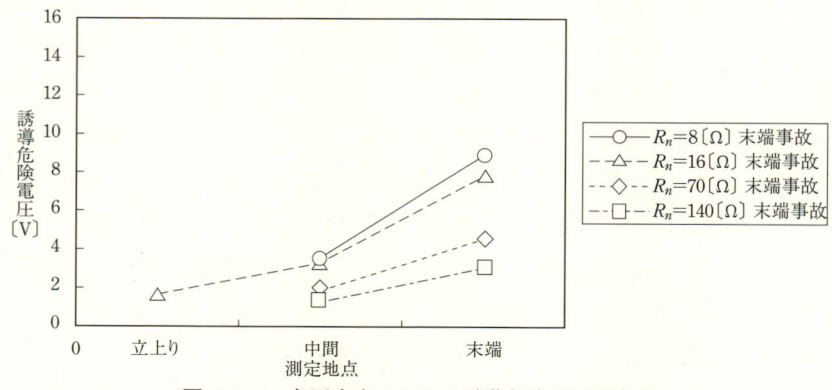

凡例：○ 末端事故、△ 中間事故

図 4.2.7 各測定点における誘導危険電圧測定値

凡例：
- ○ $R_n=8\,[\Omega]$ 末端事故
- △ $R_n=16\,[\Omega]$ 末端事故
- ◇ $R_n=70\,[\Omega]$ 末端事故
- □ $R_n=140\,[\Omega]$ 末端事故

横軸：立上り／中間測定地点／末端

4.2 11.4 kV 系統の実証試験

ることから，大地電位上昇分を含めても最大 8.8 V（$R_n = 8\,\Omega$ 時）と非常に小さい値となる．また，中間事故と末端のケースにおける誘導電圧を比較しても，実証試験線路のこう長が短いことから差異は小さい．

③ 特別高圧-低圧混触事故時の低圧線対地電圧上昇

混触事故時の低圧線電位上昇値は事故電流に比例して大きくなる．したがって，中性点接地抵抗値が小さい程，事故時の低圧線電位上昇の値は大きくなる．本試験では最過酷となる $R_n = 8\,\Omega$ でも 373.4 V（制限値 600 V）に抑えられる．

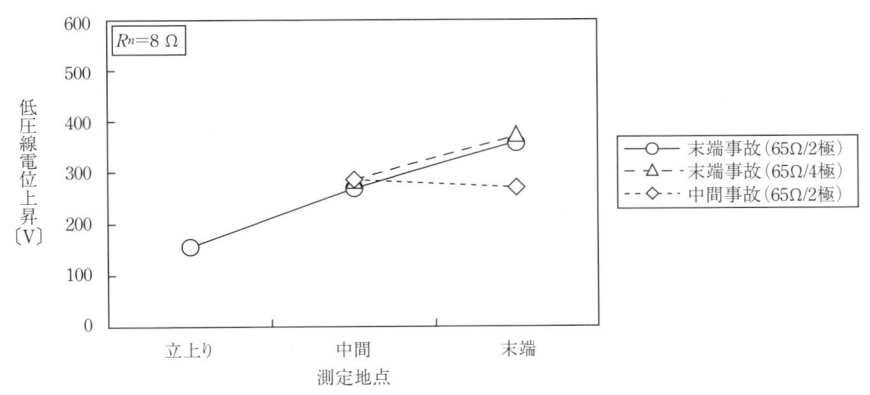

図 4.2.8 実証試験線路での混触時の低圧線電位上昇分布（事故点別）

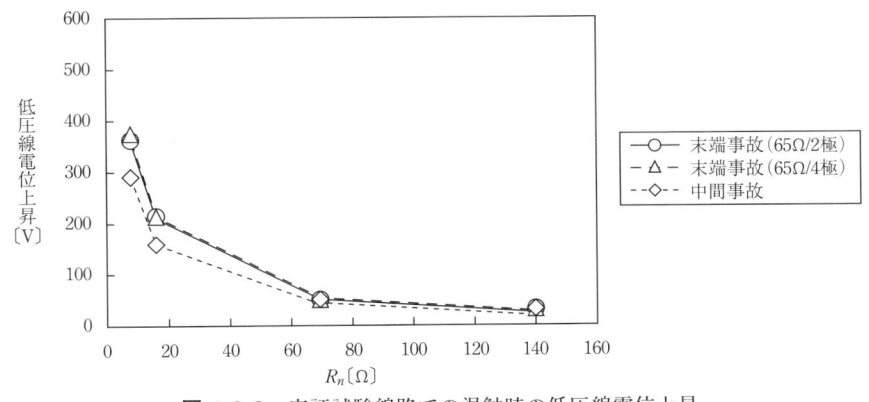

図 4.2.9 実証試験線路での混触時の低圧線電位上昇

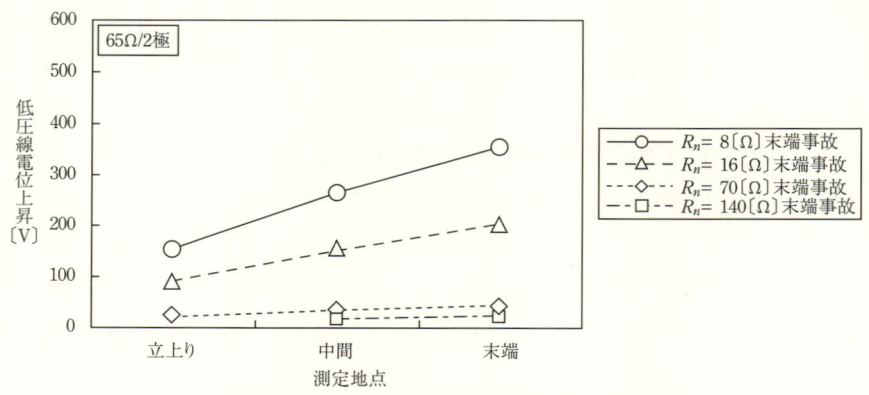

図 4.2.10 各測定点における混触時の低圧線電位上昇

測定結果から，混触事故時の低圧線電位上昇は事故点で最大値となるが，B種接地抵抗が連接されていること，またGWにも電気的に繋がっていることから事故電流が分流し，事故点以外の各接地極でも低圧線電位上昇が発生していた．B種接地抵抗値の差による影響は小さい．

④ **特別高圧‐低圧混触事故時の通信線への誘導危険電圧**

特別高圧‐低圧混触事故時の通信線への誘導電圧は，一線地絡事故時の誘導電圧と比較して高い値となる．これは，地絡抵抗と比較して混触抵抗が非常に小さい（金属接触）こと，帰路のインピーダンスが小さくなることから，事故電流自体が大きくなるためである．また，一線地絡事故時の中性点への帰路電流の分流比は異なり，誘導電圧に最も影響のある大地電流の割合が減り，大部

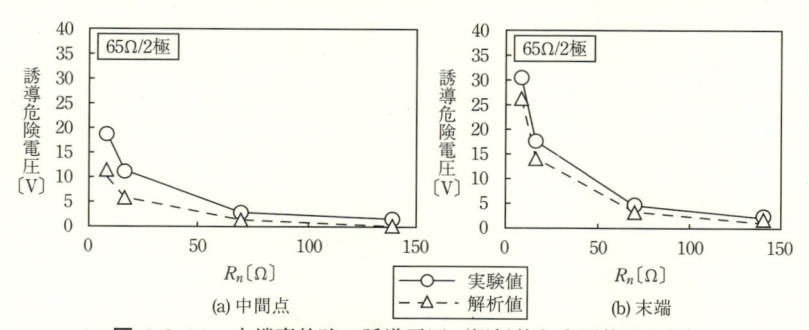

図 4.2.11 末端事故時の誘導電圧（解析値と実測値の比較）

4.2　11.4 kV 系統の実証試験

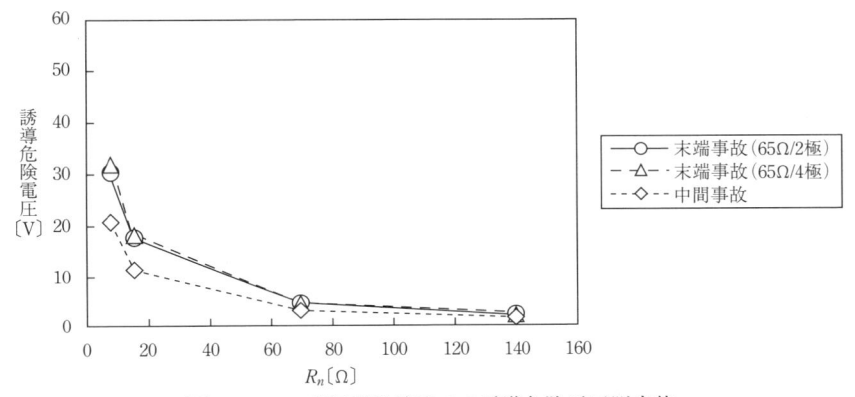

図 4.2.12　実証試験線路での誘導危険電圧測定値

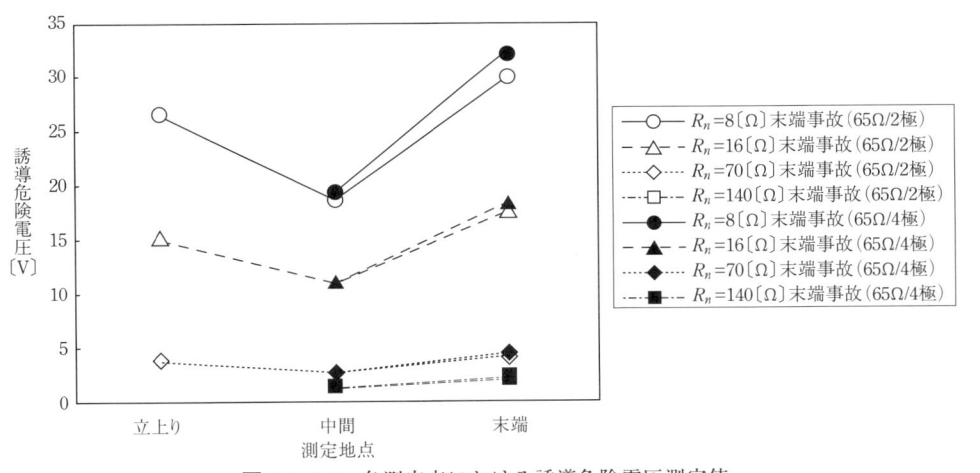

図 4.2.13　各測定点における誘導危険電圧測定値

分がインピーダンスの小さな GW や低圧アース線を通り中性点に戻る．したがって，事故電流の増分の割に誘導電圧は抑えられる．

　こう長 1.2 km の実証試験線路での測定結果は，地絡事故時と同様，末端事故時の末端地点で誘導電圧が最大となるものの，大地電位上昇分を含めても 32 V 以下（制限値 300 V）であることから，誘導電圧は低いレベルに抑えられる．B 種接地抵抗値による差は小さい．

⑤ 解析結果に対する考察
(a) 実証試験回路の模擬

図 4.2.1, 図 4.2.2 で示される実証試験回路について, 2.3, 2.4 節にてこれまで解析を行ってきた手法と同様の手法を用いて, EMTP 上で詳細に解析系統を構築し, 実証試験結果と解析結果の比較を行うことにより解析の妥当性検証を行った.

(b) 解析結果と試験結果の比較について

一線地絡事故時の通信線への誘導危険電圧, 混触事故時の低圧線電位上昇, それらの原因となる事故電流および帰路電流の分流について比較した. 一例として特高−低圧混触事故時の電流分布比較を表 4.2.6, 発生電圧比較を表 4.2.7 に示す. それぞれ比較的良い一致を示しており, EMTP/ATP による計算結果と実測結果の比較例として, 文献「EPRI/DCG: EMTP Review, vol. 4, 1990.8」において記述されている誤差 (EMTP/ATP の計算誤差は定常領域で真値に対して「−30〜+10％」程度) の範囲に概ね収まっていること, 中性点接地抵抗値などパラメータを変えたときの誤差の比がほぼ一定であることから, 今回のモデリングの正当性, 解析の妥当性が確認できたといえる.

(2) 過渡性内部異常電圧の実測波形と解析波形の比較

各試験における過渡性内部異常電圧の発生様相は以下のとおり.

① 開閉サージ

図 4.2.17 に電力線対地電位の実測波形と解析波形の比較例を示す. 実測波形の最大波高値に対する解析波形最大波高値の誤差 (以下誤差とする) は 2.3％であった. なお, 実測波形と解析波形の双方に, 線路の対地静電容量と変電所変圧器の漏れリアクタンスの共振による減衰過渡振動が見られる.

また, 図 4.2.17 の実測波形を見ると, 変電所真空遮断器 (VCB) 投入の約 1 ms 後に電圧波形が平坦になっている. この現象は, VCB 投入時に電極間に発生したプレアークや, 可動電極コンタクト後のチャタリングに伴うアークが VCB の消弧性能により, 切られてしまうことにより発生すると考えられる.

同図の解析波形においては, 平坦な部分の開始時刻と終了時刻において変電

4.2　11.4 kV 系統の実証試験

表 4.2.6　実証試験線路における電流の測定値と解析値の比較（混触事故時）

R_n		末端事故（65 Ω／2極）				中間事故	低圧電流		接地電流
		事故電流	GW 電流	低圧電流	接地電流	事故電流	負荷側	電源側	
8	測定値〔A〕	643.5	55.9	615.3	5.4	662.9	41.7	502.0	3.6
	解析値〔A〕	709.4	64.8	667.3	6.1	724.1	41.9	514.3	4.0
	誤差〔%〕	10.2	15.9	8.5	13.3	9.2	0.4	2.4	13.6
16	測定値〔A〕	381.9	31.8	354.6	3.0	365.9	23.7	279.3	2.0
	解析値〔A〕	383.3	35.0	360.6	3.3	387.1	22.4	274.9	2.2
	誤差〔%〕	0.4	10.1	1.7	10.9	5.8	5.6	1.6	8.3
70	測定値〔A〕	82.0		86.3	0.8	90.2	5.4	66.1	0.5
	解析値〔A〕	92.8	8.5	87.3	0.8	93.0	5.4	66.1	0.5
	誤差〔%〕	13.2		1.2	4.9	3.1	10.6	2.7	12.5
140	測定値〔A〕	42.1	4.0	43.9	0.4	46.1	2.7	35.4	0.2
	解析値〔A〕	46.8	4.3	44.1	0.4	46.9	2.7	33.3	0.3
	誤差〔%〕	11.2	6.9	0.4	3.0	1.7	0	6.0	8.6

表 4.2.7　実証試験線路における電圧の測定値と解析値の比較（混触事故時）

R_n		末端事故 (65 Ω／2極)		末端事故 (65 Ω／4極)		中間事故	
		誘導危険電圧	低圧電位上昇	誘導危険電圧	低圧電位上昇	誘導危険電圧	低圧電位上昇
8	測定値〔V〕	30.0	359.2	32.0	373.4	20.7	289.9
	解析値〔V〕	25.8	292.7	32.5	311.2	12.0	201.7
	誤差〔%〕	13.8	18.5	1.5	16.7	41.8	30.4
16	測定値〔V〕	17.5	206.5	18.4	210.7	11.3	159.1
	解析値〔V〕	14.0	158.1	17.6	168.3	6.4	107.8
	誤差〔%〕	20.2	23.4	4.5	20.1	43.2	32.2
70	測定値〔V〕	4.2	48.1	4.5	49.5	2.9	39.0
	解析値〔V〕	3.4	38.3	4.3	40.7	1.5	25.9
	誤差〔%〕	19.4	20.4	5.3	17.7	46.4	33.7
140	測定値〔V〕	2.1	24.6	2.3	25.9	1.5	19.8
	解析値〔V〕	1.7	19.3	2.2	20.5	0.8	13.0
	誤差〔%〕	18.5	21.6	4.7	20.7	49.0	34.2

所 VCB を模擬するスイッチを切・入することで，平坦部分を再現した．

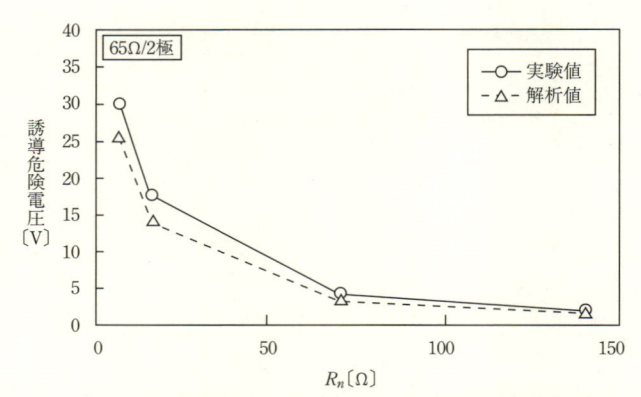

図 4.2.14　試験結果と解析値との比較（混触時通信線誘導危険電圧）

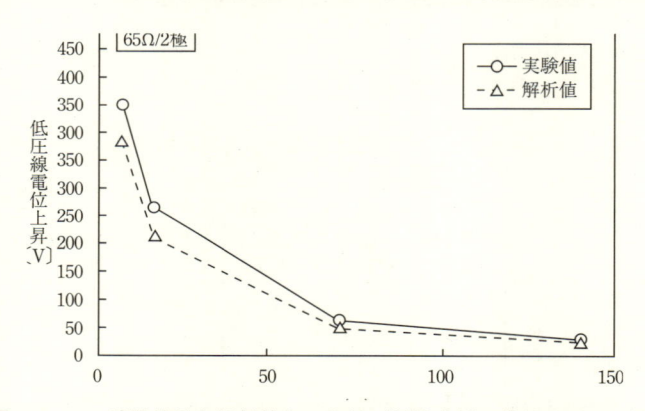

図 4.2.15　試験結果と解析値との比較（混触時低圧線対地電圧上昇）

(a) 中性点接地抵抗値の影響

中性点接地抵抗値の影響を評価するため，中性点接地抵抗値ごとに，スイッチ投入時刻を目標投入時刻に対して 0.1 ms の標準偏差でランダム投入するシミュレーションを 50 回実施した（以下同様のスイッチ操作を「ランダムシミュレーション」と記述する）．電力線開閉サージのランダムシミュレーション最大値と実測サージ最大値の比較結果を図 4.2.18 に示す．

開閉サージには実測波形・解析波形ともに中性点接地抵抗値（R_n）の増加に伴い漸減傾向が見られた．これは，例えば三相同時投入の条件で解析を実施す

4.2 11.4 kV 系統の実証試験

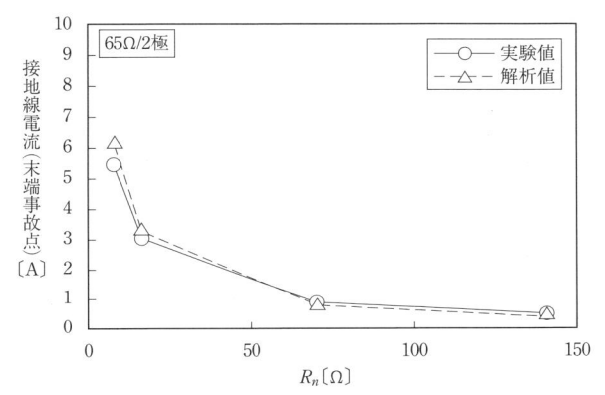

図 4.2.16 試験結果と解析値との比較（混触時接地線電流）

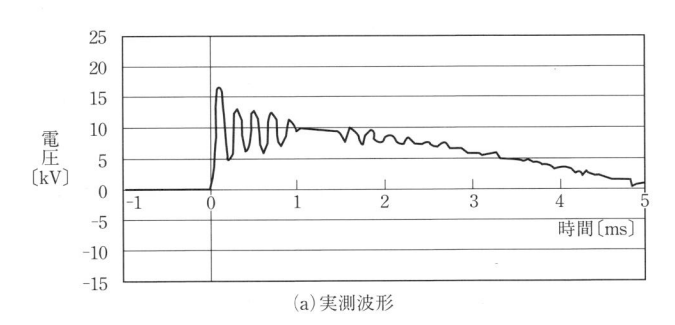

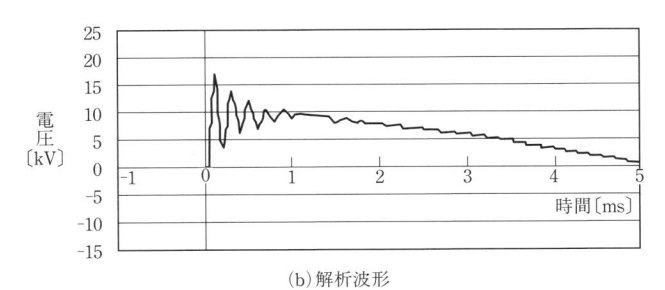

(a) 実測波形

(b) 解析波形

図 4.2.17 開閉サージ実測波形・解析波形

ると，開閉サージの大きさは中性点接地抵抗値の影響を受けないが，実際の遮断器投入時は各相の投入位相差があるので，22 kV 系統における試験の場合と

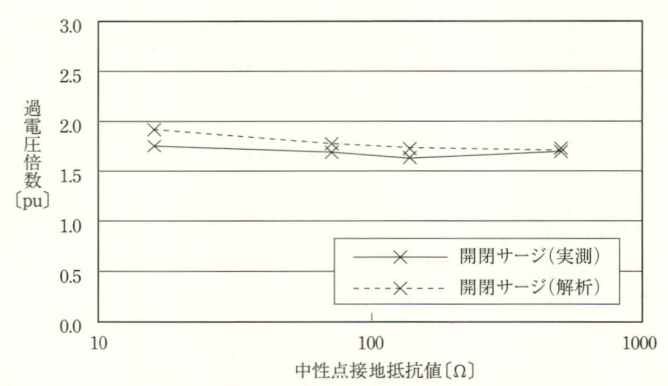

図 4.2.18 中性点接地抵抗値と開閉過電圧倍数（実測・解析）との関係

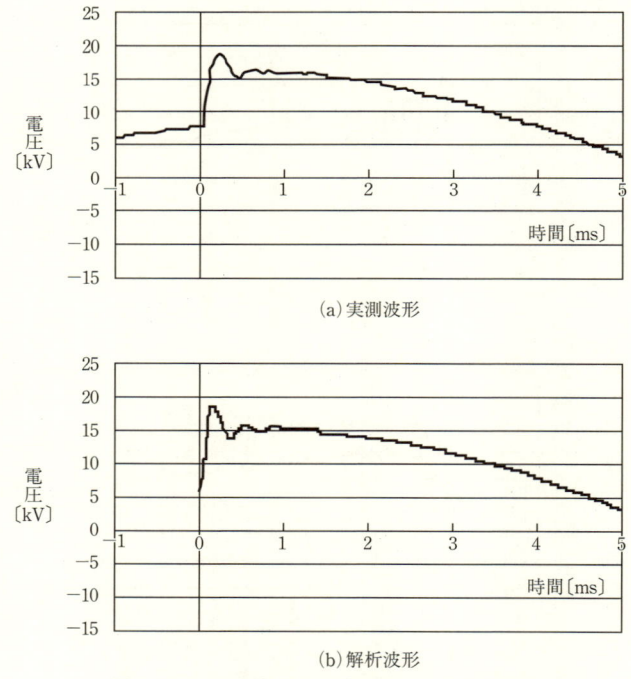

(a) 実測波形

(b) 解析波形

図 4.2.19 地絡サージ実測波形・解析波形

4.2 11.4 kV 系統の実証試験

同様に，第一投入相においては RLC 直列回路が形成され，R_n が制動抵抗として働くため R_n の増加につれて漸減傾向となるためである．

② 地絡サージ

地絡サージについて検討するため，図 4.2.19 に電力線対地電位の実測波形と解析波形の比較例を示す．実測波形と解析波形の波高値はほぼ同値であった．

中性点接地抵抗値の影響を評価するため，中性点接地抵抗値ごとに 50 回のランダムシミュレーションを実施した．電力線地絡サージのランダムシミュレーションにおける最大値と実測最大値の比較結果を図 4.2.20 に示す．実測波形・解析波形とも中性点接地抵抗値の増加に伴い，電力線および中性線の地絡サージが増加する傾向が見られたが，これは地絡相において R_n を介して直接事故電流が流れることにより，中性点電位が上昇するためである．

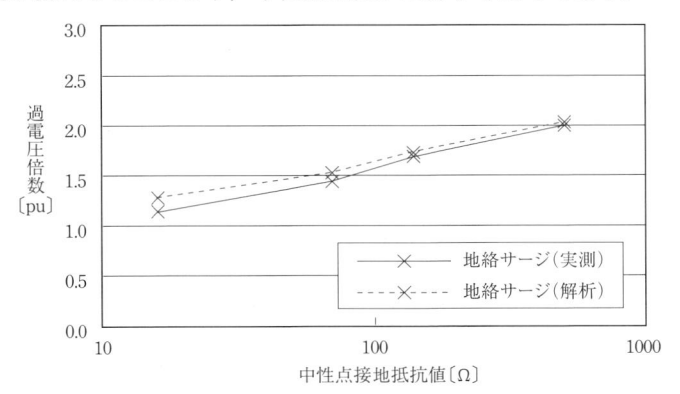

図 4.2.20 中性点接地抵抗値と地絡過電圧倍数（実測・解析）との関係

③ 一線地絡時投入サージ

一線地絡時投入サージについて検討するため，図 4.2.21 に電力線対地電位の実測波形と解析波形の比較例を示す．実測値と解析値の誤差は 1.8 ％であった．

電力線の実測波形には，開閉サージの場合と同様に，アーク消弧による平坦な部分が確認できる．

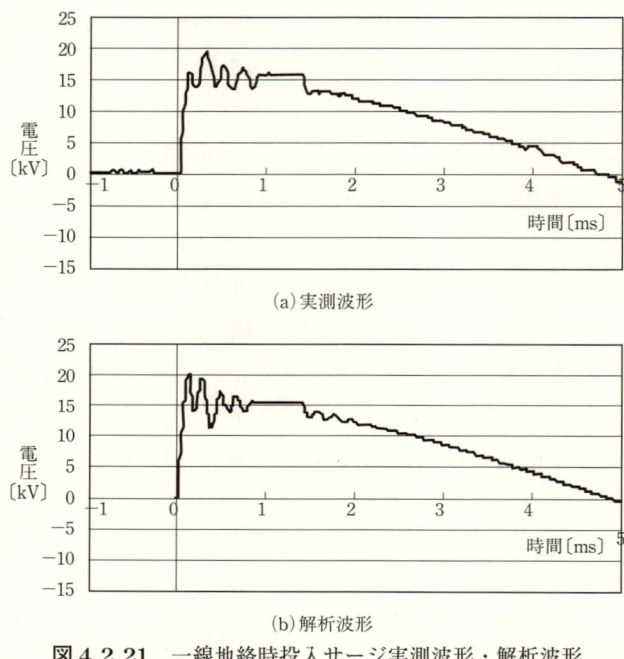

4 章　22 kV 系統・11.4 kV 系統の実証試験

(a) 実測波形

(b) 解析波形

図 4.2.21　一線地絡時投入サージ実測波形・解析波形

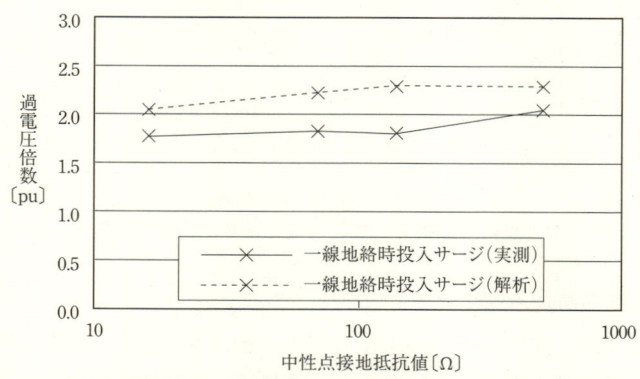

図 4.2.22　中性点接地抵抗値と一線地絡時投入過電圧倍数（実測・解析）との関係

(a) 中性点接地抵抗値の影響

中性点接地抵抗値の影響を評価するため，中性点接地抵抗値ごとに50回のランダムシミュレーションを実施した．電力線の一線地絡時投入サージのランダムシミュレーション最大値と実測最大値の比較結果を図 **4.2.22** に示す．実測波形・解析波形ともに，中性点接地抵抗値の増加に伴い一線地絡時投入サージ最大値には増加傾向が見られたが，これは地絡サージの場合と同様，地絡相において R_n を介して直接事故電流が流れることにより中性点電位が上昇するためである．

④ 解析結果の検証

以上の実測波形と解析波形の比較において，両波形の最大波高値の誤差は1.8～10.8％の範囲（平均値は3.8％）であり，22 kV 全ケーブル系統における解析結果と同様，EPRI/DCG の報告による EMTP 解析誤差の範囲内であることが確認できた．

●参考文献●

(1) 岡　圭介・吉永　淳・小泉　覚・上村　敏・有賀　保夫，"22 kV 配電系統の中性点接地方式検討"，電気学会 B 部門誌 Vol. 122-B No. 3 p 401-p 407, 2002-3

(2) 岡　圭介・平井　崇夫・村田　孝一・橋本　英二・有賀　保夫，"22 kV 実規模配電線路（全ケーブル系統）における過渡性過電圧の測定および解析"，電気学会 B 部門誌 Vol. 122-B No. 3 p 460-p 465, 2002-3

(3) 岡　圭介・小泉　覚・生石　光平，"三相4線式11.4 kV 配電方式の適用検討(中性点接地方式の検討)"，電気学会 B 部門誌 Vol. 122-B No. 8 p 900-p 908, 2002-8

(4) 岡　圭介・滝波　力・平井　崇夫・市原　正文・武井　秀夫，"11.4 kV 実規模配電線路における過渡性過電圧の測定と解析"，電気学会 B 部門誌 Vol. 122-B No. 5 p 659-p 666, 2002-5

第5章
配電系統の系統要件・保護技術

5.1 系統構成・容量の標準化

5.1.1 22 kV/400 V 配電系統の構成・容量

(1) 22 kV/400 V 系統の構成

従来の都市部22 kV系統は，多回線ネットワーク方式（SNW，RNW）および本予備方式が主体的に適用されてきたが，今後の本格的・面的な導入拡大にあたり，経済性・信頼性・拡張性などの面からネットワーク方式，（共通）本予備方式，オープンループ方式，分割連系方式についての各方式について特性評価を行うことにより，22 kV供給系統の最適化検討を図っている．各方式概要を図5.1.1に示す．

各方式の特徴を整理すると以下のことがあげられる．

① ネットワーク方式

極めて高い信頼度を維持できるが，中小規模需要家の受電設備が高価となるため，超過密・重要施設集中地区への適用が望ましい．

② （共通）本予備方式

従来の2回線本予備方式とは違い，
・幹線部分を3回線化して利用率の向上が図れること
・当初は2回線で需要増に合わせて3回線化するなど拡張性に優れること
などの特徴を有し，実用上の信頼度を確保しつつ経済性に優れるため，都市部過密地域への面的適用に適する．

	ネットワーク方式	(共通) 本予備方式	オープンループ方式	分割連系方式
系統構成				
系統の特徴	3～6回線並行送電	幹線部：2～3回線，引込部：2回線	需要家遮断器・母線を介したπループ	多分割多連系，引込部：1回線
経済性	線路利用率：67％以内（3回線）ネットワーク変圧器が高機能・高価	線路利用率：67％以内（3回線）本予備受電変圧器は比較的安価	線路利用率：50％以内最短ルート構成により，ルート長短縮可能	線路利用率：75％以内（3回線連系）1回線引込が原則となり，受配電設備も簡素
供給信頼度	単一事故時は無停電で供給継続	単一事故時は受電切替間のみ停電	単一事故時は逆送切替間のみ停電	単一事故時は健全区間のみ切替により早期送電可能
系統拡張性	単一事故時に対しては，系統変更・分割が容易であり拡張性は高い	需要増に対し3回線化や系統変更・分割が容易であり拡張性は高い	系統容量内では割入れにより供給可能だが，容量超過時はループ再編が必要であり系統変更大	メッシュ状構成のため，需要増への分割等が容易であり拡張性は高い
保守運用性	計画停止・送電に対して自動運転RNWの系統設計や負荷管理複雑	計画停止・送電時は事前に需要家操作（受電切替）が必要	計画停止・送電時は需要家操作（ループ解列），リレーロックが必要	樹枝状系統のため，負荷管理，運用・操作は容易
評価	極めて高信頼度だが高価であり，超過密地域・重要施設集中地域への個別適用が望ましい	実用上の信頼度を維持しつつ，経済性や拡張性に優れ，都市部への本格的・面的拡大に適する	線路利用率は低いが，需要安定地域では最短ルート構成により効率的な設備形成が可能（欧州では一般的）	高信頼度を必要としない架空系統を主体とした一般地域では面的なネットワークを構成するため，6kV系統並の簡素な構成・運用可能

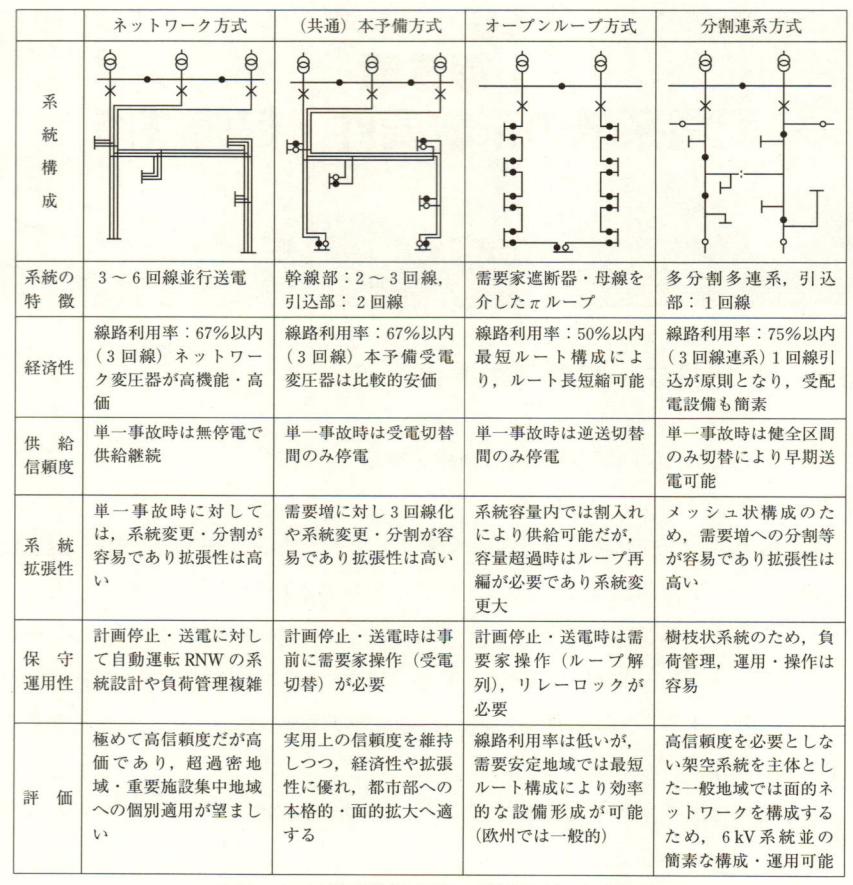

図5.1.1　各系統構成別の特性比較（概要）

③ **オープンループ方式**

リングメインユニットにより簡素な系統構成が可能だが，線路利用率が低く，需要安定地域での適用が望ましい（欧州で広く採用）．

④ **分割連系方式**

面的なネットワークを構成可能であり，新規開発地域等への個別適用が適する．

なお，分割連系系統については，6kV系統並の簡素な幹線構成と運用が可

5.1 系統構成・容量の標準化

能となるなどの特徴を踏まえ，都市部過密地区以外の架空配電系統を主体とする地域への普及拡大にあたっては有効であるため，架空配電や架空・地中混在系統を適用する場合には標準的な方式となりうる．

これらのことから，都市部過密地域における本格的な導入にあたっては（共通）本予備方式の採用が最適であり，22 kV/400 V 配電方式の普及拡大に寄与できると考えられる．（共通）本予備系統の概要を図 5.1.2 に示す．

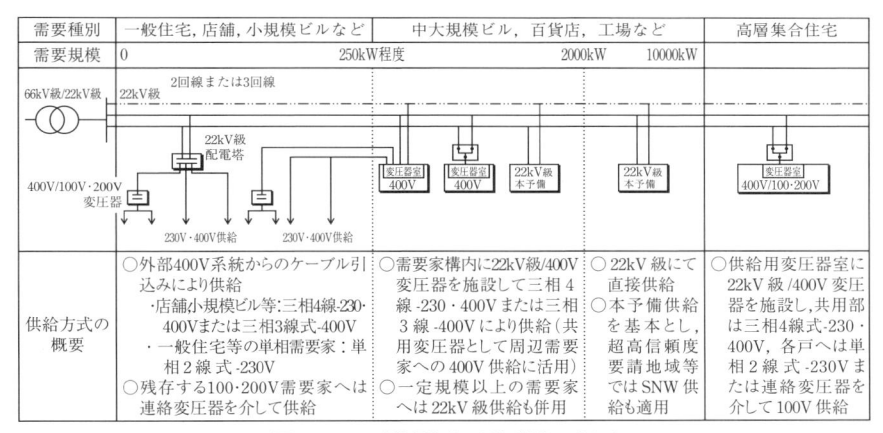

需要種別	一般住宅,店舗,小規模ビルなど	中大規模ビル，百貨店，工場など		高層集合住宅
需要規模	0　　　　　　　　　　250kW程度	2000kW　　　　10000kW		
66kV級/22kV級　22kV級	2回線または3回線			
400V/100V・200V 変圧器	22kV級 配電塔	変圧器室 400V ／ 変圧器室 400V ／ 22kV級 本予備	22kV級 本予備	変圧器室 400V/100・200V
	230V・400V供給　　230V・400V供給			
供給方式の概要	○外部400V系統からのケーブル引込みにより供給 ・店舗小規模ビル等：三相4線-230・400Vまたは三相3線式-400V ・一般住宅等の単相需要家：単相2線式-230V ○残存する100・200V需要家へは連絡変圧器を介して供給	○需要家構内に22kV級/400V変圧器を施設して三相4線-230・400Vまたは三相3線-400Vにより供給（共用変圧器として周辺需要家への400V供給に活用） ○一定規模以上の需要家へは22kV級供給も併用	○22kV級にて直接供給 ○本予備供給を基本とし，超高信頼度要請地域等ではSNW供給も適用	○供給用変圧器室に22kV級/400V変圧器を施設し，共用部は三相4線式-230・単相2線式-230Vまたは連絡変圧器を介して100V供給

図 5.1.2　（共通）本予備系統の概要

定性的評価に加えて，系統方式別の定量的なケーススタディも実施している．具体的には都市部過密地区として東京・日本橋地区をモデルとして，多回線ネットワーク方式（SNW，RNW），（共通）本予備方式，オープンループ方式の各方式について経済性の比較検討を行った．その結果を表 5.1.1 に示す．

各系統構成に関するケーススタディの結果は以下のとおりである．

・多回線ネットワーク方式については一次，二次電線路とも最も長いため建設費は高くなる傾向だが，400 V 需要が高密度な地域では，400 V 常開ループ方式に比べて建設費は安くなる．
・オープンループ方式については需要家を1条のケーブルで環状に供給していく方式のため，一次電線路の線路こう長は最も短くなるが，ケーブルサイズは全て幹線サイズになる．また，ループ系統のため変電所からの往路

表 5.1.1 系統構成別の経済性比較

			20 kV/400 V 方式							
			東京・日本橋地区				福岡・天神地区			
			ネットワーク	本予備	オープンループ	400 V 常開ループ	ネットワーク	本予備	オープンループ	400 V 常開ループ
一次電線路延長 [km]	22 kV		9.6 / 83	6.4 / 50	5.8 / 52	9.2 / 79	9.1 / 73	8.4 / 66	6.4 / 57	8.9 / 71
変圧器 [台]	22 kV/400 V		35 / 543	28 / 305	28 / 305	66 / 708	18 / 251	18 / 202	18 / 202	22 / 252
二次電線路延長 [km]			18.1 / 121	14.5 / 87	14.5 / 87	17.2 / 113	10.6 / 83	4.4 / 17	4.4 / 17	7.5 / 41
引込線 [口]	22 kV		27 / 20	31 / 22	0 / 0	27 / 20	28 / 22	28 / 22	0 / 0	32 / 26
	低 圧		798 / 80	794 / 79	798 / 80	798 / 80	2,530 / 253	2,530 / 253	2,530 / 253	2,530 / 253
	計		825 / 100	825 / 102	798 / 80	825 / 100	2,558 / 275	2,558 / 275	2,530 / 253	2,562 / 279
開閉器類 [台]	低圧	(低圧分岐装置含む，簡易T分岐装置)	324 / 263	324 / 263	324 / 263	312 / 260	662 / 850	633 / 812	633 / 812	633 / 812
	圧	連絡用開閉器	0 / 0	0 / 0	0 / 0	39 / 137	0 / 0	0 / 0	0 / 0	21 / 73.5
		計	324 / 263	324 / 263	324 / 263	351 / 397	662 / 850	633 / 812	633 / 812	654 / 885
管 路 [km]			11.1 / 1,642	11.7 / 1,608	13.1 / 1,705	11.7 / 1,586	8.2 / 1,093	6.9 / 901	7.4 / 935	7.7 / 1,034
建 設 費 合 計 (百万円)			(1.14) 2,751	(1.00) 2,414	(1.03) 2,491	(1.24) 2,983	(1.15) 2,625	(1.00) 2,274	(1.00) 2,277	(1.13) 2,563

注 1 : ☐ 内は建設費(百万円)
2 : ( ) は共通本予備方式を1.0とした場合の比率

5.1 系統構成・容量の標準化

と復路で別ルートになる箇所があるため,本予備方式に比べて建設費は高くなる.

・供給設備の経済性からは,(共通)本予備方式の経済的優位性が最も高い.

以上の定性的・定量的評価の結果より,都市部過密地域における22 kV系統構成の今後の面的な適用拡大にあたっては,実用上の信頼度を確保しつつ,経済性・拡張性に優れる(共通)本予備方式が主体となると考えられる.

(2) 400 V供給設備・供給形態の標準化

① 供給設備の検討モデルの設定

供給設備の検討対象は,都市部過密地域への施設を指向した設備を主体とする.22 kV/400 V供給用変圧器の施設形態・基本構成は,前項の特性評価結果を踏まえ,供給者側ならびに需要家側双方にとって効率的な受配電設備の施設形態を考慮する.

供給用変圧器は,複数需要家へ供給する「共用変圧器方式」を指向し,設置場所としては,公開空地の利用や需要家構内への効率的配置を行う.

② 結線・保護方式の標準化

本予備受電の特別高圧需要家受電設備で一般的な「2CB(遮断器)+DS(断路器)」方式と,受電系の簡素化を図った「2LBS(開閉器)+PF(パワーヒューズ)」方式,および「2LBS+CB」方式について,信頼性,経済性などの観点から特性評価を行った.その結果を図5.1.3に示す.

現在までの22 kV変圧器の事故実績は極めてゼロに近いこと,また22 kV線路の事故についてもその頻度は少なく,ごく短時間で供給復帰可能なことを考慮すると,実用上の信頼度(系統への波及)は2LBS+PFでも問題はないと考えられる.

これまで,東京電力においては「2LBS+PF」方式,および「2CB+DS」方式を開発してきたが,今後の開発にあたっては実用上の信頼度の確保や低コスト化,保守の容易性,お客様のニーズなどを総合的に勘案したものとして改良・開発を行っていくことが必要がある.

図 5.1.3　22 kV/400 V 供給設備の方式別評価

受電形態	① 2CB + DS 方式	② 2LBS + PF 方式	③ 2LBS + CB 方式
スケルトン	22kV供給系統 OCI, OCG1 DS／ES CB DS／ES Tr 22kV 6R・400V OCG2 ACB 3øMCCB ZCT	22kV供給系統 OCI, OCG1（インターロック用） DS／ES LBS PF Tr 22kV 6R・400V OCG2 ACB 3øMCCB ZCT	22kV供給系統 OCI, OCG1 DS／ES LBS CB Tr 22kV 6R・400V OCG2, OCG3 3øMCCB ZCT

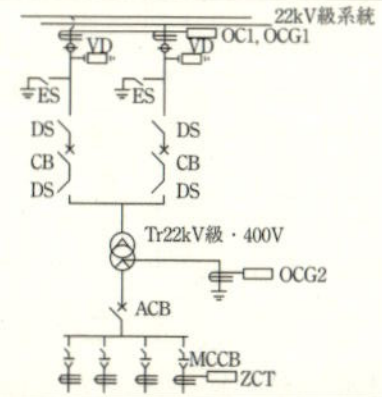

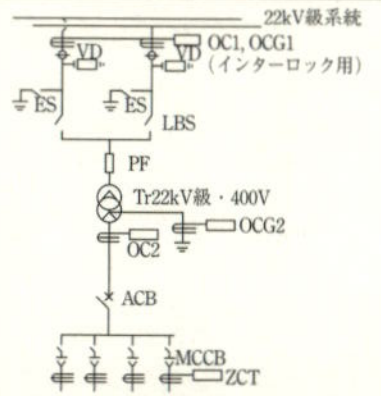

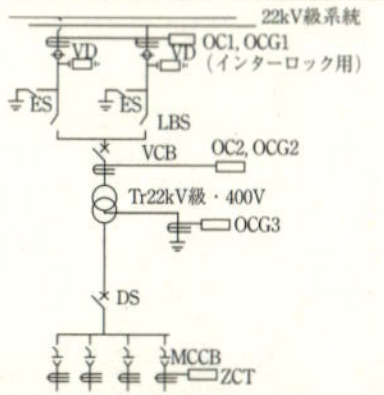

保護方式

		① 2CB + DS 方式		② 2LBS + PF 方式		③ 2LBS + CB 方式	
	保護区間	主　保　護		主　保　護		主　保　護	
		事故種別		事故種別		事故種別	
一次側	22 kV配電線～受電遮断器	短絡 地絡	変電所 CB (OCR) 変電所 CB (DGR)	短絡 地絡	変電所 CB (OCR) 変電所 CB (DGR)	22 kV配電線～受電LBS	短絡 地絡	変電所 CB (OCR) 変電所 CB (DGR)
	受電～Tr一次	短絡 地絡	受電 CB (OC1) 受電 CB (OCG1)	受電LBS～PF	短絡 地絡	変電所 CB (OCR) 受電LBS (OCG) または変電所 CB	受電LBS～VCB	短絡 地絡	受電LBS (OCG) または変電所 CB
二次側	Tr二次～ACB	短絡 地絡	受電 CB (OC2) 受電 CB (OCG2)	PF～Tr～ACB	短絡 地絡	PF 受電LBS (OCG1) または PF	VCB～Tr～一次	短絡 地絡	VCB (OC2) VCB (OCG2)
	ACB～二次母線	短絡 地絡	ACB (OC1) ACB (OCG2)	ACB～二次母線	短絡 地絡	受電 CB (OCG2) ACB (OCG2)	Tr二次～二次母線	短絡 地絡	VCB (OC2) VCB (OCG3)
	二次母線	短絡 地絡	MCCB MCCB (ZCT)	400 V線路	短絡 地絡	MCCB MCCB (ZCT)	400 V線路	短絡 地絡	MCCB MCCB (ZCT)

事故区間と信頼度

事故区間	① 動作保護装置 / 信頼度	② 動作保護装置 / 信頼度	③ 動作保護装置 / 信頼度
22 kV線路～受電遮断器	変電所 CB ／ ○ 受電回線切替により，短時間で復電可能	変電所 CB ／ ○ 受電回線切替により，短時間で復電可能	変電所 CB ／ ○ 受電回線切替により，短時間で復電可能
受電遮断器本体	変電所 CB ／ × 事故点切り離しにより，短時間で復電可能	変電所 CB ／ × 事故箇所復旧まで供給支障継続	変電所 LBS ／ × 事故箇所復旧まで供給支障継続
受電遮断器～ACB間	受電 CB ／ ○ 事故箇所復旧まで供給支障継続	受電LBS, PF ／ ○ 事故箇所復旧まで供給支障継続	受電LBS ／ ○ 事故箇所復旧まで供給支障継続
二次母線	ACB ／ ×	ACB ／ ○	VCB ／ ○
変圧器ー			○

評価

① △：受電遮断器本体事故の場合も短時間で復電可能であり，信頼度は高いが，4DSとなるため受電装置のスペースが大きく，コスト高となる。×：22 kV受電装置の構成が複雑であり，②に比べ高コスト。

② ○：受電遮断器本体事故の際には供給支障が発生するが，事故確率は低く，トータルの信頼度への影響は小さい。×：受電装置のスペースがなく，22 kV受電装置の構成が簡素であり，①に比べ安価。

③ △：受電回線切替により，短時間で復電可能であるが，事故箇所本体事故発生時にはDSがないためか，②に比べ安価。詳細設計により比較が必要。

5.1 系統構成・容量の標準化

③ バンク構成の標準化

変圧器のバンク構成は，22 kV 線路事故に対しては本予備受電により高信頼度を図ることを前提とし，各社の 22 kV 変圧器の事故発生実績は僅少であることから，1 バンク構成で現行信頼度は維持可能であると考えられる．

ただし，変圧器容量系列のシンプル化，作業停止や万一の事故時の応急送電可能範囲などを考慮し，一定容量以上への 2 バンク構成の適用について，経済性を含めた総合判断が必要である．**図 5.1.4** に 2 バンク構成時のスケルトン例を，**図 5.1.5** にバンク構成別の特性比較を示す．

1 バンク構成は変圧器の点検作業時や変圧器事故などの場合，電源車や仮連

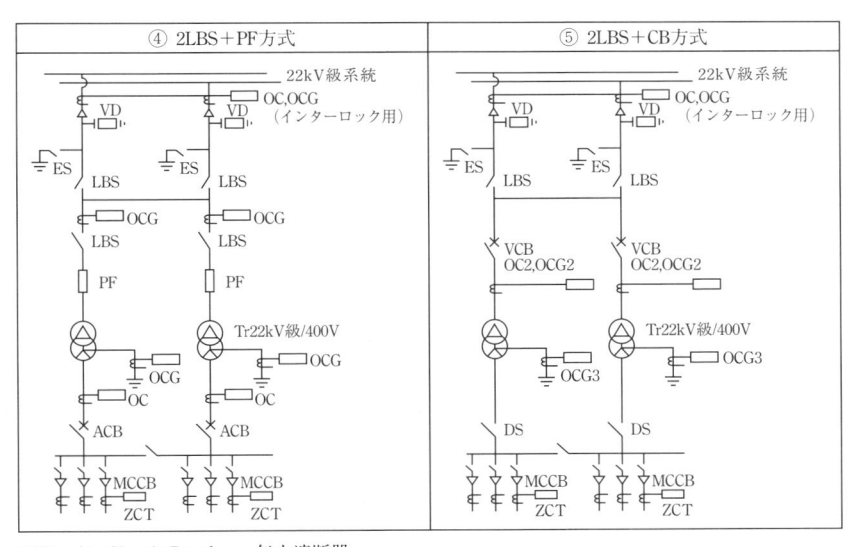

ACB：Air Circuit Breaker　気中遮断器
ES：Earth Switch　接地開閉器
LBS：AC Load Break Switch　高圧交流負荷開閉器
MCCB：Molded Case Circuit Breaker　配線用遮断器
OC：Over Current relay　過電流継電器
OCG：Over Current Ground Relay　地絡過電流継電器
PF：Power Fuse　電力ヒューズ
VD：Voltage Detector　検電器
ZCT：Zero phase sequence Current Transformer　零相変流器

図 5.1.4　2 バンク構成時のスケルトン例

バンク形態	回路構成	特徴	経済性	信頼度	作業停電	設置スペース	総合評価
① 1バンク 一次：LBS 　　＋PF 二次：CB	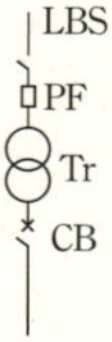 LBS PF Tr CB	・変圧器事故で全停電となり電源車や仮連絡ケーブル等での応急送電が必要 ・変圧器作業時は同上の対応が必要 ・経済的で，省スペース	◎	◎	△	○	・経済性に優れ，実用上の信頼度を確保可能 ・応急送電措置を整える必要がある
② 2バンク 一次：LBS 　　＋PF 二次：CB	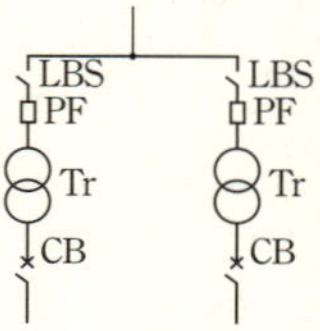 LBS　LBS PF　　PF Tr　　Tr CB　　CB	・1バンク事故時には故障バンクを切り離し健全バンクにより一部負荷を救済可能 ・裕度をもった容量選定をすれば，全負荷救済可能	△	◎	◎	△	・経済性・スペース面で劣る ・作業停止や事故復旧の容易性に優れている

図 **5.1.5** バンク構成別の特性比較

絡ケーブルなどでの応急対応送電が必要となるが，経済性に優れかつ省スペース化が可能である．一方，2バンク構成の場合は，経済性や必要スペース面では劣るが，作業停止や事故復旧面で優位となる．バンク構成選定にあたっては次の事項を考慮する必要がある．

（ⅰ）22 kVPF 容量による変圧器容量限界（適用実績のある 30～50 A の PF では，変圧器容量 1000～1500 kVA が限界）．

（ⅱ）変圧器容量系列のシンプル化による量産メリット．

（ⅲ）応急送電可能範囲（電源車・仮連絡ケーブル容量など）や予備貯蔵品の容量・数量の考え方．

（ⅳ）変圧器二次側の結線形態・計量方法と短絡容量抑制の考え方，400 V 系統における連系有無．

④ **容量ランク別供給方式の検討**

400 V 需要家への供給方式としては，三相4線式低圧 CVQ*ケーブルによる引込線供給可能範囲と，それ以上の需要家に対しては，需要家からの 22 kV/400 V 変圧器を設置するための借室の提供を前提とし，電力会社が 22 kV/400 V 変圧器を設置する供給方式となる範囲があると考えられる．この範囲設定にあ

5.1 系統構成・容量の標準化

たっては，供給設備の物理的制約，拠点確保の容易性，設備形成の効率化などの技術的・経済的観点からの総合判断が必要である．

※ CVQ：Cross-linked polyethylene insulated Vinyl sheathed Quadplex type cable
単芯4個より合わせ形架橋ポリエチレン絶縁ケーブル

(a) 400 V ケーブルによる送電容量

現在，東京電力において標準的に使用している 100〜130 ϕ の管路に収納・工事可能な CVQ ケーブルの供給限界による供給範囲の検討を行っている．CVQ 500 mm^2 については，上記管路に収納可能ではあるものの施工性の面での制約から，325 mm^2 もしくは 250 mm^2 を標準サイズとすることが望ましい．ケーブル条数別の送電容量を表 5.1.2 に示す．

表 5.1.2 引出条数別の送電容量

線　種	1条	2条	4条	6条	8条
CVQ 500 mm^2	400 kW	390 kW	320 kW	290 kW	250 kW
CVQ 325 mm^2	370 kW	320 kW	260 kW	230 kW	200 kW
CVQ 250 mm^2	270 kW	240 kW	210 kW	180 kW	160 kW

(b) 22 kV/400 V 共用変圧器からの外部送電容量と 400 V 線路引出数

22 kV/400 V 変圧器は施設・運用方式別に大別すると，需要家構内に変圧器の設置拠点を確保して当該需要家専用の変圧器として使用する専用変圧器方式と，当該需要家だけでなくその変圧器を利用して近隣の需要家まで低圧 400 V ケーブルで供給する共用変圧器方式が考えられる．

共用変圧器からの外部送電容量と 400 V 線路引出数の適用の考え方については次のとおりとなる．

・共用変圧器から外部への 400 V ケーブルの標準引出数については，引出箇所の管路形態から標準化を図る．
・図 5.1.6 のように，特に需要家構内からの 400 V ケーブルの引出しを考慮した場合，3条3段の9孔が現場実態を考慮した最大の標準管路構成と考えられるが，この場合，22 kV 本予備ケーブルで2孔，通信線などの予備

管として1孔とすると，400Vケーブル用の空き管路は最大6孔であり，最大引出数は4〜6条となる．

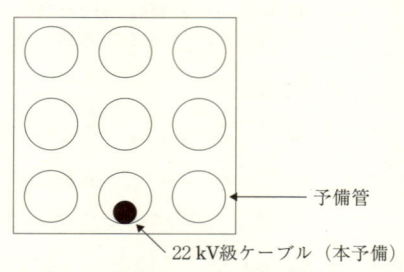

図 5.1.6 400Vケーブル引出管路

また，引出条数別の外部送電容量合計は**図 5.1.7**のとおりであり，引出条数が6条程度以上になると，外部への送電容量合計は飽和傾向となる．

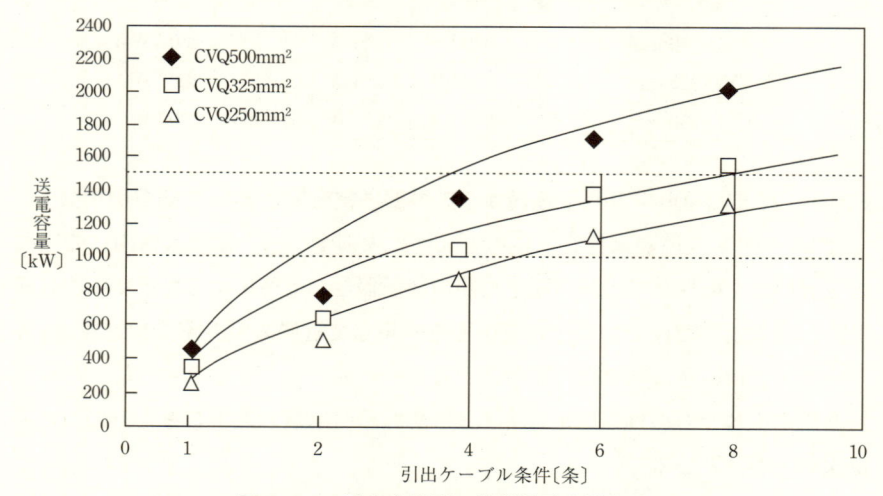

図 5.1.7 引出条数別の外部送電容量合計

以上の結果を踏まえた上で，標準的な適用にあたり考慮すべき事項としては，

・1需要家構内への引込方式を考慮した場合，多条数引込では1ケーブル事故時の事故点探査面や事故復旧などの保守上の面からも標準適用には望ま

5.1 系統構成・容量の標準化

しくない．
- CVQ 500 mm^2 は各社の標準管路サイズへの引入れは可能であるが，施工性の面から標準適用には不適切である．
- 250 kW 未満の需要家でも外部の 400 V 系統に余力がない場合や，技術的にケーブル引込が困難な場合には，当該需要家内に 22 kV/400 V 変圧器を施設して供給する必要がある．

等があげられる．

以上の検討により，共用変圧器の二次母線から外部に引出す 400 V ケーブル供給に関しては，
- ケーブル線種は，施工性の面から最大 CVQ 325 mm^2 を適用する．
- 引出回線数は，引出部管路構成や合計送電容量の飽和傾向から最大 6 条程度（送電容量：約 250 kVA/2 条）．
- 250 kW 以上の需要家では，共用変圧器の設置スペースの提供を前提とした 400 V 供給を標準方式とする．

等を標準として適用することが望ましい．

容量ランク別の標準供給方式を一覧表に示すと，**表 5.1.3** のとおりとなる．

表 5.1.3 容量ランク別標準供給方式

契約容量	区分	供給方式
50 kW 〜 250 kW	隣接系統の変圧器に供給余力がある場合	低圧（230・400 V）系統から 400 V ケーブルで供給
	上記以外	需要家構内に変圧器を設置して低圧で供給
250 kW 〜 2000 kW	—	需要家構内に変圧器を設置して低圧で供給

⑤ 400 V 供給系統の標準化

(a) 400 V 供給形態

中小規模の需要家へは外部 400 V 系統からの引込ケーブルでの供給を基本とする．また，供給設備の物理的制約（引込ケーブル容量など）や変圧器拠点確

保の観点から，一定規模以上の新規需要家に対しては変圧器室の提供を受け，22 kV/400 V 変圧器を設置して直接引き渡す形態が必要となる．

400 V 供給範囲の上限は 400 V 屋内配線の普及実態を踏まえ，需給両者にメリットが期待でき，かつ将来の電圧系列の簡素化（22 kV 系統への 6 kV 負荷吸収）を促進する観点から，契約電力 2000 kW 未満を対象として検討を進めることが望ましい．

(b) 400 V 系統の系統構成

400 V ケーブルの事故率は低いことから放射状系統を基本とし，地域実態や 400 V 系統の施設密度に応じて隣接系統との連系線施設を考慮する．400 V 系統の特性比較結果を図 5.1.8 に示す．

図 5.1.8 の各系統の特徴を踏まえ，これからの本格的・面的な 400 V 系統の導入にあたっては，次のことを基本としながら，効率的な導入・移行を行うこととする．

	T 分岐系統	π 連系系統	専用線系統
系統図	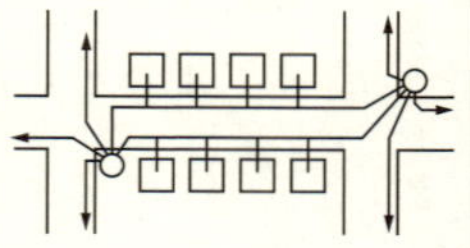	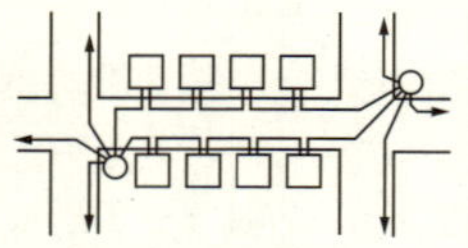	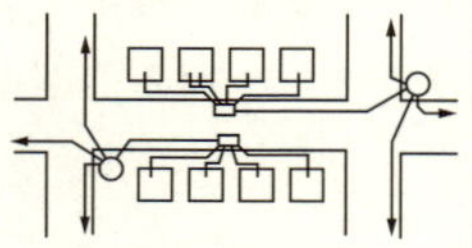
経済性	○（所要ケーブル延長は最短）	△（需要家母線も系統容量と同一）	△（分岐専用線が多くなりやや不経済）
信頼性	○（連系線布設により信頼度向上可）	○（同左．事故区間切離しが容易）	○（同左．引込部事故時は救済不可）
保守性	△（事故点評定・区間停止が困難）	○（事故点評定・区間停止が容易）	○（事故点評定・区間停止が容易）

図 5.1.8 400 V 系統の特性比較

- 低圧地中系統では，保守性を考慮した簡易 T 分岐方式の適用が図れれば T 分岐系統が望ましい．
- 既設低圧地中系統を流用する場合には，低圧分岐装置を活用した専用線系統の適用も有効となる．

5.1 系統構成・容量の標準化

(3) 電気の引渡・計量方法等
① 電気引渡方式

共用変圧器から受電設備までの電気引渡方式には，ケーブルによるものとバスダクトによるものとがあり，施工性，保守性，耐水・保湿性，耐震性，コストなどの特性比較を行った結果を表 5.1.4 に示す．

表 5.1.4 ケーブル方式とバスダクト方式の比較

	ケーブル方式	バスダクト方式
施工性	○	△
保守性	○	△
耐水・湿性	○	△
耐震性	○	△
コスト	○	△

ほとんどの評価項目でケーブル方式の方がバスダクト方式より優れていることから，ケーブル方式を標準とすることが望ましい．ただし，大容量の場合ケーブル方式では大サイズの多条敷設（2000 kW で 500 mm^2 × 4 条）となるため，現場実態に応じた方式の選定が必要となる．

② 計量方式

計量は，一般の計量方法と同様に，
（ⅰ） 供給電圧（400 V）で計量する．
（ⅱ） 計量装置は供給者が施設する．
（ⅲ） 計量装置の設置場所は需要家が提供する．
とし，三相 4 線式受電の場合，各相 3 線の電流値と，各相と中性線間の電圧値で計量することを基本とする．

計量場所は受電点（財産・責任分界点）以降とし，具体的な場所，スペースは電力会社と需要家が協議して，検針，保守，取替などが容易な場所を選定する．

5.1.2 11.4 kV配電系統の構成・容量
(1) 配電系統の構成

既設6kV設備を有効的に活用した，11.4kV配電方式の系統構成としては，「分割連系方式」「オープンループ方式」の2方式が考えられる．表5.1.5に各方式を用いた場合の特徴を示す．

表5.1.5 11.4kV配電方式の系統構成

	分割連系方式	
	面的に11.4kV配電線が構成された場合	移行過程（末端区間が6kV配電線と連系）
系統方式	（図）	（図：連絡用変圧器 11.4kV/6.6kV）
	・6kV配電線と同様の3分割3連系 ・11.4kV配電線の利用率は75〜85% ・複数変電所の11.4kV化が必要	・6kV配電線と同様の3分割3連系 ・隣接6kV系統を従来どおり運用する場合，6kV連系区間については区間電流を制御する必要がある． →11.4kV線路利用率は，64〜73%
異配電線との連系方法	・開閉器（11.4kV）で連系	・6kV配電線との連系点には連絡用変圧器（11.4kV/6.6kV）および開閉器が必要

	オープンループ方式	
	面的に11.4kV配電線が構成された場合	移行過程（末端区間が6kV配電線と連系）
系統方式	（図：11.4kV 幹線開閉器／連絡用開閉器）	（図：6kV 連系開閉器(6kV)／連絡用変圧器 11.4kV/6.6kV／幹線開閉器／6kV）
	・回線単位の11.4kV化においては有効 ・ルート制約があったり，負荷がルート沿いに発生する場合に有効 ・線路利用率は，50%に抑制される	・回線単位の11.4kV化においては有効 ・既設設備形態からの移行が容易と考えられる ・利用率は6kV線路：50%，11.4kV線路：58%
異配電線との連系方法	・開閉器（11.4kV）で連系	・連系点ごとに連絡用変圧器（11.4kV/6.6kV）および開閉器（6kV）が必要となり高コスト

5.1 系統構成・容量の標準化

なお,各方式を採用した場合の系統容量は**表5.1.6**のように考えることができる.

- 移行の容易性,ルート制約を考慮するとオープンループ方式が現実的だが,稼働率向上の観点からは分割連系方式が望まれる.
- 6 kV 線路と同様の3分割3連系方式では,大容量系統で常時容量を 5.8 MVA → 10.1 MVA(510 A)まで増強できる.

表5.1.6 配電系統の系統容量

		短時間許容容量	常時系統容量		11.4 kV オープンループ方式
			分割連系方式		
			面的構成時	移行過程	
11.4 kV	一般容量(Al-OE 120 mm²)	7.1 MVA(360 A)	5.3 MVA(270 A)	4.5 MVA(230 A)	3.6 MVA
	大容量(HAl-OC 240 mm²)	11.8 MVA(600 A)	10.1 MVA(510 A)	8.7 MVA(440 A)	5.9 MVA
6 kV	一般容量(Al-OE 120 mm²)	4.1 MVA(360 A)	3.1 MVA(270 A)		
	大容量(HAl-OC 240 mm²)	6.9 MVA(600 A)	5.8 MVA(510 A)		

(2) 配電用変電所の構成

6.6 kV から 11.4 kV への昇圧に伴い,系統容量は $\sqrt{3}$ 倍となることから,11.4 kV 配電用変電所の構成も既設 6.6 kV 配電用変電所の $\sqrt{3}$ 倍の容量が必要と考えられる.

6.6 kV 配電用変電所と 11.4 kV 配電用変電所の構成例を**表5.1.7**に示す.

表5.1.7 配電用変電所の構成例

		現行 6 kV 配電用変電所		二次側 11.4 kV 配電用変電所	
変圧器	バンク容量	10 MVA	20 MVA	20 MVA	35 MVA
	一次電圧	64.5±7.5 kV(17タップ)		64.5±7.5 kV(17タップ)	
	二次電圧	6.9 kV		11.95 kV	
	二次バンク電流	837 A	1673 A	966 A	1691 A
	%インピーダンス	7.5%(10 MVA)→ I_s = 12.5〔kA〕		4.5%(10 MVA)→ I_s = 12.5〔kA〕	
ミニクラッド	配電方式/定格電圧	三相3線式/6.6 kV		三相4線式/11.4 kV	
	定格電流	600 A		600 A	
	引出回線数	最大6回線	最大8回線	最大6回線	最大8回線
					25 Ω 以上

(3) 標準短絡容量

6.6 kV 直列機器の流用の観点から，短時間通過電流（機械的強度）性能を維持するため，電流値基準として三相短絡電流≦12.5 kA を標準とする．さらに遮断器等のアーク遮断機器については，遮断容量（150 MVA → 250 MVA）での設計が必要となる．

(4) 電圧降下配分

6 kV 配電系統では，適正電圧を維持するため LDC（Line Drop Compensater；電圧降下補償器）による変電所の送り出し電圧調整および柱上変圧器のタップ変更（タップ区間の設定）を行っており，11.4 kV 配電系統においても同等な電圧管理を行うこととする．

11.4 kV 配電方式において，電灯変圧器は電圧線-中性線間（6.6 kV）に接続される．既設 6 kV 系統を昇圧した場合，昇圧後の負荷の大きさを一定と仮定すると，11.4 kV 配電方式（単一接地系三相 4 線式）を用いることにより，負荷電流は $1/\sqrt{3}$ となる．したがって，電圧降下は距離に反比例することから，配電線こう長は概ね $\sqrt{3}$ 倍とすることができる．

一方，三相 4 線式系統においては，負荷接続相のアンバランスの影響が懸念される．各相に接続されている負荷に片寄りが大きくなると，中性線に流れる電流が大きくなり，中性線における電圧降下・上昇が無視できなくなるおそれがあるため，負荷接続相の不平衡の管理が必要となる．

【各配電方式における電圧降下の算定式】

・三相 3 線配電方式における，線路区分内を平等分布負荷とした場合の電圧降下

$$\varepsilon_{xy} = \sqrt{3} \times r_e \times (l_x + l_y) \times \frac{L}{2} \ [\text{V}]$$

・三相 4 線配電方式における，線路区分内を平等分布負荷とした場合の電圧降下

$$\varepsilon_{xy} = r_e \times (l_x + l_y) \times \frac{L}{2} - r_{en} \times (l_{nx} + l_{ny}) \times \frac{L}{2} \ [\text{V}]$$

ε_{xy} …xy 間の電圧降下

l_x … 線路区分の電圧相に流入する電流

l_y … 線路区分の電圧相より流出する電流

l_{nx} … 線路区分に流入する中性線電流

l_{ny} … 線路区分より流出する中性線電流

L … 線路区分の距離

$r_e = r \times \cos\theta + x \times \sin\theta$ …電線 1 条 1 km の等価抵抗

$r_{en} = r_n \times \cos\theta_n + x_n \times \sin\theta_n$ …中性線 1 条 1 km の等価抵抗

θ … 力率

θ_n … 電圧相の電圧と中性線電流の位相差

5.2 系統保護方式

5.2.1 22 kV/400 V 配電系統の保護方式
(1) 22 kV/400 V 系統の地絡保護方式
① 22 kV/400 V 供給設備の地絡保護方式

22 kV 受電系の地絡保護は，22 kV 系統の接地方式（地絡事故電流の大きさ）と受電部 LBS（開閉器）および PF（パワーヒューズ）の遮断能力により，地絡保護責務の適切な分担を図る必要がある．検討モデルのスケルトンを**図 5.2.1**に，地絡保護方式を**表 5.2.1**に示す．

なお，受電系の地絡保護を変電所地絡方向継電器（DGR）で行う場合は，地絡過電流継電器 1（OCG1）は本予備自動切替ロック用とする．

② 400 V 保護装置の種類と整定の考え方

変圧器二次中性点の地絡継電器（OCG2）は，変圧器二次～母線間のアーク地絡による設備損傷防止を保護目的とするため保護対象電流が比較的大きく，400 V 線路の引出口の地絡保護装置（OCG3）との協調も必要であり，適正な整定が可能な地絡継電器の施設を要する．

また，400 V 線路の引出口の地絡保護装置は，MCCB + OCG 方式と ELCB 方式が考えられるが，下位の地絡保護装置（400 V 需要家の受電保護装置等）と

図 5.2.1 検討モデルのスケルトン

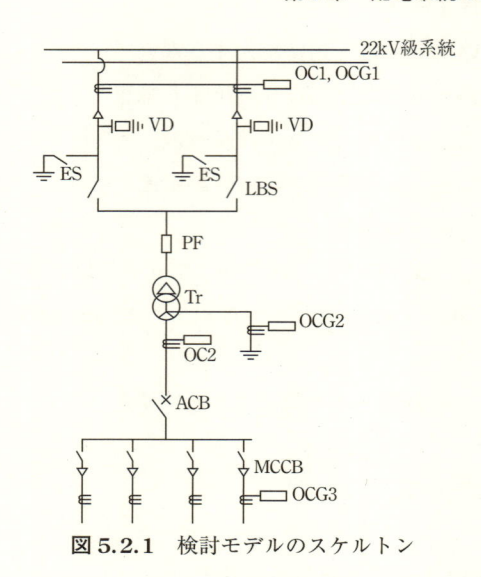

表 5.2.1 地絡保護方式

	保護区間	地絡保護責務
一次側	22 kV 級線路～受電 LBS	変電所 CB（DGR）
	受電 LBS ～ PF	受電 LBS（OCG1）または変電所 CB（DGR）
	PF ～ Tr 一次	受電 LBS（OCG1）または PF
二次側	Tr 二次～ ACB	受電 LBS（OCG2）
	ACB ～二次母線	ACB（OCG2）
	400 V 線路	MCCB（OCG3）

の保護協調が確保できれば，ELCB 方式がコスト的には有利となる．

保護協調の考え方は，

・線路引出口の DGR の不動作電流値（一次換算値）
　　　　＞400 V 需要家の OCG の定格感度電流

・線路引出口の DGR の慣性不動作時間
　　　　＞400 V 需要家の OCG の動作時間上限値

となる．

また，地絡保護装置の特徴についての比較と各保護装置の整定例を，**表**

5.2 系統保護方式

5.2.2 および表 5.2.3 に示す．

表 5.2.2　地絡保護装置の特徴比較

保護範囲		ELCB 方式	MCCB + OCG 方式
保護範囲	アーク地絡等の大電流領域	○ OC 要素付き ELCB により確実な保護が期待可	○ MCCB の採用により，確実に保護可能
	微小電流領域	（最小15.30 mA）	（最小30〜100 mA 程度）
下位地絡保護装置との協調確保難易		△動作時間・感度電流の選択値（数種類程度）が限定され下位保護装置の設定によっては協調困難	○動作時間・感度電流の選択値が ELCB より多いタイマ付加により時限協調の確保も容易
設置コスト（定格400/600 A）		○地絡保護機能を内蔵しているためコスト的に有利	△別置の ZCT，OCG リレーを要しコスト的に不利

表 5.2.3　各保護装置の整定例

保護装置	整定値/保護目的
OCG2	10 A 3 秒（アーク地絡損傷保護）
OCG3（ELCB）	1000〜2000 mA 1 秒程度（400 V 線路地絡保護）
400 V 需要家の受電保護	500〜1000 mA 1 秒程度（アーク地絡・漏電火災）
負荷端の ELCB	30〜100 mA 0.1 秒以下（感電保護）

③ 400 V 線路の地絡保護装置の省略

電気設備技術基準の解釈第 40 条第 2 項においては，「特別高圧電路又は高圧電路に変圧器によって結合される 300 V を超える低圧電路には，電路に地絡を生じたときに自動的に電路を遮断する装置を設けること」とされている．

しかしながら，これまでの電力中央研究所などでの各種実験・検討成果，および海外の状況に関する文献調査によると，400 V 線路引出口の地絡遮断装置の省略については「400 V 低圧配電線の施設にあたっては，人が容易に触れる恐れがない場所に施設する場合には，自動地絡遮断装置を省略できることとす

る」とすべきである．

(2) 400 V 系統の短絡保護協調

2LBS＋PF 方式を採用するにあたっての，各保護装置の選定条件，22 kV 変電所 OCR・PF・二次 ACB・400 V 線路 MCCB 間の短絡保護協調の検討事項の明確化，および変圧器容量やバンク構成別の保護協調可否と留意事項について以下に記す．

① 考慮すべき短絡事故

短絡保護協調を検討するにあたり，考慮すべき事故概要は以下のように大別できる．（ⅰ）は 22 kV 側における短絡事故であり，（ⅱ）～（ⅴ）については，400 V 系統の短絡事故である．

（ⅰ） PF 二次側短絡事故（二相短絡，三相短絡）
（ⅱ） 変圧器二次側短絡事故（単相短絡，二相短絡，三相短絡）
（ⅲ） 二次側短絡事故（単相短絡，二相短絡，三相短絡）
（ⅳ） 二次側直下短絡事故（単相短絡，二相短絡，三相短絡）
（ⅴ） MCCB 二次側ケーブル末端短絡事故（単相短絡）

図 5.2.2，図 5.2.4 に事故点位置の例を，図 5.2.3 に保護協調特性の例を示す．

② 保護装置の選定条件

各種保護装置の選定にあたり，以下の条件を満たす必要がある．

(a) 変圧器一次側 PF

PF（Power Fuse：電力ヒューズ）は，変圧器・ケーブル・機器等の短絡事故時の事故電流の遮断が主目的であり，メーカにより各種容量の PF が用意されている．例：T10（30 A），T20（40 A），T25（50 A）等

なお，一般に PF の容量が変圧器定格電流に満たない場合には，保護特性を考慮の上，同種の PF を 2 本並列に使用する．

ここで PF の選定にあたり，以下の条件を満たす必要がある．

・変圧器短絡強度（定格電流 × 25 倍，2 秒）を保護できる．
・変圧器の励磁突入電流で劣化しない．

5.2 系統保護方式

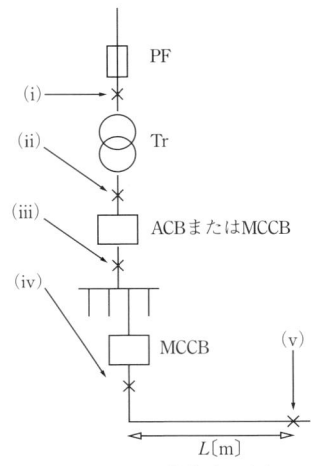

図 5.2.2 事故点の例

・配電用変電所 OCR と選択保護協調が可能である．
・変圧器一次側の三相短絡電流を遮断できる．
・変圧器二次側の単相短絡電流で動作する．

(b) 変圧器二次 ACB の選定条件

ACB（Air Circuit Breaker：低圧気中遮断器）は，ACB より負荷側の短絡電流の遮断（瞬時要素）以外に，機器の過負荷（短時間・長時間）保護，また ZCT との組み合わせにより地絡保護等を目的とした遮断器である．機種によっては瞬時電流，短限時時間，定格電流等の設定が可能である．ACB の選定に当たっては，

・変圧器過負荷耐量を保護できること．
・変圧器一次側 PF と選択保護協調が図れること．

の 2 点に留意する必要がある．

(c) 引出用 MCCB の選定条件

MCCB（Molded Case Circuit Breaker：配線用遮断器）は，MCCB より負荷側の短絡電流の遮断，機器・線路の過負荷保護等を主目的としており，メーカにより各種容量の MCCB が用意されている．機種によっては，短限時引外し，

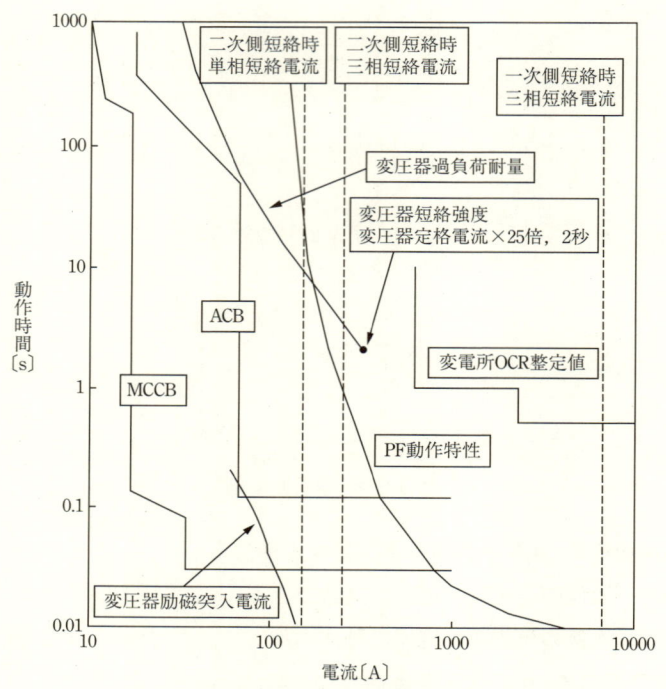

図 5.2.3　保護協調特性

長限時引外し等の要素を調整可能なものもある．例：225 AF[※]，400 AF，600 AF，800 AF 等

　　※ AF：アンペアフレーム（定格使用電圧，絶縁性能，温度上昇，定格遮断容量など遮断器の諸機能に関連する動作機構を，同じ寸法の容器に収めることができる最大の定格電流の値をもって呼ぶ容器の大きさ）．

　MCCB の選定にあたっては，

　・変圧器二次 ACB と選択保護協調が図れること．

　・MCCB 二次側線路末端の単相短絡を保護できること．

の 2 点に留意する必要がある．

　なお，各種保護装置の動作責務は**表 5.2.4** のとおりである．

5.2 系統保護方式

表5.2.4 保護協調動作責務

事故点	主保護	後備保護	備考
PF〜変圧器	PF	変電所OCR	2バンク構成の場合,廻り込み電流を他バンク側PFで保護
変圧器〜ACB	PF	(変電所OCR)	欠相保護が必要 ＊変電所OCRyで保護できる場合がある
ACB〜MCCB	ACB	PF	
MCCB〜	MCCB	ACB	400V需要家の受電CBとの保護協調について別途検討要

② **検討モデル**

単機の変圧器容量を300,500,1000,2000kVAとし,2バンク構成の場合には,300kVA×2,500kVA×2,1000kVA×2を前提とした.なお,バンク構成は次の3種類について検討を行う.

(a) **1バンク構成**

1台の変圧器に対して1つのPFおよびACB,また複数(引出回路数)のMCCBから構成.

(b) **2バンク構成(2Tr-1ACB)**

2台の変圧器に対して2つのPFおよび1つのACB,また複数(引出回路数)のMCCBから構成.

(c) **2バンク構成(2Tr-2ACB)**

2台の変圧器に対して2つのPFおよびACB,また複数(引出回路数)のMCCBから構成.

図5.2.4にバンク構成の例を示す.

なお,各部インピーダンス(%Z)は以下のとおりとした.

・22kV/400V変圧器単体の%Z(マシンベース)は,300〜1000kVA:5.5%,2000kVA:7.5%

・22kV線路およびその上位側(CVTケーブル,配変等)の%Zは考慮しないものとする.

(a) 1バンク構成の例　(b) 2バンク(2Tr-1ACB)構成の例　(c) 2バンク(2Tr-1ACB)構成の例
注；(i)～(v)は想定される事故点

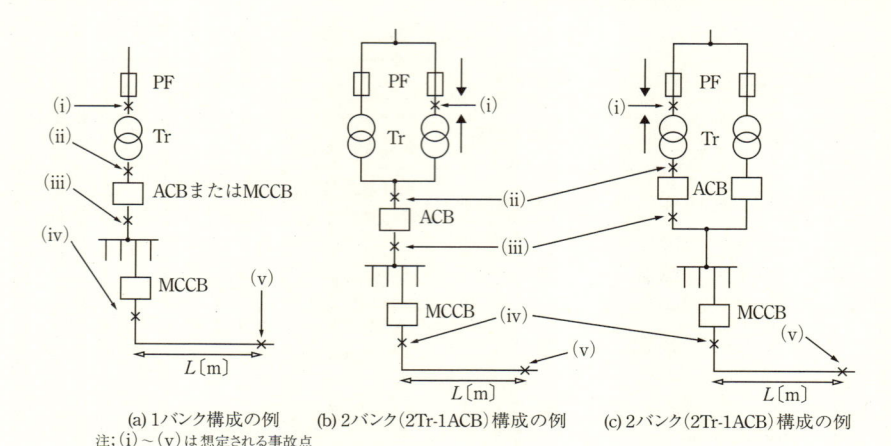

図 5.2.4　バンク構成の例

- ※変電所から上位側の%Zは，変電所二次側での短絡電流を 25 kA とすると，%Z=1.05 %程度となり，CVT ケーブルのインピーダンスも変圧器の%Z（10 MVA ベースで 27.5～183 %程度）と比較してかなり小さい（CVT 250 mm², %Z=0.302 %/km 程度）．
- ・変圧器二次側母線の%Z も考慮しないものとする（主保護 ACB，引出用 MCCB は直結されているイメージ）．
  - ※二次側母線の影響は受けるものの，保護協調の点から最も厳しい条件を選定．
- ・引出用 MCCB の二次側ケーブルは CVQ 325 mm² とする．
  - ※%Z=762.55 %/km 程度（10 MVA ベース）．

④　短絡保護協調の検討結果

　変圧器容量およびバンク構成または事故点，事故様相をパラメータに，短絡保護協調の検討を行った．各ケースにおける保護協調の可否を**表 5.2.5** に示し，具体的な保護協調特性曲線を**図 5.2.5～10** に示す．バンク構成や事故区間により，保護協調が困難となる条件が明確となった．

　短絡保護協調の検討結果より，2LBS+PF 方式を採用するにあたっては，以下について留意しなければならない．

5.2 系統保護方式

表 5.2.5 短絡保護協調検討結果

構成	変圧器 kVA	%Z [%] マシン	%Z [%] 10 MVA	短絡電流 (A) I_{PSS}	短絡電流 (A) I_{PSS}	短絡電流 (A) (一次換算) I_{SSS}	短絡電流 (A) (一次換算) I_{SSS}	定格(A) (換算値) 一次	定格(A) (換算値) 二次	PF	二次側 主保護装置	引出用 MCCB	保護協調 (事故区間)[*6] ①	②	③	④	⑤[*5]	図番号
1バンク	300	5.5	183.3	25000	21651	143	124	7.9	433	T20	MCCB 600 A	400 AF	○	△[*1]	○	○	788	図5.2.5
1バンク	500	5.5	110.0	25000	21651	239	207	13.1	720	T20	ACB 630 A	400 AF	○	△[*1]	○	○	788	図5.2.6
1バンク	1000	5.5	55.0	25000	21651	477	413	26.1	1443	T25	ACB 800 A	400 AF	○	△[*1]	○	○	884	図5.2.7
1バンク	1000	5.5	55.0	25000	21651	700	606	52.5	2887	T25×2	ACB 1600 A	400 AF	○	△[*1]	○	○	957	図5.2.8
1バンク	2000	7.5	37.5	25000	21651	286	248	15.8	866	T39×2	ACB 3200 A	400 AF	○	△[*1]	○	○	980	図5.2.9
2バンク 2Tr-1ACB	300	5.5	91.7	25000	21651	286	248	15.8	866	T20	ACB 900 A	400 AF	△[*2]	△[*1]	○	○	908	図5.2.10
2バンク 2Tr-1ACB	500	5.5	55.0	25000	21651	478	414	26.2	1440	T25	ACB 1440 A	400 AF	△[*2]	△[*1]	○	○	957	図5.2.11
2バンク 2Tr-1ACB	1000	5.5	27.5	25000	21651	954	826	52.2	2886	T25×2	ACB 3200 A	400 AF	△[*3]	○	○	△[*4]	993	図5.2.12
2バンク 2Tr-2ACB	300	5.5	91.7	25000	21651	286	248	15.8	866	T20	ACB 360 A	400 AF	○	△[*1]	○	○	908	図5.2.13
2バンク 2Tr-2ACB	500	5.5	55.0	25000	21651	478	414	26.2	1440	T25	ACB 800 A	400 AF	○	△[*1]	○	○	957	図5.2.14
2バンク 2Tr-2ACB	1000	5.5	27.5	25000	21651	954	826	52.2	2886	T25×2	ACB 1600 A	400 AF	○	○	○	△[*4]	993	図5.2.15

注1：PFの動作範囲に対して単相短絡電流が小さいため、変圧器直下の単相短絡事故では変圧器過負荷耐量または変圧器過負荷不可または短絡保護が不可または短絡保護ができないため、保護協調がとれない。
2：300 kVA（1バンク）（で変圧器二次側主保護装置にMCCBを使用した場合、二次側MCCBの動作範囲がMCCBの動作範囲が重なり保護協調がとれない。
3：2バンク構成（2Tr-1ACB）の場合、変圧器一次側の短絡事故に対して、変圧器一次側PFでは保護できず、変圧器二次側保護装置MCCBを使用するものの、他バンクからの廻り込み電流は、他バンク構成で変圧器二次側PFを使用した場合、変圧器過負荷耐量を超えてしまう。
4：2バンク構成で1000 kVA以上の変圧器を使用した場合、三相短絡電流が過大となり、ACBと引出用MCCBとの動作範囲が重なり保護協調が困難となる。
5：CVQ 325 mm³使用時、MCCBにより保護できる最大長さ（L [m]、図5.2.4参照）を示す。電圧降下等を考慮すると、二次側ケーブル延長は500 m程度あれば十分であるため、実用上問題とならない。
6：構成ごとの事故区間については、図5.2.4参照。

第5章　配電系統の系統要件・保護技術

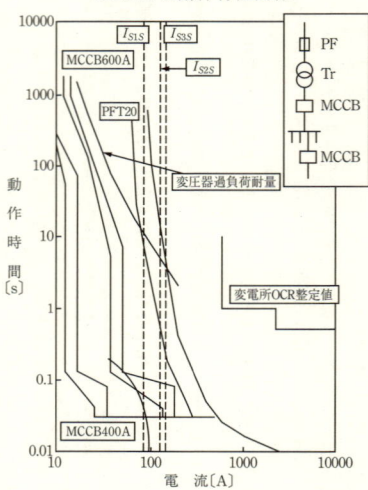

図 5.2.5　300 kVA ×1（1Tr–1MCCB）

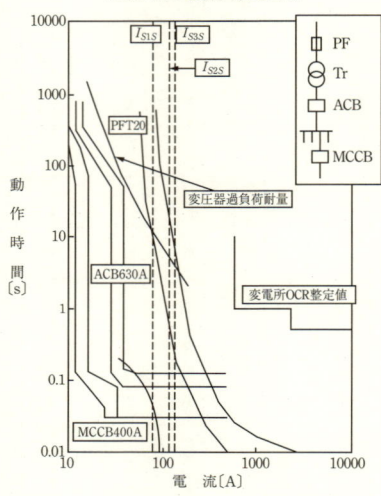

図 5.2.6　300 kVA ×1（1Tr–1ACB）

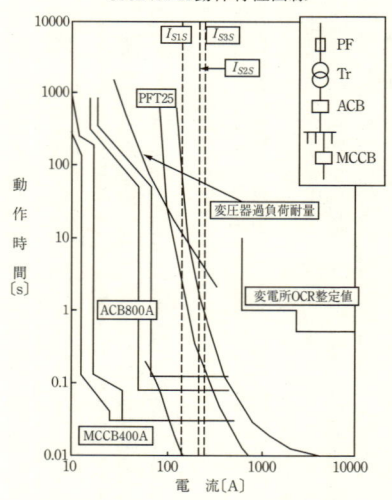

図 5.2.7　500 kVA ×1（1Tr–1ACB）

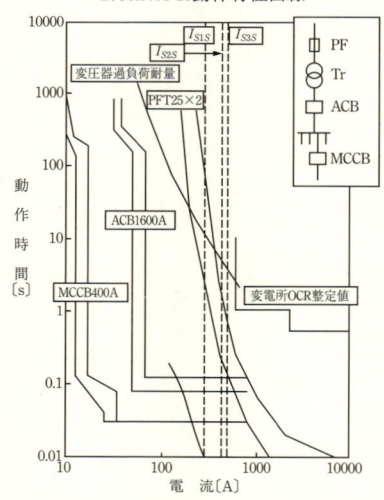

図 5.2.8　1000 kVA ×1（1Tr–1ACB）

5.2 系統保護方式

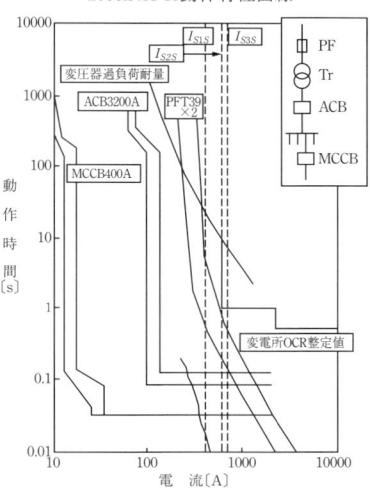

図 5.2.9 2000 kVA ×1（1Tr-1ACB）

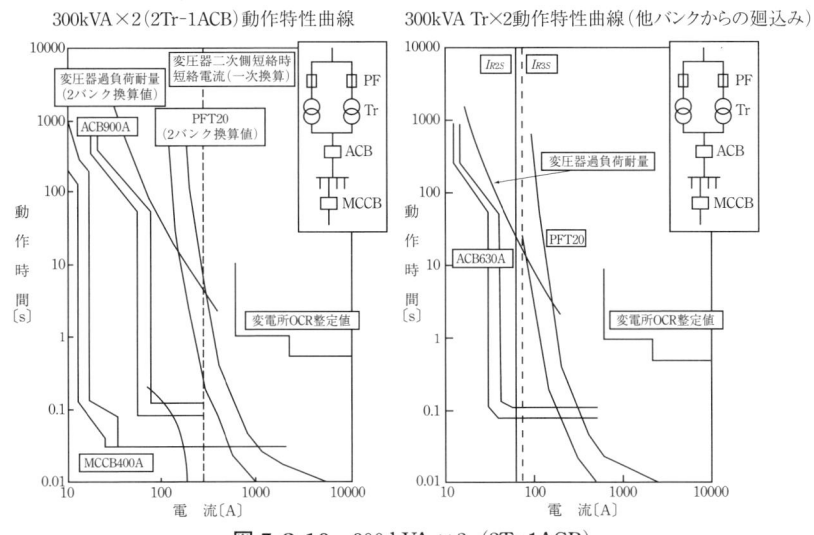

図 5.2.10 300 kVA ×2（2Tr-1ACB）

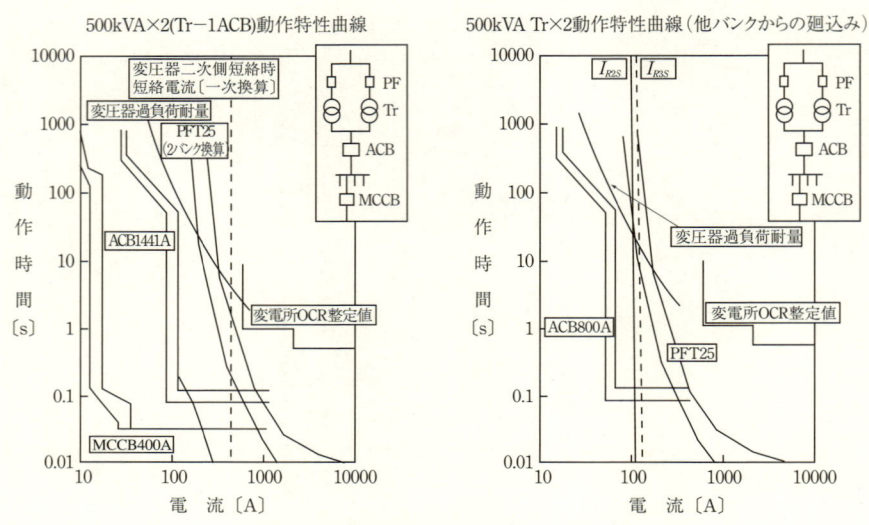

図 5.2.11　500 kVA × 2（2Tr−1ACB）

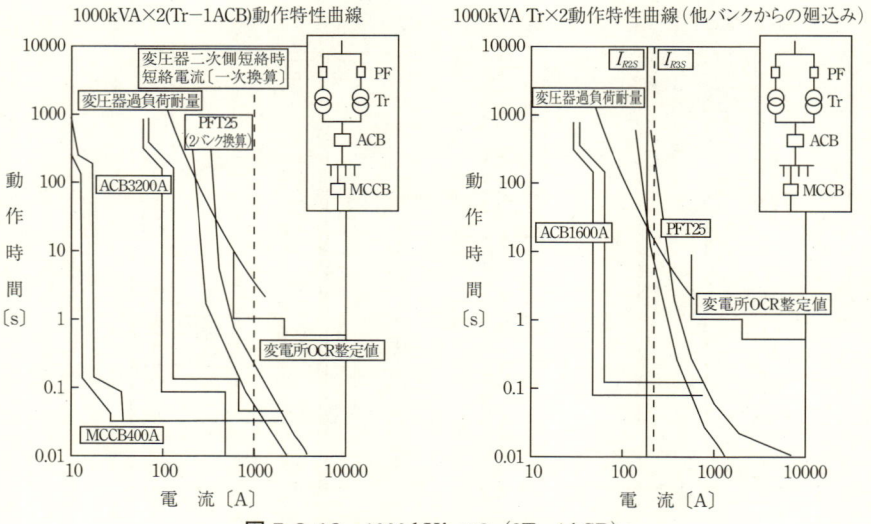

図 5.2.12　1000 kVA × 2（2Tr−1ACB）

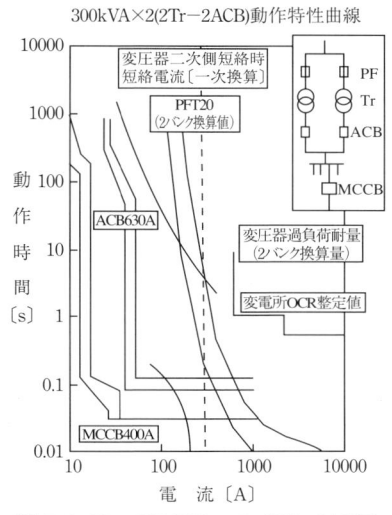

5.2 系統保護方式

図 5.2.13　300 kVA ×2（2Tr-2ACB）

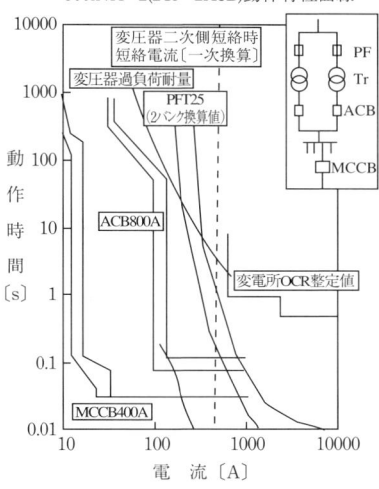

図 5.2.14　500 kVA ×2（2Tr-2ACB）

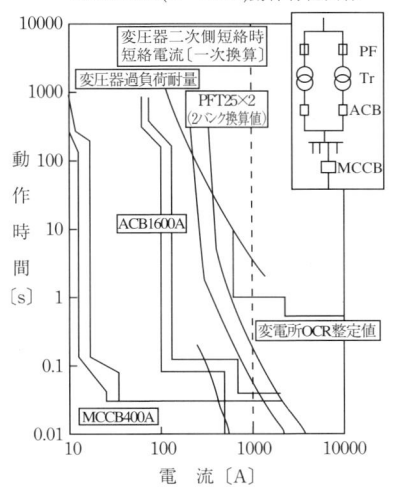

図 5.2.15　1000 kVA ×2（2Tr-2ACB）

- 1000 kVA 以下の変圧器を用いた場合，変圧器のインピーダンスが比較的大きく，変圧器直下における単相（電圧線-中性線間）短絡に対しては，短絡電流が小さく PF で保護負荷または PF が遮断する前に変圧器過負荷大量を超過する恐れがある．したがって，変圧器二次側〜ACB 間の距離を極力短くするとともに絶縁強化など，事故発生を抑制する対策を考慮する必要がある．

- 大容量変圧器（2000 kVA）や 2 バンク併用構成（1000 kVA×2）では，変電所 OCR，PF，ACB の特性が接近して保護協調が困難化するため，十分な検討が必要である．なお，短絡保護協調が不可能な場合には，2LBS + CB 方式とし，一次保護装置にデジタルリレー（動作特性を柔軟に整定可能）の使用を検討する．

- 2 バンク併用構成で変圧器二次 ACB を共用した（2Tr-1ACB）は，変圧器一次側短絡事故に対して当該バンクの事故電流は PF により遮断されるものの，他バンクからの廻り込み電流を他バンク側 PF で保護できず，変圧器過負荷耐量を超過する恐れがある．

以上により，本予備受電の受電方式として 2LBS + PF 方式を採用する場合には一部に保護協調が困難となる条件も生じるものの，十分な検討のもとに採用することにより，実用上の信頼度を確保することができると考えられる．

(3) 400 V 短絡容量設計

400 V 系統の短絡容量は，おもに 22 kV/400 V 変圧器のインピーダンスにより支配されることから，最過酷条件（22 kV 側短絡容量：25 kA）のもとで，変圧器容量およびバンク構成別に二次側直下短絡電流を算出・整理し，400 V 遮断器の定格遮断電流系列により標準化を図る．

① 検討モデル

図 5.2.16 のように，一次配電系統については 22 kV 系統とし，本予備方式に接続される 22 kV/400 V 変圧器については 1 バンク構成の場合，ならびに 2 バンク構成とし，各々の変圧器側直下における短絡について検討する．

5.2 系統保護方式

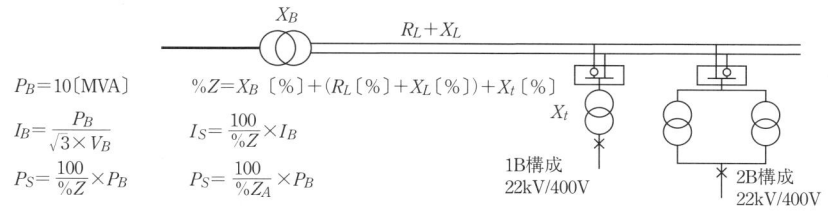

$P_B = 10 \text{[MVA]}$
$I_B = \dfrac{P_B}{\sqrt{3} \times V_B}$
$P_S = \dfrac{100}{\%Z} \times P_B$

$\%Z = X_B[\%] + (R_L[\%] + X_L[\%]) + X_t[\%]$

$I_S = \dfrac{100}{\%Z} \times I_B$
$P_S = \dfrac{100}{\%Z_A} \times P_B$

1B構成 22kV/400V
2B構成 22kV/400V

図 5.2.16 検討モデル

② 検討モデル選定条件

1000 kVA（%Z＝5％）1バンク構成を例にとって，短絡容量および22 kVケーブルをパラメータとして，400 V側短絡容量への影響を評価した．

- 上位系統への短絡容量の影響…25 kA（最大値），16 kA，12.5 kAで評価→最過酷条件である25 kAに対して，16 kAで98.87％，12.5 kAで97.98％の低減となる．
- 22 kVケーブルの影響…0 m（最過酷），1 km，5 kmで評価→最過酷条件である0 mに対して1 kmで99.996％，5 kmで99.978％の低減となる．

以上のことから，上位系統短絡容量，22 kVケーブルによる400 V側短絡容量への影響は僅少であることから最過酷条件での検討を実施している．

③ 変圧器容量別・短絡電流検討結果

変圧器容量別，バンク構成別の変圧器二次側の400 V系統の短絡電流の最大値を**表5.2.6**，**表5.2.7**，ならびに**図5.2.17**，**図5.2.18**に示す．22 kV/400 V変圧器の％インピーダンスについては，5％，7.5％，10％（マシンベース）の3パターンで短絡電流を算出している．

また，各構成・容量別の標準的な遮断器は以下のとおりである．

- 1バンク構成…500 kVA～1000 kVAの場合：30 kA
- 1バンク構成…1500 kVA～2750 kVAの場合：65 kA
  * ただし，2500 kVAは％Z＝5.3％以上，2750 kVAは％Z＝5.9/％以上場合，適用可
- 2バンク構成…500 kVA×2の場合：30 kA
- 2バンク構成…750 kVA×2～2000 kVA×2の場合：65 kA

- 2バンク構成… 1500 kVA×2 の場合：85 kA
  ＊ただし，1500 kVA×2～2000 kVA×2 は，%Z=6.4％以上の場合，適用化（マシンベース）

表5.2.6 変圧器1Bの短絡容量

1バンク構成	定格電流 [A]	汎用4極CB定格遮断容量					Trインピーダンスごとの短絡電流 [kA]		
		ELCB		ACB		MCCB		5%	7.50%	10%
		定格容量 [A]	短絡容量 [kA]	定格容量 [A]	短絡容量 [kA]	定格容量 [A]	短絡容量 [kA]			
500 kVA	722	800	50・60	1 250	65・130	800	65・85・100・125	14.28	9.56	7.18
750 kVA	1,083	—	—	1 250	65・130	1 200	85	21.32	14.28	10.74
1,000 kVA	1,444	—	—	1 650	65・130	1600	85	28.27	18.98	14.28
1,500 kVA	2,165	—	—	2 500	85・130	4極品無し		41.98	28.27	21.32
2,000 kVA	2,887	—	—	3 200	85・130			55.41	37.44	28.27
2,500 kVA	3,609	—	—	4 000	85・130			68.57	46.49	35.16
2,750 kVA	3,970	—	—	4 000	85・130			75.05	50.96	38.58

表5.2.7 変圧器2Bの短絡容量

2バンク構成	定格電流 [A]	汎用4極CB定格遮断容量				Trインピーダンスごとの短絡電流 [kA]		
		ACB		MCCB		5%	7.50%	10%
		定格容量 [A]	短絡容量 [kA]	定格容量 [A]	短絡容量 [kA]			
750×2 kVA	2 165	2 500	85・130	4極品無し		41.98	28.27	21.32
1 000×2 kVA	2 887	3 200	85・130			55.41	37.44	28.28
1 500×2 kVA	4 300	5 000	130			81.47	55.41	41.98
2 000×2 kVA	5 774	6 300	130			106.52	72.90	55.41

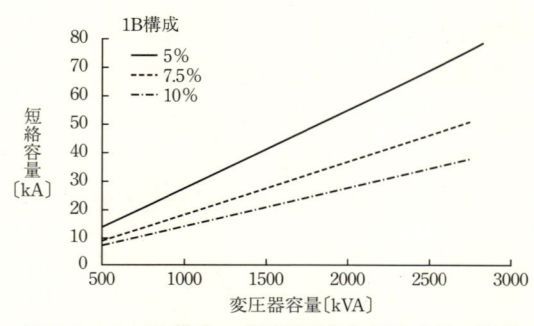

図5.2.17 1B構成の変圧器容量と短絡容量の関係

5.2 系統保護方式

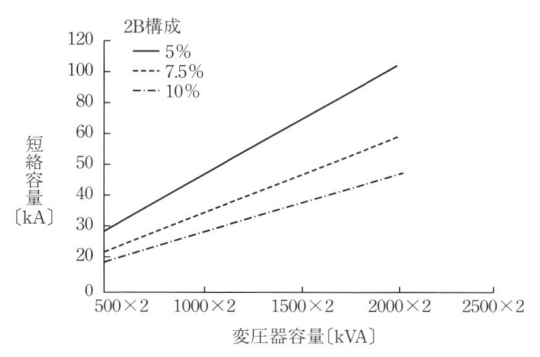

図 5.2.18 2B 構成の変圧器容量と短絡容量の関係

5.2.2　11.4 kV 配電系統の保護方式

（1）　地絡保護方式

①　基本動作責務

11.4 kV 配電系統の中性点接地方式については，通信線誘導障害，混触事故時の低圧側電位上昇の問題をクリアできる抵抗単一接地系（25 Ω 以上）に的を絞り，地絡保護方式［DGR（Directional Ground Relay；地絡方向継電器）］の適用を前提とした，地絡保護の動作責務は以下のとおりとなる．

・平常時の負荷・線路定数の不平衡により誤動作しないこと．

・線路地絡事故時に確実に動作すること．ただし，線路地絡抵抗については，6 kV 系統での DGR による検出感度は地絡故障抵抗 R_g ＝数 kΩ であるが，11.4 kV 昇圧に伴い，同一地絡事故でも R_g は小さくなる傾向があるため，R_g ＝ 1 kΩ の検出を目途とする．

・現行の地絡保護リレー（6.6 kV，22 kV）の整定実態や VT，CT の精度を考慮し，地絡保護リレーの V_0，I_0 整定レベルは，完全地絡時（$V_{0\,\mathrm{max}}$，$I_{0\,\mathrm{max}}$）の 5～30 ％ 整定とする．

②　平常時の V_0，I_0 発生状況の推定

線路の対地静電容量の不平衡により，平常時においても零相電圧が発生し，発生する電圧は中性点接地抵抗値（R_n）により変化する．平常時に発生する V_0，I_0 は，主に対地静電容量の相間アンバランスに起因する．表 5.2.8 に対地

静電容量をパラメータとした平常時に発生する零相電圧（V_{0RY}）を示す．ここで，$V_{0RY} = 3V_0$ とする（U相のみ+0.15 μF［他回線：U相のみ+0.1 μF］）．

表5.2.8 平常時の V_{0RY}, I_{0RY}

			中性点接地抵抗 R_n [Ω]				
			20	65	100	500	1000
対地静電容量 [μF]	0	V_{0RY} [V]	31.57	102.60	157.58	776.55	1482.54
		I_{0RY} [A]	0.31	0.31	0.31	0.31	0.30
	5	V_{0RY} [V]	39.24	127.59	195.41	836.77	1235.25
		I_{0RY} [A]	0.32	0.32	0.32	0.30	0.28
	10	V_{0RY} [V]	49.03	158.85	241.56	859.33	1077.26
		I_{0RY} [A]	0.32	0.32	0.32	0.30	0.28

ただし

V_{0RY} ：変電所11.4 kV母線に設置された接地形計器用変圧器（EVT；Earthed Voltage Transformer）三次より取り出した零相電圧（$=3V_0$）

$V_{0\max}$ ：V_{0RY}の最大値 19800 V（$=6600\times3$）

I_{0RY} ：電圧線+中性線の4線に接続された零相変流器（ZCT）より取り出した零相電流（$=I_u+I_v+I_w+I_n$）

表5.2.8より，平常時発生する電圧は中性点接地抵抗値により異なり，$R_n=100$ Ω以下であれば，完全地絡時の $V_{0\max}$ の概ね1％以下となるが，$R_n=1$ kΩのときには7％を超える場合もある．

③ 地絡保護リレー

故障抵抗1 kΩ以下での事故回線の確実な選択と，完全地絡時の健全回線の誤動作防止を両立するためには，零相電流（I_{0RY}）の大きさにより，事故回線／健全回線の判定を行う地絡過電流継電方式（OCGR方式）では困難である．

したがって，11.4 kV母線に設置されたEVT三次より取り出した零相電圧 V_{0RY} と電圧線+中性線の4線に接続された零相変流器（ZCT）より取り出した零相電流 I_{0RY} により故障選択を行う，地絡方向継電方式（DGR）を基本とする．

5.2 系統保護方式

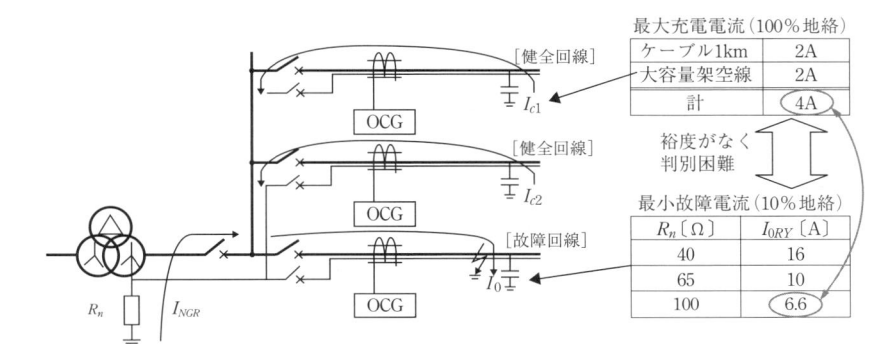

図 5.2.19 OCGR による地絡保護

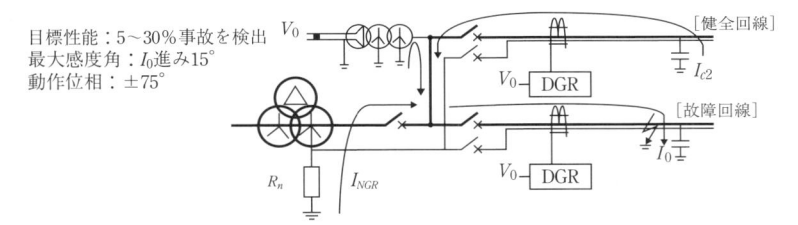

図 5.2.20 DGR による地絡保護

表 5.2.9 より，平常時の誤動作防止と確実な事故検出を両立する観点からは，

・中性点接地抵抗値：R_n は，50 Ω 以上（$I_{0\max} = \sim 130$ A）
・地絡保護リレーの整定レベル：$V_{0\max}$，$I_{0\max}$ の 5 % 整定とする

とすることが望ましい．

④ **地絡保護の検出限界**

中性点接地抵抗値と地絡抵抗値により，地絡時事故時に発生する V_{0RY} を**表 5.2.10** に示す．変電所における V_{0RY} の整定値を 5 % 以上であることを前提とすると，検出可能範囲は表の太枠で囲まれた部分となる．事故点抵抗を 1 kΩ の検出を目標とすると，中性点接地抵抗値は 50 Ω 以下が望ましい．

⑤ **位相特性について**

地絡方向継電方式においては，**図 5.2.21** に示すとおり，事故回線において

表5.2.9 整定レベルの考え方

項目	中性点接地抵抗値 R_n の影響および適正値	
アンバランス対地静電容量による平常時の V_0	平常時 V_0 は R_n に比例して増加する ・$R_n = 1\,\text{k}\Omega \rightarrow$ 10% $V_{0\text{max}}$ 程度 ・$R_n = 100\,\Omega \rightarrow$ 1% $V_{0\text{max}}$ 程度	R_n が小さいほど,発生する V_0 は抑制される.
一線地絡時の故障検出抵抗値 R_g	○整定レベルを低くするほど,検出可能範囲が拡大する. ○V_0 整定レベルを5%とすると,R_n と検出可能範囲 R_g との関係は, ・$R_n = 20\,\Omega \rightarrow$ $R_g = 0 \sim 380\,\Omega$ ・$R_n = 50\,\Omega \rightarrow$ $R_g = 0 \sim 950\,\Omega$ ・$R_n = 100\,\Omega \rightarrow$ $R_g = 0 \sim 1900\,\Omega$	故障検出抵抗 $R_g = 1\,\text{k}\Omega$ を検出するためには,$R_n = 50\,\Omega$ 以上としたい. ※CT,VTの精度を考慮し,整定レベルは5%程度とすることが望ましい.
一線地絡時の故障点絶縁破壊の進展	故障点に印可される電圧 V_g $V_g = E(6600\,\text{V}) \times R_g/(R_n + R_g)$ 故障点に印加される電圧 V_g が大きい方(R_n は小さい方)が故障点の絶縁破壊の進展も速い(故障継続時間も短い).	R_n は小さい方が望ましい.
一線地絡時の過電圧	中性点抵抗 R_n が大きくなると地絡サージ,地絡投入サージは増加する.	R_n は小さい方が望ましい.
高低圧混触	中性点抵抗 R_n が小さくなると,低圧側電位上昇が大きくなる.	R_n は大きい方が望ましい.

表5.2.10 地絡事故時に発生する V_{0RY}〔V〕

		中性点接地抵抗値〔Ω〕						
		10	20	50	65	100	500	1000
地絡抵抗値〔Ω〕	10	50.0	66.7	83.3	86.7	90.9	98.0	99.0
	100	9.1	16.7	33.3	39.4	50.0	83.3	90.9
	200	4.8	9.1	20.0	24.5	33.3	71.4	83.3
	500	2.0	3.8	9.1	11.5	16.7	50.0	66.7
	1000	1.0	2.0	4.8	6.1	9.1	33.3	50.0

中性点接地抵抗 R_n が大きくなると V_0-I_0 間の位相の変化が大きくなるがいずれも $0 \sim +90°$ 以内となり,他回線事故時には $-90°$ 方向となるため,事故回線の確実なる遮断と他回線事故時における不要動作防止が可能であり,6kV系統

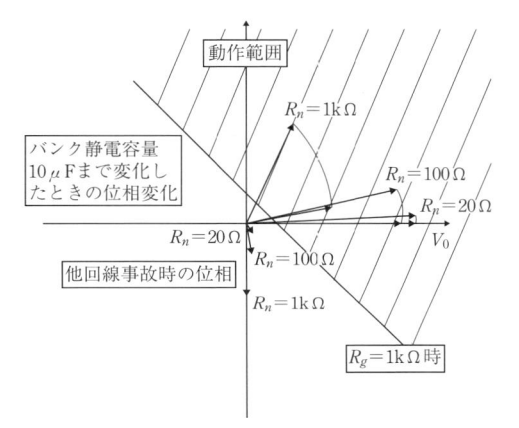

図 5.2.21 V_0-I_0 間の位相特性

同等の保護が可能となる．

⑥ **中性線接地故障時の地絡検出感度低下**

(a) **シミュレーションモデル**

配電線の各区間ごとに末端集中負荷に簡易モデルを用い，末端で電圧線に地絡事故を発生させ，中性点接地抵抗値，中性線の接地位置，電圧線の地絡抵抗値をパラメータとしたシミュレーションを実施した．なお，系統モデルは以下のとおりである．

- 線路こう長：12 km（4 km × 3 区間）
- 一般容量配電線：Al-OE 120 mm^2 × 4 条
- 負荷：各区間ごとに末端集中負荷（平衡負荷：90 A，90 A，90 A）
- 引出口電流：最大 270 A
- 中性点接地抵抗値：20，65，100 Ω
- 電圧線地絡事故点抵抗値：0，40，100，500，1000 Ω
- 中性線接地位置：2，6，12 km

(b) **低圧アース線と中性線の誤接続**

11.4 kV 三相 4 線式配電方式では，工事施工の不備等で誤って中性線が途中区間で低圧アース線に接続された状態において一線地絡事故が発生した場合に

は，地絡電流の一部が中性線に分流し，地絡事故検出感度が低下する．図 5.2.22 に示すように，地絡電流は大地を通じて変電所メッシュ接地へ戻るが，その大部分は立上りケーブルの遮へいシースを介して，低圧アース線へ還流（一部は各電柱の B 種接地抵抗を介して）する．したがって，変電所中性点接地抵抗を通過する電流が減少するため，変電所保護継電器での検出が困難化することが懸念される．

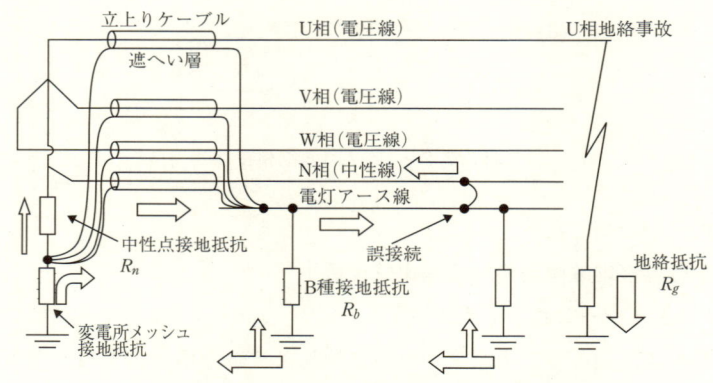

図 5.2.22 低圧アース線と中性線の誤接続例

中性点接地抵抗値（R_n）および中性線接地位置（誤接地）により，事故検出感度は変化するため，条件を変化させてシミュレーションを行った結果，表 5.2.11 が得られた．電圧線地絡による零相電圧は地絡抵抗により大幅に変化し，また距離によっても異なるが，中性点接地抵抗値の影響は少ないことがわかる．いずれのケースにおいても，中性線が接地状態の場合，DGRの検出感度を 5% V_{0max} とすると，電圧線地絡事故点の地絡抵抗が低抵抗（数Ω程度）の場合を除いて，ほとんどDGRでは検出できない結果となった（表の網掛けの部分のみ検出可能）．

(c) 中性線地絡時における電圧線一線地絡事故

11.4 kV 三相4線式単一接地配電方式では，線路途中区間で中性線が地絡した状態において一線地絡事故が発生した場合には，地絡電流の多くが中性線に分流し，一線地絡事故の検出感度が大幅に低下する．図 5.2.23 に示すように

表 5.2.11 低圧アース線と中性線の誤接続シミュレーション結果

(a) 変電所から 2 km 地点

R_g	$R_n = 20\ \Omega$		$R_n = 65\ \Omega$		$R_n = 100\ \Omega$	
	V_0	I_0	V_0	I_0	V_0	I_0
0	1039.36	51.97	1065.08	16.39	1069.14	10.69
40	145.95	7.30	150.36	2.31	151.06	1.51
100	62.10	3.11	63.99	0.98	64.29	0.64
500	12.84	0.64	13.23	0.20	13.29	0.13
1000	6.44	0.32	6.64	0.10	6.67	0.07

(b) 変電所から 6 km 地点

R_g	$R_n = 20\ \Omega$		$R_n = 65\ \Omega$		$R_n = 100\ \Omega$	
	V_0	I_0	V_0	I_0	V_0	I_0
0	1902.47	95.12	1991.97	30.65	2006.28	20.06
40	302.70	15.14	324.05	4.99	327.56	3.28
100	130.64	6.53	140.03	2.15	29.52	0.30
500	27.22	1.36	29.20	0.45	29.52	0.30
1000	13.68	0.68	14.68	0.23	14.84	0.30

(c) 変電所から 12 km 地点

R_g	$R_n = 20\ \Omega$		$R_n = 65\ \Omega$		$R_n = 100\ \Omega$	
	V_0	I_0	V_0	I_0	V_0	I_0
0	2712.80	135.64	2893.61	44.52	2922.78	29.23
40	499.15	24.96	562.45	8.65	573.43	5.73
100	219.58	10.98	248.56	3.82	253.60	2.54
500	46.28	2.31	52.52	0.81	53.60	0.54
1000	23.29	1.16	26.44	0.41	26.99	0.27

地絡電流は大地を通じて変電所メッシュ接地へ戻るが，その一部は中性線の地絡抵抗を介して，中性線に還流する．したがって，変電所中性点接地抵抗を通過する電流が減少するため，変電所地絡保護継電器での検出が困難化することが懸念される．

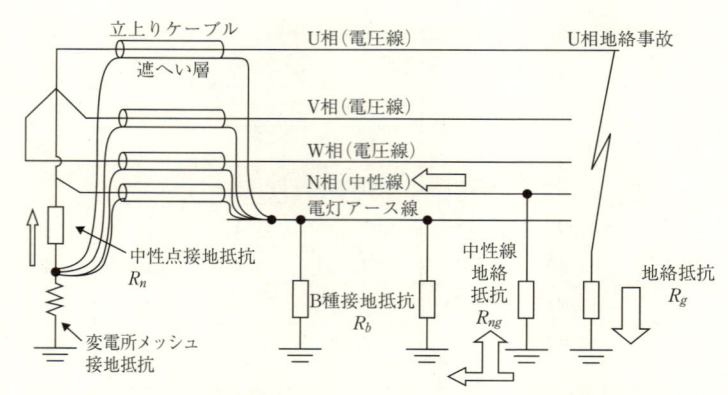

図 5.2.23 中性線地絡時における電圧線一線地絡事故の例

中性線地絡抵抗値および中性線地絡位置により，一線地絡事故の検出感度は大きく変化するため，地絡条件を変化させてシミュレーションを行った結果を以下に示す．

- **表 5.2.12** に，中性点接地抵抗を 65Ω としたときに，一線地絡事故により発生する零相電圧を示す．電圧線一線地絡により発生する零相電圧は，電圧線地絡抵抗により大幅に変化し，また中性線の地絡故障抵抗によっても変化する．
- 中性線の接地抵抗値が低抵抗（数 Ω）の場合には，中性線地絡故障点までの距離によっても変化する．一方，中性線の地絡抵抗が 40Ω 以上である場合には，発生する零相電圧の距離による影響は少ない（**図 5.2.24**）．
- 中性線が接地状態の場合，DGR の検出感度を 5％ $V_{0\max}$ とすると中性線の接地故障抵抗値が数 Ω 程度の場合には，DGR では検出困難である．一方，中性線の接地故障抵抗値が 40Ω 程度の場合には，電圧線地絡抵抗値 100Ω 程度まで検出可能であるとの結果となった（表 5.2.12 の網掛け部分は検出可能）．

(2) 短絡保護方式

① 基本動作責務

短絡保護における基本動作責務は以下のとおりとなる．

5.2 系統保護方式

表 5.2.12 中性線断線接地故障シミュレーション結果

(a) 変電所から 2 km 地点

R_g	$R_{ng}=0\,\Omega$		$R_{ng}=40\,\Omega$		$R_{ng}=100\,\Omega$		$R_{ng}=500\,\Omega$		$R_{ng}=1000\,\Omega$	
	V_0	I_0	V_0	I_0	V_0	I_0	V_0	I_0	V_0	I_0
0	1065.1	16.4								
40	150.4	2.3	2209.5	34.0	2889.1	44.4	3450.5	53.1	3537.8	54.4
100	64.0	1.0	1176.9	18.1	1672.4	25.7	2164.1	33.3	2247.1	34.6
500			285.8	4.4	441.6	6.8	620.7	9.5	654.5	10.1
1000			146.8	2.3	229.9	3.5	328.2	5.0	347.0	5.3

(b) 変電所から 6 km 地点

R_g	$R_{ng}=0\,\Omega$		$R_{ng}=40\,\Omega$		$R_{ng}=100\,\Omega$		$R_{ng}=500\,\Omega$		$R_{ng}=1000\,\Omega$	
	V_0	I_0	V_0	I_0	V_0	I_0	V_0	I_0	V_0	I_0
0	1992.0	30.6								
40	324.0	5.0	2231.4	34.3	2883.1	44.4	3450.8	53.1	3538.0	54.4
100	140.0	2.2	1191.9	18.3	1677.3	25.8	2164.5	33.3	2247.2	34.6
500			290.1	4.5	440.0	6.8	620.9	9.6	654.5	10.1
1000			149.1	2.3	229.0	3.5	328.2	5.0	347.1	5.3

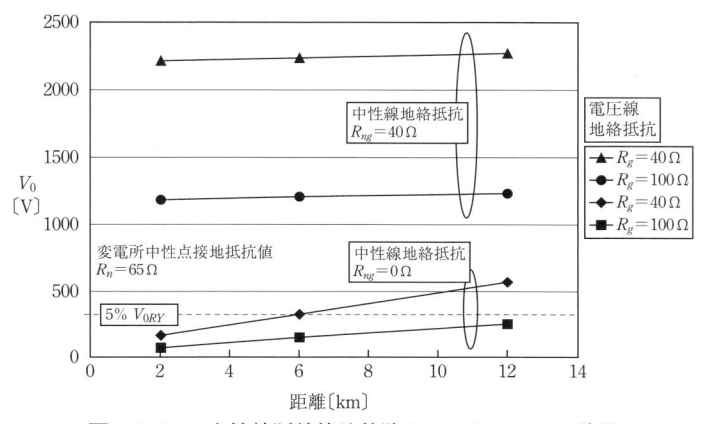

図 5.2.24 中性線断線接地故障シミュレーション結果

- 通常想定しうる負荷電流（配電線短時間許容電流，負荷の励磁突入電流）により，誤動作しないこと．
- 線路末端における単相短絡（LNS）を検出できること．

② **短絡保護検出限界**

(a) シミュレーション

変電所の各配電線送り出しに設置したCTにより検出する，過電流継電方式（OCR）の適用を検討する．配電系統の簡易モデル（大容量配電線路）を図 **5.2.25** に示す．

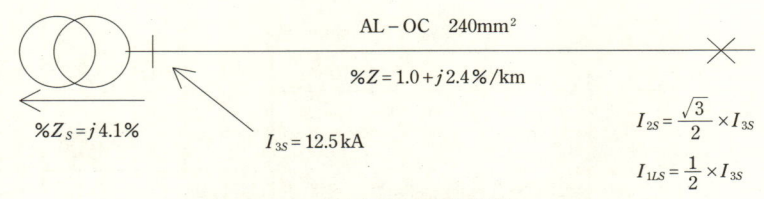

```
                          AL - OC   240mm²
                       %Z = 1.0+j2.4%/km

%Z_S = j4.1%        I_{3S} = 12.5 kA        I_{2S} = (√3/2) × I_{3S}
                                            I_{1LS} = (1/2) × I_{3S}
```

図 **5.2.25**　大容量配電線路簡易モデル

系統のインピーダンスが大きくなるに従って短絡電流は小さくなるが，変電所よりある程度距離が大きくなると，短絡電流は系統の線路こう長に比例して小さくなる．11.4 kV配電系統の線路インピーダンスは，6 kV系統と同等であるため，11.4 kV系統における単相短絡電流（I_{LNS}）は，6 kV系統における二相短絡電流（I_{2LS}）と概ね等しくなる．図 **5.2.26** に簡易モデル（簡易計算）における各種短絡事故時の短絡電流と6.6 kV系統における短絡電流を図示した．

各短絡状態における検出限界は以下のとおりとなる．

- 三相短絡検出限界　約26 km
- 二相短絡検出限界　約22 km
- 単相短絡検出限界　約13 km（6 kV系統における二相短絡と同等）

したがって，短絡保護の観点から単相短絡の検出がネックとなる．6 kV系統における二相短絡と同等であるため，6 kV系統をそのまま昇圧した場合には，問題とならないが，11.4 kV昇圧に伴い線路こう長を約$\sqrt{3}$倍程度伸ばすことが可能となるため，系統容量や電圧降下配分を考慮すると6 kV系統と比較

5.2 系統保護方式

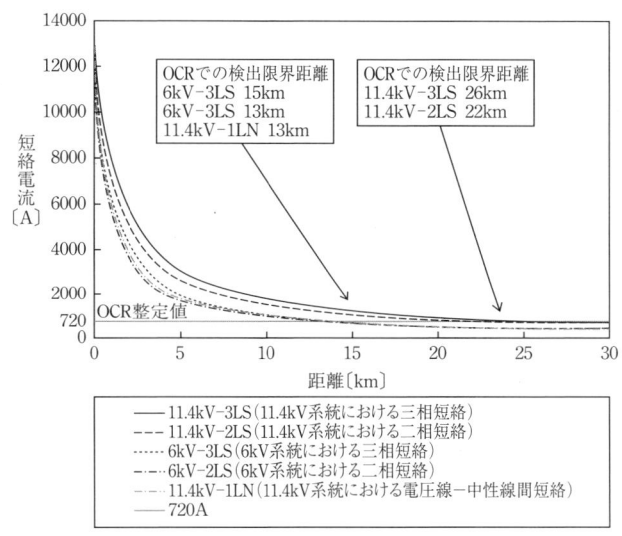

図 5.2.26 簡易モデルにおける短絡電流

して，単相短絡の検出距離も伸ばす必要があると考えられる．

また，EMTP により詳細解析を行った結果，簡易モデルの計算結果と概ね近い傾向となった．**表 5.2.13** にシミュレーション結果を示す．

表 5.2.13 短絡事故検出限界距離シミュレーション結果

系統		変電所 OCR	
		大容量 整定：720 A	一般容量 整定：360 A
LNS	連絡用変圧器無し	約10 km	約15 km
	連絡用変圧器有り	約12 km	30 km 以上
	11.4 kV → 6 kV 融通	約12 km	30 km 以上
2LS	連絡用変圧器無し	約20 km	30 km 以上
	連絡用変圧器有り	約20 km	30 km 以上
	11.4 kV → 6 kV 融通	約20 km	30 km 以上
3LS	連絡用変圧器無し	約25 km	30 km 以上
	連絡用変圧器有り	約25 km	30 km 以上
	11.4 kV → 6 kV 融通	約25 km	30 km 以上

【シミュレーションモデル】 対象モデル（幹線こう長：30 km）
- 系統末端に連絡用変圧器あり
- 系統末端に連絡用変圧器なし
- 系統末端の連絡用変圧器より 6 kV 系統へ融通あり

（それぞれ：大容量および一般容量配電線）

③ **OC 付き開閉器（過電流トリップ機構付自動真空開閉器）による保護限界の延長**

単相短絡など短絡条件によっては，10 km を超過する配電線で短絡事故の事故検出が困難となる場合がある．検出可能距離を伸ばすため，線路途中に OC 付き開閉器を施設し短絡電流の検討を行った．

表 5.2.14 に配電線路の中間に OC 付き開閉器を施設した系統における各種短絡事故の検出限界のシミュレーション結果の一例を示す．なお，OC 付き開閉器の整定は 390 A（大容量），270 A（一般容量）とした．

表 5.2.14 線路中間位置に OC 付き開閉器を施設した場合の短絡事故検出限界シミュレーション結果

	系統	大容量 整定：390 A	一般容量 整定：270 A
LNS	連絡用変圧器無し	約20 km	約25 km
	連絡用変圧器有り	30 km 以上	30 km 以上
	11.4 kV → 6 kV 融通	30 km 以上	30 km 以上
2LS	連絡用変圧器無し	30 km 以上	30 km 以上
	連絡用変圧器有り	30 km 以上	30 km 以上
	11.4 kV → 6 kV 融通	30 km 以上	30 km 以上
3LS	連絡用変圧器無し	30 km 以上	30 km 以上
	連絡用変圧器有り	30 km 以上	30 km 以上
	11.4 kV → 6 kV 融通	30 km 以上	30 km 以上

シミュレーション結果より，
- 連絡用変圧器がない系統においても，20 km 程度まで単相短絡を検出可能
- 二相短絡・三相短絡では全てのケースで 30 km 以上の短絡事故まで検出可

5.2 系統保護方式

能
となった．

以上より，OC付き開閉器の施設により短絡保護範囲の拡大が可能であり，一般的な系統においては，概ね全ての区間で短絡保護が可能となると考えられる．

④ **自家用需要家との保護協調**

図 5.2.27 に LBS を用いた受電設備を持つ既設自家用需要家に対し，LBS を用いた補償用変圧器を施設し補償した場合のイメージを示す．

補償用変圧器二次側短絡事故においては，一次側に設置するヒューズ（LBSに内蔵）による保護となるが，短絡事故点が需要家変圧器一次側 LBS の負荷側である場合には，変電所からの距離によっては，需要家一次側の LBS との協調について保護協調が困難となる場合があり，実線路における系統インピーダンス等を考慮した慎重な検討が必要となる（需要家変圧器一次側の短絡事故時には，需要家一次側 LBS と補償用変圧器一次側 LBS が同時動作となる可能性がある）．

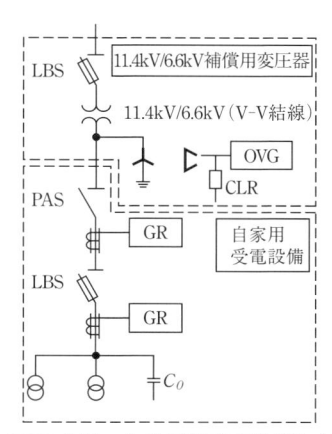

図 5.2.27　LBS を用いた需要家受電設備に対する補償例

5.3 自動化方式

5.3.1 22 kV配電系統の自動化方式

22 kV配電系統の自動化（遠方監視制御）方式については，
- 都市部過密地区への面的適用に適した，「本予備方式」
- 面的なネットワーク構成が可能であり，新規開発地域などへの個別適用が適する「分割連系方式」

の系統構成を対象としている．以下に，各配電系統別の自動化方式を示す．

(1) 配電系統別自動化方式

(a) 本予備系統の自動化方式

本予備系統の自動化方式は，配電線上に分割連系開閉器を有しない22 kV地中配電系統および架空配電系統に適用する．中間変電所の運転状態把握，22 kV配電系統における22 kV/400 V回線選択式変圧器装置，22 kV/100・200 V用回線選択式変圧器装置と，これらに関係する機器の遠方監視・制御・計測を光伝送路を介して行う．図5.3.1にシステム構成，図5.3.3に機能概要を示す．

(b) 分割連系系統の自動化方式

分割連系系統の自動化方式は，配電線上に分割連系開閉器を有する22 kV配電系統に適用し，22 kV配電系統における立ち上がり開閉器装置および22 kV/400 V変圧器装置と，これらに関係する機器の遠方監視・制御・計測を光伝送路を介して行う．

図5.3.2にシステム構成，図5.3.3に機能概要を示す．

(2) 事故区間の判定，分離方式

線路事故時，本予備系統の自動化方式では現地機能（本予備切替）により自動復電が可能であるが，分割連系系統の自動化方式では変圧器装置からの短絡・地絡情報より自動化システムにて事故区間を判定し，事故区間切り離しおよび停電区間の自動復旧操作を行う．分割連系系統の自動化方式における事故

5.3 自動化方式

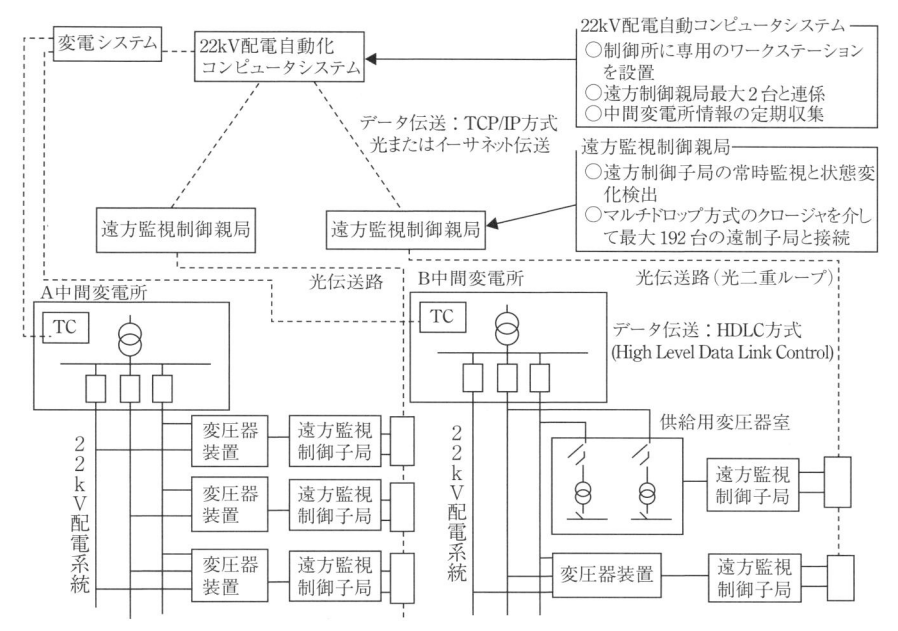

図 5.3.1 本予備系統の自動化システム構成

判定フローを図 5.3.4，幹線事故時の復旧動作イメージおよびシステム–現地機器間の情報の流れを図 5.3.5，図 5.3.6 に示す．

5.3.2 11.4 kV 配電系統の自動化方式

11.4 kV 配電自動化の情報伝送方式として，6 kV 配電自動化で採用している配電線搬送方式および高速で大容量の情報伝送が可能な光伝送方式について検討を行った結果，既存 6 kV 配電自動化機材の多くが流用可能である配電線搬送方式（中性線–対地間注入方式）を採用した．

（1） 配電線搬送方式

① 搬送波注入方式

11.4 kV 配電系統では中性線があるので，搬送波注入方式としては，

・6 kV 配電系統で採用している「電圧線–大地間注入方式」（図 5.3.7）
・「中性線–大地間注入方式」（図 5.3.8）

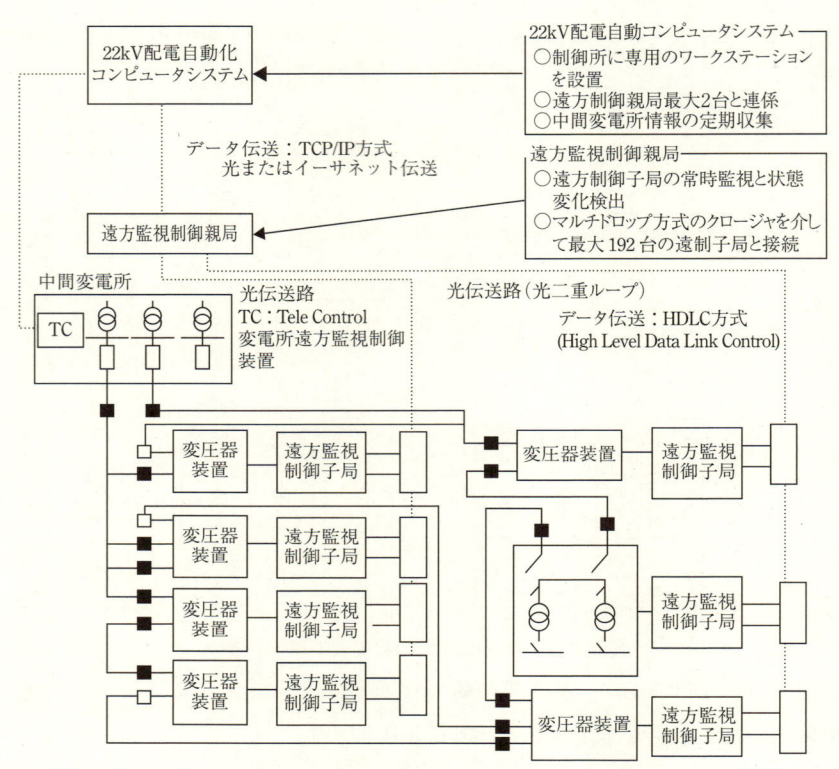

図 5.3.2 分割連系系統の自動化システム構成

の2方式がある．このため，

・現行6kV配電自動化機器の流用可否

・11.4kV配電系統における伝送特性（中性点接地抵抗の影響）

の観点から搬送波注入方式を検討した．

（a） 現行6kV配電自動化機器の流用

6kV配電系統と同様に11.4kV配電系統で電圧線-大地間で搬送波を注入する場合，耐絶縁性能の面で現行の6kV配電自動化機器の流用は困難である．しかし中性線-大地間注入方式であれば，配電線に搬送信号を注入するための配電線搬送波結合装置（以下：搬送結合装置），および配電線から搬送信号を抽出する高圧結合器が流用可能である（**表5.3.1**）．

5.3 自動化方式

22 kV配電系統自動化システム機能

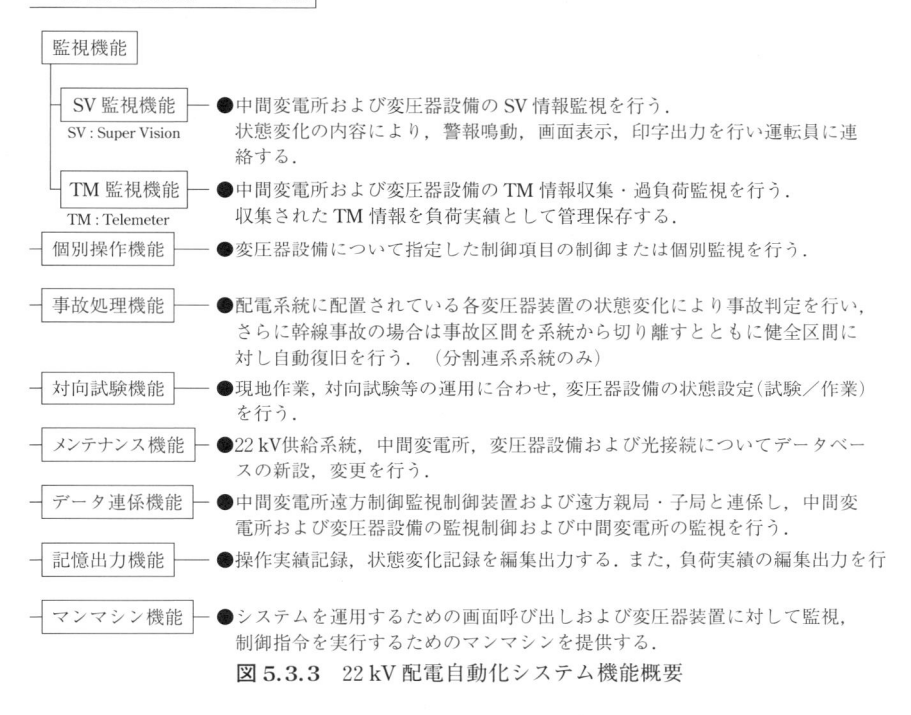

- 監視機能
  - SV 監視機能 ●中間変電所および変圧器設備の SV 情報監視を行う．
    SV : Super Vision　状態変化の内容により，警報鳴動，画面表示，印字出力を行い運転員に連絡する．
  - TM 監視機能 ●中間変電所および変圧器設備の TM 情報収集・過負荷監視を行う．
    TM : Telemeter　収集された TM 情報を負荷実績として管理保存する．
- 個別操作機能 ●変圧器設備について指定した制御項目の制御または個別監視を行う．
- 事故処理機能 ●配電系統に配置されている各変圧器装置の状態変化により事故判定を行い，さらに幹線事故の場合は事故区間を系統から切り離すとともに健全区間に対し自動復旧を行う．（分割連系系統のみ）
- 対向試験機能 ●現地作業，対向試験等の運用に合わせ，変圧器設備の状態設定(試験／作業)を行う．
- メンテナンス機能 ●22 kV供給系統，中間変電所，変圧器設備および光接続についてデータベースの新設，変更を行う．
- データ連係機能 ●中間変電所遠方制御監視制御装置および遠方親局・子局と連係し，中間変電所および変圧器設備の監視制御および中間変電所の監視を行う．
- 記憶出力機能 ●操作実績記録，状態変化記録を編集出力する．また，負荷実績の編集出力を行
- マンマシン機能 ●システムを運用するための画面呼び出しおよび変圧器装置に対して監視，制御指令を実行するためのマンマシンを提供する．

図 5.3.3　22 kV 配電自動化システム機能概要

(b) 11.4 kV 配電系統における伝送特性

　中性点接地抵抗は一般に伝送特性を悪くする傾向があり，その傾向は抵抗値が低いほど顕著である．このため電中研赤城試験センターの 11.4 kV 配電試験線路において，中性点接地抵抗値を 20 Ω，65 Ω，非接地（無限大）と変化させ，6 kV 配電自動化で採用している 5 kHz 〜10 kHz 帯の搬送信号の伝送レベルを測定したところ，中性点接地抵抗が 20 Ω 以上では搬送波の伝送特性へ及ぼす影響は小さいという結果を得た（図 5.3.10）．

　また，搬送信号の注入方式による違いを確認するため，電圧線−大地間注入方式と中性線−大地間注入方式で実施したところ，搬送信号の注入方式による伝送特性の違いはなく，どちらの場合も同程度の特性が得られた（図 5.3.11）．

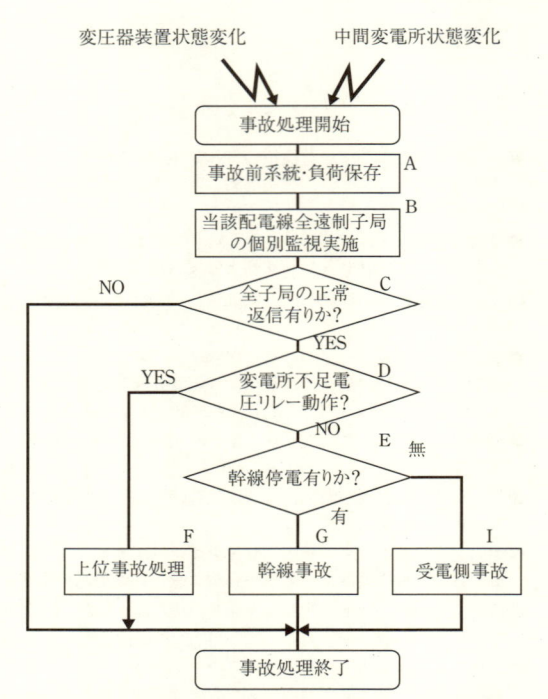

図 5.3.4 22 kV 配電自動化システム事故判定フロー

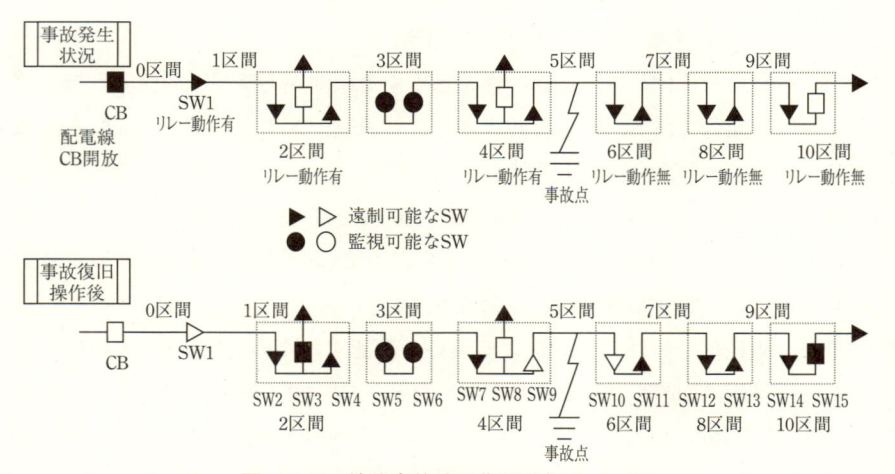

図 5.3.5 線路事故時の復旧動作イメージ

5.3 自動化方式

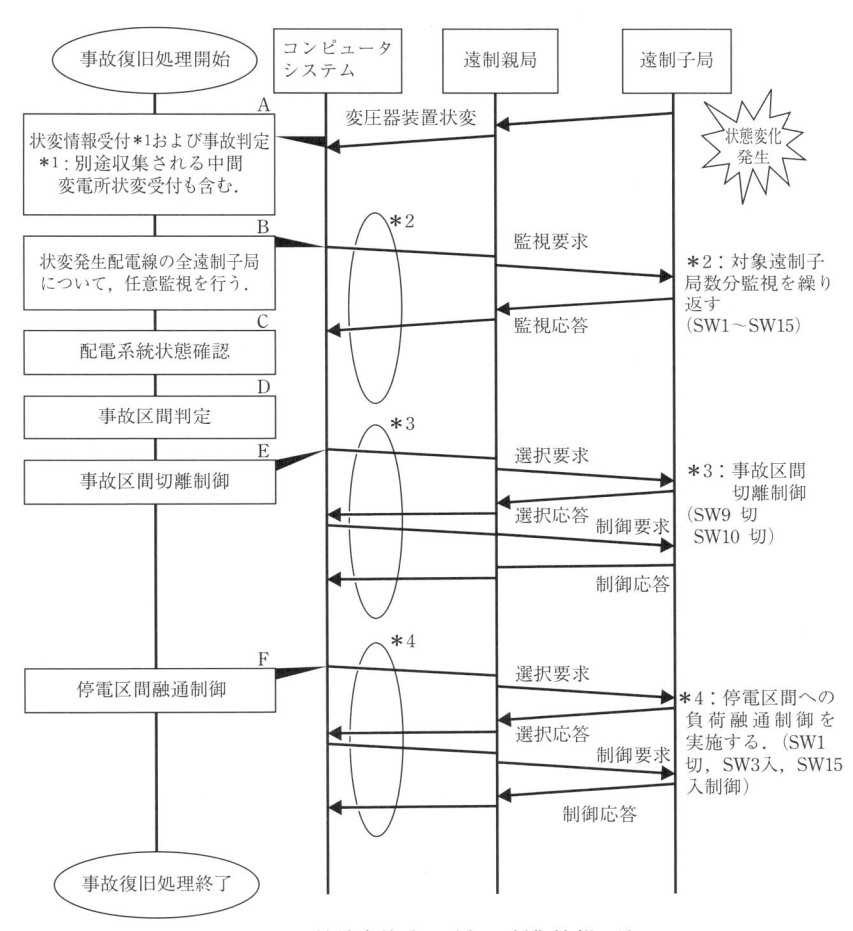

図5.3.6 幹線事故時の監視・制御情報の流れ

さらに，搬送信号を配電系統へ注入する搬送結合装置の結合コンデンサ容量を $0.3\,\mu\mathrm{F}$, $0.9\,\mu\mathrm{F}$ と変化させて試験したところ，搬送結合装置の結合コンデンサ容量が増加すると伝送レベルも向上するという結果が得られた（図5.3.12）．

なお，シミュレーションにおいても上記と同様の結果が得られた．

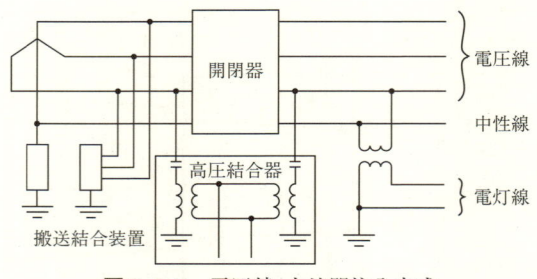

図 5.3.7 電圧線-大地間注入方式

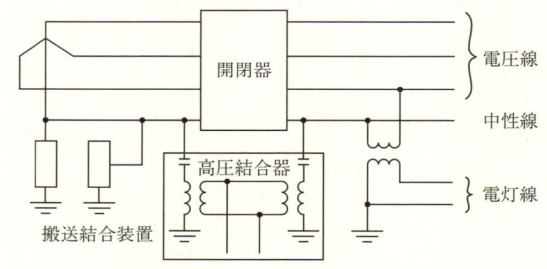

図 5.3.8 中性線-大地間注入方式

② 事故区間判定・分離方式

　6 kV 配電自動化で採用している時限式事故捜査方式は，事故発生後の再送電（変電所の配電用遮断器の投入）において，配電系統上の開閉器を一定時間ごとに順次投入し，再送電開始から事故区間への再送電により変電所の保護リレーが動作するまでの経過時間を計測することで事故区間を判定する方法である．このように 6 kV 配電系統の事故区間判定は「事故点への再送電」を前提としているが，11.4 kV 配電系統では「事故点に再送電しない」方法について検討を行った．事故点に再送電しない方法として，事故発生時に系統上の自動開閉器用遠方監視制御器（以下 SC：Automatic Switch Remote Control）が各々事故を検出し，SC 間で事故検出状況を通信することで事故区間を判定，分離する「子局間通信方式」が考えられる．しかし，各 SC でセンサを内蔵し，事故検出機能を持つ必要があり，既存 SC の大幅な見直しが必要となるため，既存機器の流用の観点から 11.4 kV 配電系統においても 6 kV 配電系統と同様，

5.3 自動化方式

表 5.3.1 搬送波注入方式別評価

搬送波注入方式		電圧線-大地間	中性線-大地間
既存機器流用可能性の検討	搬結 適用性	新規開発が必要.	結合コンデンサ容量は変更しないため無改造で流用可能.
	コスト	概算で現行の200%程度.	現行品と同じ(現行品を無改造で流用).ただし,接続部の変更が必要.
	高圧結合器 耐絶縁性能	・商用周波耐電圧 AC 22 kV → AC 28 kV (絶縁階級10号) 現在の実力が約AC 40 kVなので裕度1.8→1.4となる. ・雷インパルス耐電圧65 kV→75 kV(絶縁階級10号B) 現在の実力が約90 kVなので裕度1.4→1.2となる. 耐雷素子は放電開始電圧値に20%程度の個体差があり,素子の経年劣化等を考慮すると十分な裕度とはいえない.	中性線-大地間は低電位であると思われるので,耐雷素子は6 kV用で十分であり,現行の絶縁性能があれば問題なく使用できる.
	寿命	アイリングモデルによる寿命予測式と現行高圧結合器の試験データより 推定寿命 = 25〔日〕・(10〔kV〕/6.6〔kV〕)2×2 (80〔℃〕-20)/10 ≒ 10年 となり,寿命は約10年となることが予想される.	中性線-大地間に発生する電圧は現行定格の$6.6/\sqrt{3}$ kVより小さいと思われるため,同等以上の寿命となる
	コスト	新規開発の場合は,概算で現行の200%程度になる.	現行品を流用でき,寿命が同等以上となるため,100%となる.

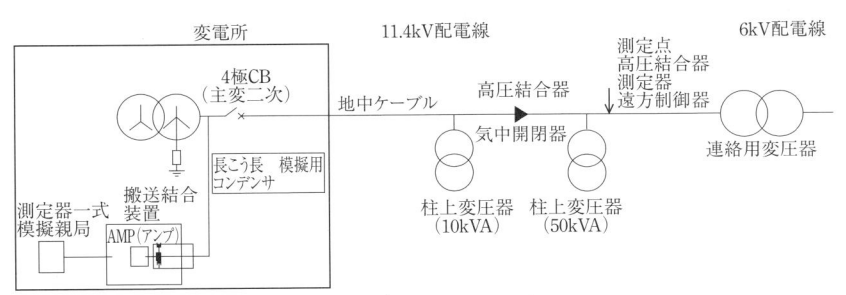

図 5.3.9 試験線路構成

事故点に再送電を行う時限式事故捜査方式を採用した.子局間通信方式による事故区間判定分離方式を図5.3.13に示す.

③ 中性線-大地間注入方式における中性線断線検出方法

中性線-大地間注入方式では,中性線を伝送路として使用しており中性線の

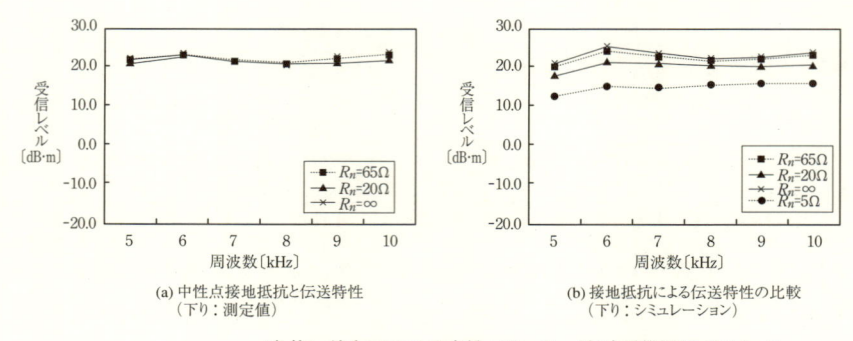

(a) 中性点接地抵抗と伝送特性
　　（下り：測定値）

(b) 接地抵抗による伝送特性の比較
　　（下り：シミュレーション）

〈条件〉 結合コンデンサ容量：0.9 μF，長こう長模擬用 C：1.2 μF

図 5.3.10　中性点接地抵抗の影響

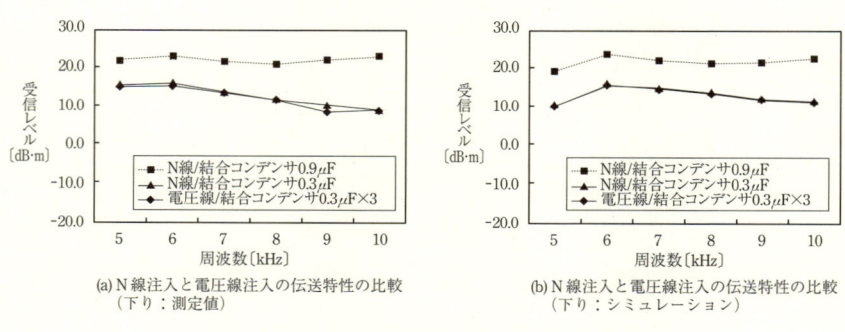

(a) N線注入と電圧線注入の伝送特性の比較
　　（下り：測定値）

(b) N線注入と電圧線注入の伝送特性の比較
　　（下り：シミュレーション）

〈条件〉 長こう長模擬用 C：1.2 μF，中性点接地抵抗：65 Ω

図 5.3.11　中性線注入方式と電圧線注入方式

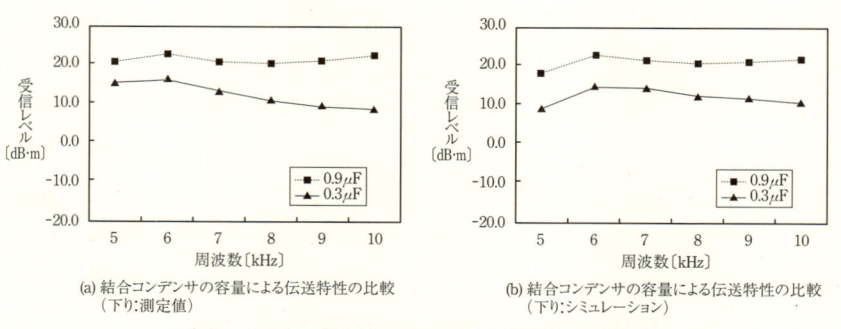

(a) 結合コンデンサの容量による伝送特性の比較
　　（下り：測定値）

(b) 結合コンデンサの容量による伝送特性の比較
　　（下り：シミュレーション）

〈条件〉 長こう長模擬用 C：1.2 μF，中性点接地抵抗：65 Ω

図 5.3.12　結合コンデンサ容量の影響

5.3 自動化方式

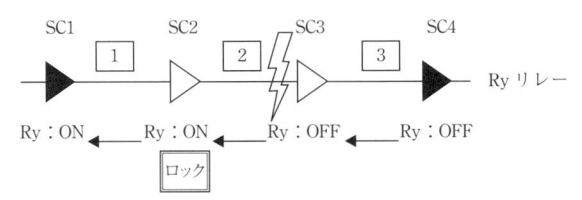

```
         SC1      SC2      SC3      SC4
     ──▶─┤ 1 ├─▷─┤ 2 ├─◁─┤ 3 ├─▶──── Ry リレー
       Ry:ON◀── Ry:ON◀── Ry:OFF◀── Ry:OFF
                  │ロック│
```

1) 配電線 CB（Circuit Breaker：遮断器）トリップ後の無電圧時，SC1 は，自 Ry：ON と子局間通信される SC2（直後 SC）Ry：ON から，自区間（第 1 区間）に事故点がないと判定する．
2) SC2 は自 Ry：ON と SC3（直後 SC）Ry:OFF から，自区間（第 2 区間）に事故点があると判定し，投入をロックする．
3) 配電線 CB の再閉路により SC1 まで充電される．SC1 は自区間に事故点がないのため投入する．
4) SC2 はロックのため，投入しない（電源側健全区間の充電は完了）．
5) 配電システムからの事故配電線の SC を一括監視することにより，第 2 区間に事故点があることを判定する．
6) 負荷側健全区間は配電システムにより，6 kV と同様な手順で充電する．

図 5.3.13 子局間通信方式による事故区間判定・分離

断線時は伝送経路がなくなるため，「SC の受信不能」を利用して断線検出する方法が考えられる．しかし，電中研赤城試験センターにおいて試験線路の中性線断線を模擬して搬送波の伝送レベルを測定したところ，中性線断線時でも連絡用変圧器装置，柱上変圧器，高圧結合器を介した搬送波の回り込み現象が発生し，断線点以降においても SC が受信可能なレベル（$-10\,\mathrm{dB} \sim +23\,\mathrm{dB}$）の搬送波が発生しうることを確認した．これにより機器ごとに搬送波の回り込みを防止するなどの対策が必要となるため，「受信不能」単独では断線検出は困難である．

(a) 中性線断線時の搬送波の回り込み

以下に，電中研赤城試験センターの試験線路における伝送特性試験結果示す（試験線路構成は，図 5.3.9 参照）．

○変圧器による搬送波の回り込み

試験線路において，気中開閉器を用いて中性線だけ切断し，断線を模擬した状態で搬送波の回り込みのレベルを測定したところ，連絡用変圧器装置における搬送波の回り込みが大きく，断線点の負荷側に連絡用変圧器装置がある場合は断線点以降でも SC が受信可能なレベルの搬送波が発生した．（図 5.3.14）

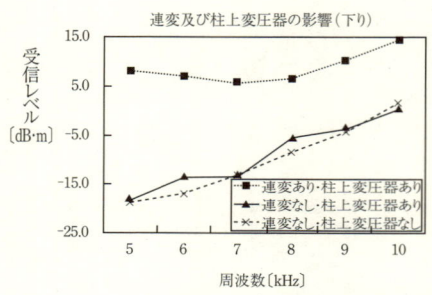

図 5.3.14 変圧器による搬送波の回り込み

柱上変圧器による搬送波の回り込み経路を**図 5.3.15**に示す．

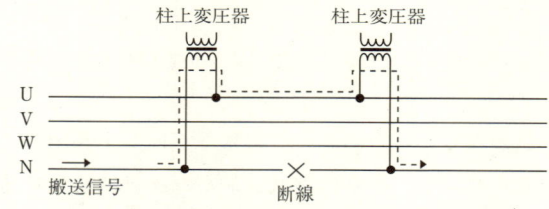

図 5.3.15 柱上変圧器による搬送波の伝搬経路

○高圧結合器による搬送波の回り込み

開閉器の両側に取り付けられた高圧結合器は，遠方制御器内で回路上接続されている（**図 5.3.7**の高圧結合器部参照）．このため，開閉器を開放して伝送路を分離しても高圧結合器を介して搬送波は伝搬される．試験の結果，高圧結合器により搬送波は 10～15 dB・m 減衰するが回り込みが生じている．連系点（開閉器は常開）の高圧結合器においても同様の搬送波の回り込みが発生する（**図 5.3.16**）．

(2) 光伝送方式

光伝送方式のメリットは以下のとおりである．

- 配電線搬送では停電時に配電線上の開閉器が開放し伝送路が途切れるが，光伝送方式ではそのようなことはない．
- 配電線搬送と比べ送信時の消費電力が少ない（1/50 程度）ため，停電時の電源バックアップ容量の低減ができる．

5.3 自動化方式

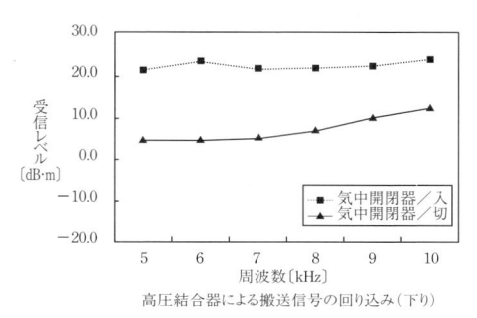

〈条件〉
試験線路の気中開閉器を開放して結合器による回り込みを調査
長こう長模擬用コンデンサ：1.2 μF
中性点接地抵抗　　　　　：65 Ω

高圧結合器による搬送信号の回り込み（下り）

図 5.3.16 高圧結合器による搬送波の回り込み

・ノイズに強く，伝送路の信頼性が高い．
・伝送速度および伝送頻度をあげることができる．
・中性線断線時の伝送が可能（配電線搬送方式で中性線注入方式と比較）

デメリットとしては，光伝送路を新たに敷設する場合のイニシャルコストが高い点があげられる．

① システム構成

現行の 6 kV 配電システムの流用，実運用で 6 kV 配電との整合性を考えると，光伝送方式を採用した 11.4 kV 配電自動化の監視・制御方法として以下のシステム構成例が考えられる．

配電システム～ TC（Tele Contorol：変電所遠方監視制御装置）間は 6 kV 配電自動化と同様の伝送方式とし，搬送結合装置～ SC 間は 6 kV 配電自動化で採用している配電線搬送方式に代わり，11.4 kV 配電自動化では光親局～光子局（光 SC）を設置する．光親局は定周期（1 秒間隔）で光子局との交信を行い光子局の常時監視を行う．
（**図 5.3.17** 常時監視方式システム構成（例）参照）

② 事故区間判定・分離方式

光伝送方式では配電線搬送方式に比べ大量の情報伝送が可能であるため，光子局に事故検出機能を設ければ，事故検知した光子局からの配電システムへの事故情報の一斉送信，あるいは配電システムから事故検知した光子局の一括監視が可能となり，収集した光子局の事故情報に基づき配電システムで事故区間

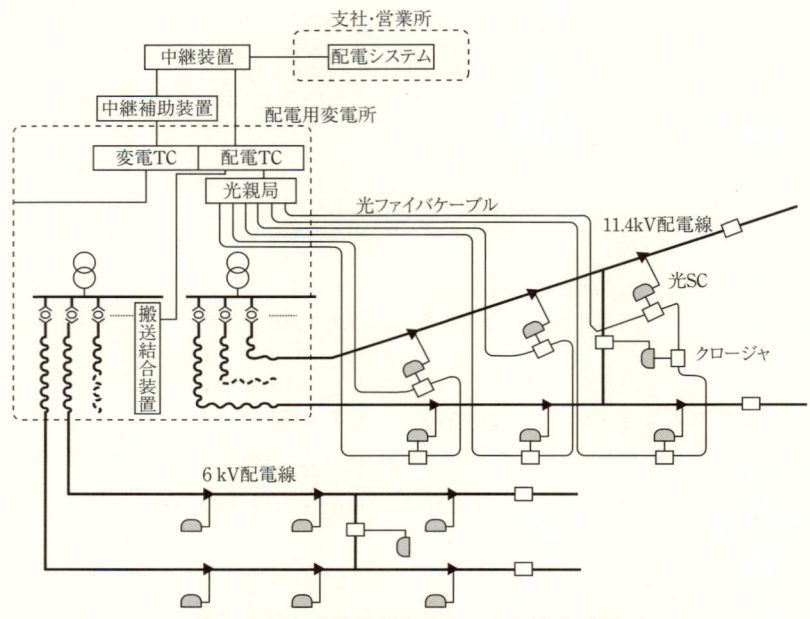

図 5.3.17 常時監視方式システム構成（例）

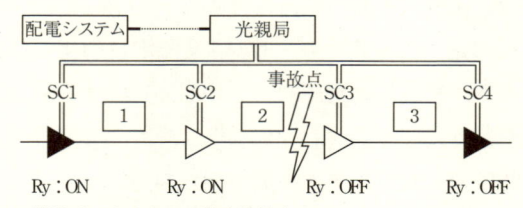

1) SC の状態は，1秒以下のサイクルで常時監視する．
2) 配電線 CB トリップ後の無電圧時，光親局の一括監視による SC 状態を記憶する．
3) 配電システムから，事故配電線の SC に対して一括監視を実行する．
4) 光親局では，停電配電線の SC 状態を記憶しているため，代行応答を配電システムに送信する．
5) 配電システムでは，各 SC からの受信データをもとに，事故区間を判定する．
6) 配電システムにより，電源側健全区間を充電する．
7) 負荷側健全区間は配電システムにより，6 kV と同様な手順で充電する．

図 5.3.18 常時監視方式の事故時動作

の判定・分離ができる．この事故区間判定方式は，6 kV 配電自動化で採用している時限式事故操作方式に比べ短時間で事故区間の判定ができ，供給信頼度が向上する．上記の常時監視方式における動作概念を図 5.3.18 に示す．

5.4 供給用機材とその施設方法

5.4.1 22 kV 路上機器の施設方法

(1) 22 kV 路上機器施設における保安対策

特別高圧機器を路上に設置する場合，現行電気設備技術基準の解釈第 31 条では，一線地絡時に機器と大地に発生する「接触電圧」が，人体に危険な 50 V を超える恐れがある場合には，「人が容易に触れないように適当な柵を設ける」ことが規定されている．

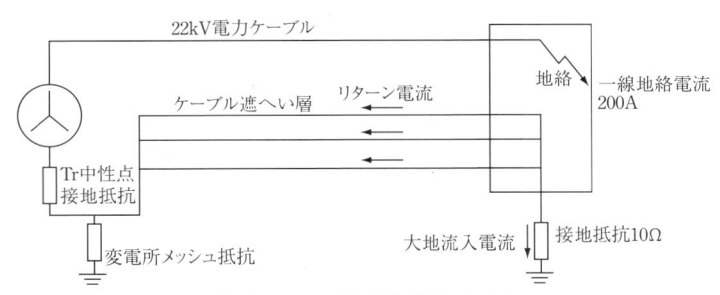

図 5.4.1　1 線地絡事故モデル

22 kV 配電の適用拡大を図るためには，高圧路上機器と同様に柵を設けることなく，22 kV 機器を路上や民地などに設置することが肝要である．接触電圧を 50 V 以下とするための保安対策について以下に示す．

① 地絡電流を低減する方法

地絡電流を低減する方法として，表 5.4.1 の 3 案がある．

② 地表面に現れる電位傾度を低減する方法

地表面に現れる電位傾度を低減する方法として，表 5.4.2 の 6 案がある．

表 5.4.1 地絡電流を低減する方法

イメージ	緩和案	クリア条件	電技との整合	実施の可能性	評価
	a. 変電所の中性点接地抵抗値を大きくする.	現行65 Ω →235 Ω 以上	○	一線地絡電流を200 Aから54 Aに低減できるが,地絡保護に及ぼす影響を検証する必要がある.	△
	b. 変電所のメッシュ抵抗を大きくする.	現行0.1〜3 Ω →35 Ω 以上	○	変電所における機器保護や,作業安全に影響があり,採用困難.	×
	c. 機器の地絡抵抗(接地抵抗ではなく故障時の地絡抵抗)を大きくする.	170 Ω 以上	○	故障時の様相は一定でなく,保証できない.	×

表 5.4.2 地表面に現れる電位傾度を低減する方法

イメージ	緩和案	クリア条件	電技との整合	実施の可能性	評価
	d. 機器周囲に絶縁体または導電率の低い敷物や舗装を施し,感電を防止する.	—	○	表面の汚損や雨などにより導電率が高くなった場合,接触電圧,歩幅電圧が発生する.	×
	e. 機器周囲に金属板を敷き詰め,外箱と足元を同電位にする.	—	○	金属板の端部で歩幅電圧が50Vを超過する.	×
	f. 機器周囲に接地網を施し,徐々に深くする.	—	○	お客様用地や歩道は,接地網の施工が困難	×
	g. 地絡電流の変電所への帰路をケーブルにし大地へ分流する電流を小さくする.	導体200 mm² 以上	○	十分な効果を得るためには,超大サイズの導体が必要であり,施工が困難.	×
	h. 機器の外箱と内箱を絶縁し,内箱の接地極を長く施設し,接地抵抗値を低減する.	深さX[m]以上 =Y[Ω]以下	○	十分な効果を得るためには,超大深度の接地工事が必要であり,施工が困難.	△
	i. 機器の外箱と内箱を絶縁し,内箱の接地極を地中深く施設し,途中を絶縁する.	深さX[m]以上	○	十分な効果を得るためには,超大深度の接地工事が必要であり,施工が困難	△

5.4 供給用機材とその施設方法

表5.4.3 機器外箱と電位差を生じさせない方法

イメージ	緩和案	クリア条件	電技との整合	実施の可能性	評価
遮へい層	j. 機器の外箱と内箱を絶縁し，外箱は接地を施し，内箱は遮へい層で帰路する．	—	内箱に接地を施さず，地絡電流を電路で帰路させる思想が，現行電技にはない．	接続部で接地を施すと地絡電流が分流する．遮へい層が劣化する恐れがある．外箱と内箱に150 V以上の電位差が発生する．	△
ケーブル	k. 機器の外箱と内箱を絶縁し，外箱にはA種接地を施し，内箱は専用線で帰路する．	専用線100 mm²以上（電位差150 V以下）		22 kV CVQケーブル等の開発が必要．管路径よりサイズに制約が発生する恐れ有り．	○
	l. 機器の外箱と内箱を絶縁し，外箱を絶縁材料とする．	—	高圧では，コンクリートは認められている．	コンクリートは寸法，施工面から不可．樹脂材料は，強度が課題（実用上，電技上）．長期耐候性も検証必要．	△

③ **機器外箱と大地に電位差を生じさせない方法**

機器外箱と大地に電位差を生じさせない方法として，**表5.4.3**の3案について示す．

④ **評価**

以上から，22 kV路上機器の現実的な保安対策方法としては，

- 「i.：機器の外箱と内箱を絶縁し，内箱の接地極を地中深く施設し，途中を絶縁する」
- 「j.：機器の外箱と内箱を絶縁し，外箱は接地を施し，内箱は遮蔽層で帰路する」
- 「k.：機器の外箱と内箱を絶縁し，外箱にはA種接地を施し，内箱は専用線で帰路する」

などが有望である．

(2) **22 kV路上機器施設制限の緩和に関わる方策**

① **各種保安対策試験**

有望である3つの保安対策案に加え，外箱から離れた地表面を同電位にするために別接地を行った対策を加えた以下の5案について，実際に電力中央研究所赤城試験センターにおいて一線地絡事故を発生させ，接触電圧，歩幅電圧を測定し，その有効性について検証試験を行った．

- 内箱と外箱を絶縁し，内箱A種接地極を絶縁する方法

・内箱と外箱を絶縁し，外箱を別接地（内箱A種接地）とする方法
・内箱と外箱を絶縁し，外箱を地中埋設別接地（内箱A種接地）とする方法
・内箱と外箱を絶縁し，内箱に帰還専用線（内箱A種接地）を布設する方法
・内箱と外箱を絶縁し，さらに内箱をハンドホールから絶縁（外箱A種接地）し，大地帰路電流を零にする方法

② 各種対策の試験結果

(a) 内箱と外箱を絶縁し，内箱A種接地極を絶縁する方法

この対策は，路上機器を二重箱構造として内箱と外箱を絶縁するとともに内

表5.4.4 内箱接地極絶縁時の大地電位特性
($R_n = 16\,\Omega$)

外箱からの距離	絶縁距離 内・外距離	大地電位〔V/A〕			
		なし		3 m	5 m
		5 cm	3 cm	5 cm	3 cm
0.0		5.28	5.58	5.27	5.29
0.3		3.35	3.51	3.01	3.07
0.5		3.18	3.28	2.89	2.89
0.7		3.11	3.24	2.77	2.80
1.0		2.97	3.05	2.66	2.66
2.0		2.64	2.73	2.34	2.33
3.0		2.48	2.49	2.19	2.16
5.0		2.13	2.17	1.97	1.90
7.0		1.92	1.98	1.78	1.74
10		1.72	1.73	1.62	1.58

箱のA種接地極を土壌表面から絶縁する方法である．A種接地極の絶縁距離を5m，3m，なしの3条件，また，内箱と外箱の絶縁距離を3cm，5cmとして試験を行った．この試験結果を表5.4.4に示す．

A種接地極を絶縁する方法は，絶縁距離を長くすると外箱などの電位上昇が若干小さくなるが，その効果はあまり見られなかった．この理由として，内箱と基礎のコンクリートは十分な絶縁状態ではなく，コンクリートを介して地表面に電位がかかること，A種接地極の埋設深さが40mと非常に深いため，大

5.4 供給用機材とその施設方法

地への電流は地表面浅く流れない可能性があることなどが考えられる．また，内箱と外箱との絶縁離隔の差についても同様にその効果は余り認められなかった．

(b) 内箱と外箱を絶縁し，外箱を別接地（内箱A種接地）とする方法

内箱のA種接地とは別に，外箱から離れた地表面電位と合わせるため，土中40 cm程度に埋設した簡単な接地を外箱から0.5 mおよび1 m離れた所に施設したときの大地電位特性を測定した．その結果を図5.4.2に示す．この図から明らかなように，外箱を接地した地点の地表面電位が外箱電位となるため，例えば外箱接地を1 m離れた地点に設けると，接触電圧（外箱電位−1 m離れた地点の電位）は大地流入電流に関係なくほぼ0 Vが実現できる．今回の試験で

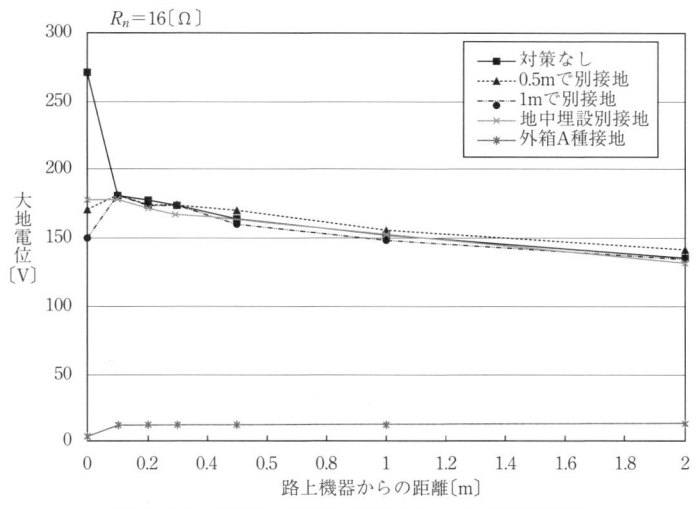

図5.4.2 内箱と外箱を別接地した大地電位特性

は，$R_n=16\,\Omega$のときでも外箱接地なしで接触電圧が100 V程度あったが，外箱を0.5 m〜1 mの所に接地すると接触電圧は20 V程度に抑制することができた．

(c) 内箱と外箱を絶縁し，外箱を地中埋設別接地（内箱 A 種接地）とする方法

実現場を想定して，b. の別接地の方法として，外箱の接地を地中埋設別接地（地下 90 cm，ハンドホールから 50 cm の地点で配電用

表 5.4.5　地中埋設別接地での接触電圧

方向	接触電圧〔V〕			
	接地なし	外箱接地 0.5 m	外箱接地 1 m	地中埋設別接地
0°		14	0	25
45°	123	14	0	28
90°		14	0	28
180°		17	7	25

接地棒 2 本連結接地抵抗：145 Ω）として，大地電位特性を測定した．その結果を，図 5.4.2，表 5.4.5 に示す．接触電圧は低減でき，外箱は外箱を地表 0.1 m 程度離れた点で補助接地した効果とほぼ同程度であり，接触電圧の抑制が可能である．そして，大地電位特性が一番ゆるやかな特性を有しており安全サイドでもある．また，1 方向の地中埋設別接地しても，大地電位特性には方向依存性がないことが確認された．

(d) 内箱と外箱を絶縁し，内箱に帰還専用線（内箱 A 種接地）を布設する方法

帰還専用線として，CV 100 mm^2 を特高機器内箱から変電所メッシュ抵抗まで布設する方法である．一線地絡事故時の専用線あり，なしの電流分布を表 5.4.6 に，大地電位を表 5.4.7 に示す．専用線なしでは，大地流入電流比率

表 5.4.6　専用線による電流分布の影響

R_n 〔Ω〕	専用線なし			専用線あり			
	地絡電流 分流化	シース電流 分流化	大地電流 分流化	地絡電流 分流化	シース電流 分流化	専用線電流 分流化	大地電流 分流化
16	670 A —	622 A 92.8%	44 A 6.6%	690 A —	297 A 43.0%	530 A 76.8%	13.6 A 1.97%
32	380 A —	353 A 92.9%	24.4 A 6.4%	396 A —	173 A 43.7%	293 A 74.0%	7.7 A 1.94%
70	175 A —	161 A 92.0%	11 A 6.4%	177 A —	80 A 43.7%	132 A 74.0%	3.5 A 1.94%
140	92 A —	84.2 A 91.5%	5.66 A 6.2%	92 A —	41.4 A 45.0%	68.6 A 74.6%	1.87 A 2.03%

5.4 供給用機材とその施設方法

表 5.4.7 専用線による電位の影響 ($R_n = 16\,\Omega$)

内箱からの距離〔m〕	電位〔V〕	
	専用線なし	専用線あり
0.0	258.9	80.0
0.3	129.7	41.6
0.5	125.4	39.0
0.7	115.6	37.7
1.0	114.3	35.8
2.0	95.0	31.4
3.0	93.7	29.0
5.0	82.2	25.6
7.0	76.2	23.3
10.0	68.1	21.5

は，地絡電流に対して7％程度であるが，専用線を接続するとその比率が2％程度になる．この比率は地絡電流値（R_n値）による影響を受けない．よって帰還専用線の有無により大地電位の差は3.5倍程度となり，R_nが16Ωで専用線がない場合は接触電圧が100〜150V程度であったのが，専用線ありの場合は45V程度に減少し，その効果が大きいことがわかった．

しかし，CVケーブルを帰還専用線として新たに布設することは，経済性の観点から極めて困難である．

表 5.4.8 大地帰路電流零方式の接触電圧

R_n〔Ω〕	接触電圧〔V〕		
	対策なし	地中埋設別接地	外箱A種接地内箱ケーブル遮へい層
8	198	35	13
16	123	25	8

(e) 内箱と外箱を絶縁し，さらに内箱をハンドホールから絶縁（外箱A種接地）し，大地帰路電流を零にする方法

事故時に大地への帰路電流を零にする方法として，内箱と外箱を絶縁し外箱にA種接地を施し，内箱はハンドホールからも絶縁してケーブル遮へい層だけで事故電流を帰路させる方式が考えられる．この試験結果を図5.4.2，表5.4.8に示す．

大地電位特性は一定であり，$R_n = 16\,\Omega$の場合で接触電圧は8 V，$R_n = 8\,\Omega$でも13 Vで，接触電圧許容値である50 Vを十分にクリアするとともに，この方式は大地抵抗率の影響を受けない．また，地絡からの距離に依存しないため，接触電圧面からは一番安全な方式である．しかし，ケーブル遮へい層の電流耐量など事前確認が必要である．

(3) 22 kV路上機器の施設方法について

① 22 kV路上機器の保安対策方法

22 kV路上機器の保安対策方法としては，表5.4.9に示す方式が有望であ

表5.4.9 保安対策方法の課題と評価

	内　　容	課　　題	評価
接触・歩幅電圧緩和策	内箱と外箱を絶縁し，内箱をA種接地，外箱を別接地することにより，接触・歩幅電圧の抑制が可能（地中での別接地が現実的）．	接触電圧の大きさは，大地抵抗率や線路こう長により変動するため個別確認が必要．	○
外箱・大地の電位差緩和策	内箱と外箱を絶縁し，外箱はA種接地とする．内箱はハンドホールから絶縁し，ケーブル遮へい層で事故電流を帰路させることにより，接触・歩幅電圧の抑制が可能．	接触電圧からは一番確実な方式であるが，現実的には施設環境面から内箱とハンドホールを完全に絶縁することは困難．	△

り，接触電圧だけの抑制でみれば外箱・大地の電位差緩和策である．この対策は，内箱と外箱を絶縁し，外箱にA種接地，内箱はハンドホールから絶縁し，ケーブル遮へい層で事故電流を帰路させる方式で，大地へ事故電流が流れないために接触電圧はほぼ0 Vが達成される．よって，接触電圧面では一番確実な方式であるが，内箱とハンドホールを完全に絶縁することは現実的には困難で

5.4 供給用機材とその施設方法

ある．

接触・歩幅電圧緩和策の中では，接触電圧が最も安全サイドとなる方法は地中埋設別接地であり，接触電圧が28V程度であること，大地電位特性が一番ゆるやかな特性であることがあげられる．ただし，接触電圧は大地抵抗率や線路こう長により変動するため，適用に当たっては個別確認が必要となる．

工法，保安対策面を総合的に判断すると，接触・歩幅電圧緩和策として，地

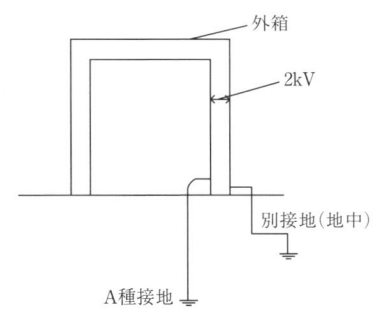

図5.4.3 二重箱構造と接地極の施設イメージ

中埋設別接地が最も有望である．

② 機器構造への反映

22kV路上機器の構造に関する留意点としては以下の2点である．
・内箱と外箱を絶縁した二重箱構造とすること
・内箱と外箱の絶縁は2kV程度有すること

図5.4.3に二重箱構造と接地極施設のイメージを示す．

5.4.2 11.4kV用機器の施設方法について

11.4kV配電系統に適用する機材については，概ね現行6kV機材を流用することが可能である．しかしながら，11.4kV配電系統は現行6kV系統が三相3線式であるのに対し，三相4線式となることから，4極型の開閉器が必要となる．また，11.4kV系統へ昇圧されるのに伴い，既設自家用需要家への6kV補償用変圧器ならびに既設6kV系統との連絡用変圧器が必要となる．これら新

たに必要となる機材については6.2で，装柱方法は6.4で述べることとする．

5.5 11.4 kV配電方式固有の課題

　従来の6 kV配電方式とは異なり，11.4 kV配電方式は中性点単一接地三相4線式となるため，固有の課題を有する．ここでは，これらの課題発生のメカニズムや課題解決の考え方，また，11.4 kV配電方式の実適用に向けた条件整備事項について述べる．

5.5.1 電力品質面での課題

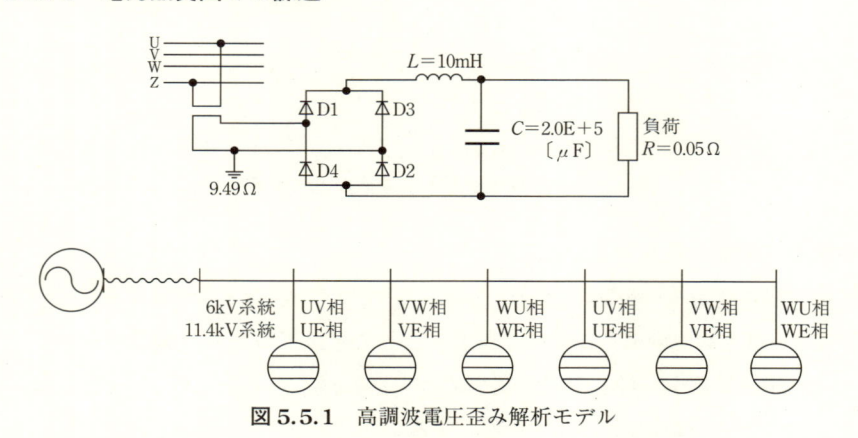

図5.5.1 高調波電圧歪み解析モデル

(1) 高調波
① 11.4 kV昇圧に伴う高調波電圧歪み拡大現象
　11.4 kV中性点接地配電方式は，零相回路に相当する中性線を有する配電方式であるため，中性線に流入する負荷電流は同位相となり，単相負荷の3倍に相当する$3n$次高調波電流が流入することとなる．したがって，既設の6 kV系統を11.4 kV系統に昇圧する場合には，高調波電圧歪みの拡大が懸念される．

　以下に，11.4 kV系統への昇圧に伴い発生する高調波電圧歪み拡大現象を，

5.5　11.4 kV配電方式固有の課題

表5.5.1　11.4 kV昇圧に伴う高調波電圧歪みの変化

		中性点接地抵抗：100 Ω				中性点接地抵抗：1000 Ω				全平均	総合倍数
		容量			平均	容量			平均		
		119.1 kW	595.4 kW	1190.7 kW		119.1 kW	595.4 kW	1190.7 kW			
短系統モデル(線路こう長3.5 km)	3の倍数次高調波(倍)	3.19	3.38	4.10	3.55	3.14	3.64	4.17	3.65	3.60	1.02
	3の倍数次高調波以外(倍)	0.45	0.45	0.50	0.47	0.46	0.43	0.46	0.45	0.46	
長こう長モデル(線路こう長14.0 km)	3の倍数次高調波	4.34	4.63	3.96	4.31	4.54	4.59	4.01	4.38	4.34	1.20
	3の倍数次高調波以外(倍)	0.58	0.50	0.49	0.52	0.53	0.51	0.49	0.51	0.52	

モデル系統を用いてEMTP解析した結果を示した．

表5.5.1を見ると，総合電圧歪み率は昇圧前の1～1.2倍程度とあまり変化していないものの，$3n$次高調波電圧歪み率は3～4倍程度に拡大していることがわかる．

②　高調波電圧歪み拡大による影響

高調波電圧歪みの拡大により最も懸念されるのが，力率改善用コンデンサの焼損である．ここでは，11.4 kVへの昇圧を実施した場合，既設需要家に設置されている力率改善用コンデンサへの影響についての考え方を取りまとめた．

(a)　高圧需要家に設置された力率改善用コンデンサ

5.1.2でも述べたとおり，11.4 kV配電方式適用時，既設6 kV需要家への供給は，V-V結線の補償用変圧器を介して行うこととなるため，零相回路は存在せず，高調波の影響を受けることはない．

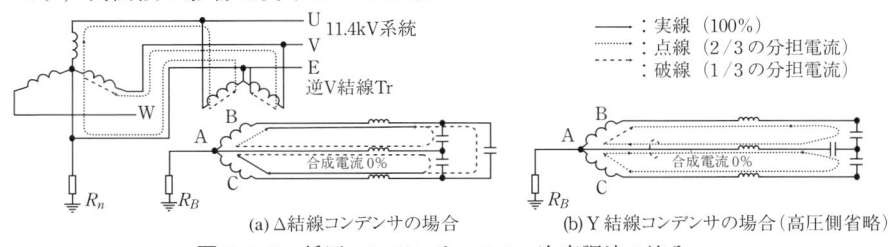

図5.5.2　低圧コンデンサへの$3n$次高調波の流入

(a) Δ結線コンデンサの場合　　(b) Y結線コンデンサの場合（高圧側省略）

──：実線（100%）
……：点線（2/3の分担電流）
- - - ：破線（1/3の分担電流）

(b) 低圧需要家に設置された力率改善用コンデンサ

三相3線200Vの負荷に，11.4kV配電方式より逆V結線を用いて供給を行った場合，**図5.5.2**に示す$3n$次高調波の流入経路が考えられる．先ほどのシミュレーションで，3次高調波電圧歪みが3～4倍程度まで拡大することを考えると，過大な電流がコンデンサに流入し，コンデンサを焼損されることも懸念されるため，対策が必要となる．

③ 高調波電圧歪み抑制方策

11.4kV系統への昇圧に伴う$3n$次高調波電圧歪みを抑制する方策として，Y

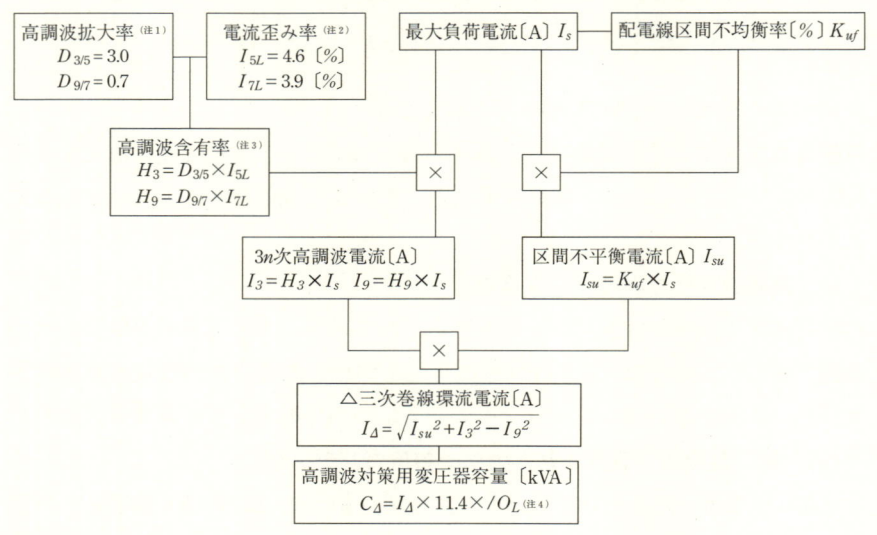

```
┌──────────────────┐  ┌──────────────────┐  ┌──────────────────┐  ┌──────────────────────┐
│ 高調波拡大率(注1) │  │ 電流歪み率(注2)  │  │最大負荷電流[A] Is│  │配電線区間不均衡率[%] Kuf│
│ D3/5 = 3.0       │  │ I5L = 4.6 [%]    │  │                  │  │                      │
│ D9/7 = 0.7       │  │ I7L = 3.9 [%]    │  │                  │  │                      │
└────────┬─────────┘  └────────┬─────────┘  └─────────┬────────┘  └──────────┬───────────┘
         │                     │                      │                      │
         └──────────┬──────────┘                      │                      │
           ┌────────────────────┐                     │                      │
           │ 高調波含有率(注3)  │                     │                      │
           │ H3 = D3/5 × I5L    │                     │                      │
           │ H9 = D9/7 × I7L    │                     │                      │
           └─────────┬──────────┘                     │                      │
                     └─────────────[×]────────────────┤           [×]        │
                     ┌─────────────────────────┐      │  ┌────────────────┐  │
                     │ 3n次高調波電流[A]       │      │  │区間不平衡電流[A] Isu│
                     │ I3 = H3×Is  I9 = H9×Is  │      │  │ Isu = Kuf × Is │  │
                     └────────────┬────────────┘      │  └────────┬───────┘  │
                                  └──────[×]──────────────────────┘          │
                            ┌─────────────────────────────┐
                            │ △三次巻線環流電流[A]        │
                            │ IΔ = √(Isu² + I3² − I9²)    │
                            └──────────────┬──────────────┘
                            ┌─────────────────────────────┐
                            │ 高調波対策用変圧器容量[kVA] │
                            │ CΔ = IΔ × 11.4 × /OL (注4)  │
                            └─────────────────────────────┘
```

(注1)
「家電・汎用品高調波抑制対策ガイドライン」で区分されたクラスA～D機器の第3次高調波／第5次高調波比および第9次高調波／第7次高調波比を適用

$D_{3/5}$；第5次高調波に対する第3次高調波の高調波拡大率

$D_{9/7}$；第7次高調波に対する第9次高調波の高調波拡大率

(注3) H_3；第3次高調波含有率
H_9；第9次高調波含有率

(注4) O_L；変圧器稼働率（過負荷時の変圧器の最大稼働率を150％と仮定）

(注2) 電気協同研究54巻第2号に準拠．(H7.3時点)

	平日		休日	
	14時	20時	14時	20時
基本波[A]	3.3	14.5	6.4	14.0
第5調波[%]	3.2	4.5	3.2	4.6
第7調波[%]	2.7	3.8	2.9	3.9

I_{5L}；第5次高調波による電流歪み率
I_{7L}；第7次高調波による電流歪み率

図5.5.3 高調波対策用変圧器の必要容量算定フロー

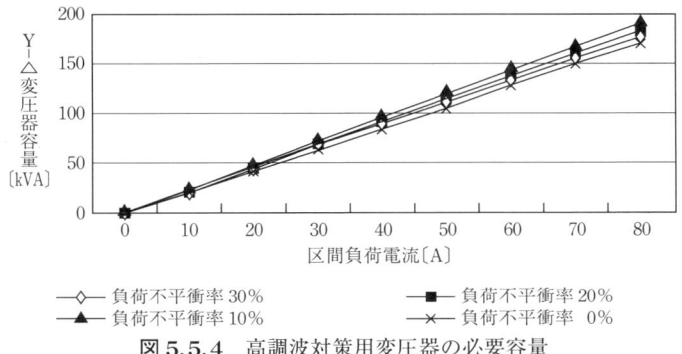

5.5 11.4 kV 配電方式固有の課題

図 5.5.4 高調波対策用変圧器の必要容量

-△巻線を有する変圧器を系統に配置することが有効である．

ただしこの場合，Y-△巻線を有する変圧器を高調波対策として用いる場合，高調波以外に系統の不平衡電流も吸収するため，容量を決定する際には留意が必要となる．

負荷不平衡率を 0～30 % まで変化させた場合の高調波対策用変圧器の必要容量の算定フローを図 5.5.3 に，算定結果を図 5.5.4 にそれぞれ示す．設備稼働率が 70 %，配電線区間ごとの負荷不平衡が 30 % の場合には，100 kVA 程度の変圧器容量が必要となる．

なお，配電系統の線路切替を考慮すると，この高調波対策用変圧器は，切替が行われる可能性のある区間ごとに設置することが望ましい．

高調波対策用変圧器を，汎用の単相変圧器 3 台を組み合わせて 6.6 kV/200 V の Y-△結線を形成して実現することも可能である．この場合，三相 3 線 200 V 動力負荷への供給と併用することもできるが，負荷電流と高調波電流の重畳による過負荷の発生に留意が必要である．また，小容量（10 kVA，20 kVA）の汎用変圧器は，容量に対する実抵抗分が大きく，実質的な高調波抑制効果が期待できないこともあり，この方法で高調波対策を実施する場合には，昇圧前の状態把握や，11.4 kV 昇圧時のシミュレーション等を十分に行う必要がある．

(2) 電圧不平衡

中性点単一接地方式の 11.4 kV 配電系統では，負荷電流の不平衡（電灯，逆

V動力変圧器の接続相不平衡）により，現行6kV系統に比べて電圧不平衡の顕在化が懸念される．以下に，6kV系統を11.4kVへ昇圧した場合の影響度合いのEMTPシミュレーション結果と，対応方法についての考え方を示した．

① 電圧不平衡の評価指標について

電圧不平衡が拡大した場合の負荷機器への影響を考えると，以下の2項目による評価が必要となる．

(a) 電圧不平衡率

（定義）電圧不平衡率 $= \dfrac{逆相電圧}{正相電圧} \times 100$ 〔％〕

（影響）誘導電動機などの負荷機器の過熱・焼損・振動・騒音等の障害が発生

(b) 電圧不平衡指数

（定義）電圧不平衡指数 $= \dfrac{最大電圧 - 最小電圧}{平均電圧} \times 100$ 〔％〕

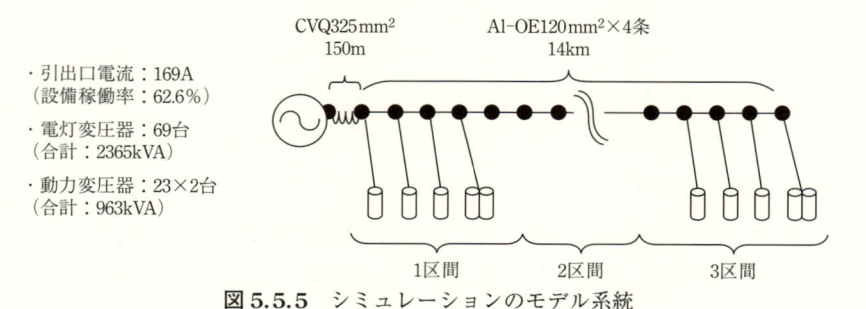

・引出口電流：169 A
（設備稼働率：62.6％）
・電灯変圧器：69台
（合計：2365 kVA）
・動力変圧器：23×2台
（合計：963 kVA）

CVQ325mm² 150m
Al-OE120mm²×4条 14km

1区間　2区間　3区間

図5.5.5　シミュレーションのモデル系統

※各電圧値は，6.6 kVの場合は電圧線間，11.4 kVの場合は電圧線-中性線間にて評価

（影響）低圧負荷への適正電圧維持が困難化

② シミュレーションモデル

平均的な配電線路モデルを**図5.5.5**のとおり作成し，電灯変圧器，動力変圧器の接続相をランダムに変更して，nとおりの負荷電流および電圧不平衡の解析を実施．

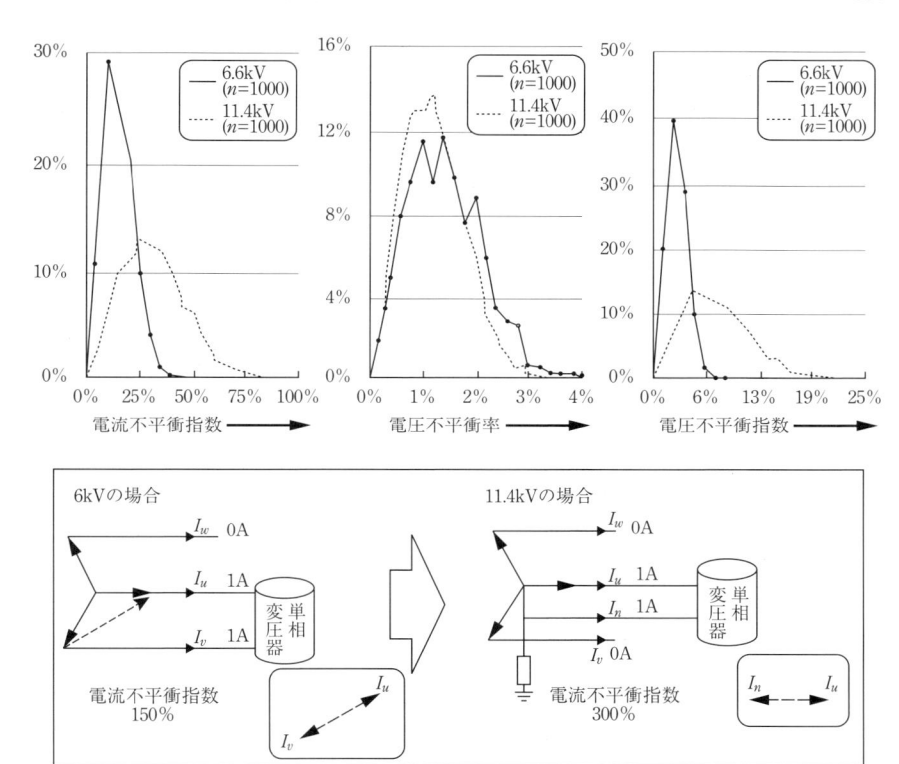

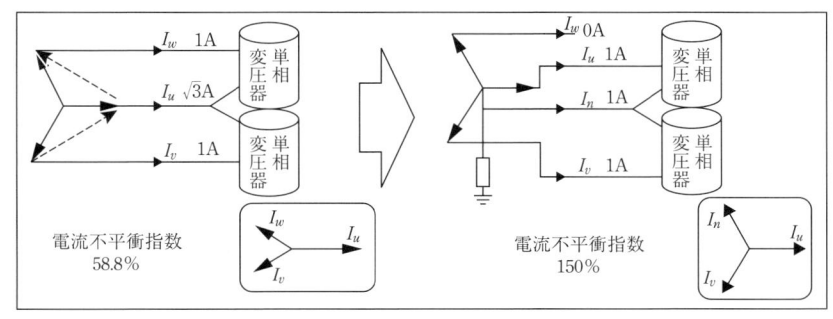

5.5 11.4 kV 配電方式固有の課題

図 5.5.6 シミュレーション結果

③ シミュレーション結果

上記モデル系統において，解析（$n=1000$）を行った結果を図 5.5.6 に示す．

この結果により，11.4 kV 昇圧により，電圧不平衡率はあまり変化しないものの，電圧不平衡指数は著しく悪化することがわかる．これは，電圧線の不平衡電流による影響に加え，中性線電流による電位変動が重畳されるためである．

④ その他の課題

低圧三相 200 V の負荷へ供給するため，単相変圧器の逆 V 結線を用いた場合，一次側の電圧不平衡指数が高いと，二次側（低圧側）の電圧不平衡率が高くなる．以下に，この現象のシミュレーション結果を示した．

(a) シミュレーションモデル

図 5.5.7 に示すモデルを作成し，以下のとおり条件を設定．

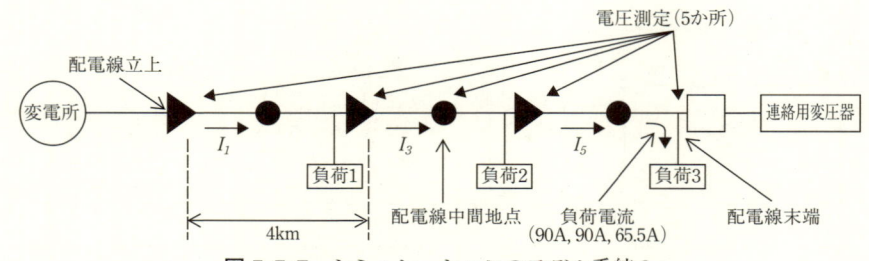

図 5.5.7 シミュレーションのモデル系統 2

- 線路こう長　　　：12 km（4 km × 3 区間）
- 配電線種　　　　：Al-OE 120 mm^2 × 4 条
- 設備不平衡率　　：区間ごとに 30 ％以下
- 電流不平衡指数　：各区分開閉器通過電流において 30 ％以下（I_1, I_3, I_5）
- 負荷　　　　　　：各区間ごとに末端集中（90 A，90 A，65.5 A）
- 引出口電流　　　：最大 270 A

(b) シミュレーションの方法

上記条件のもと，負荷の接続相のバランスを変化させ，それぞれの条件において，図 5.5.7 の「電圧測定点」の一次側電圧不平衡指数と逆 V 結線二次側電

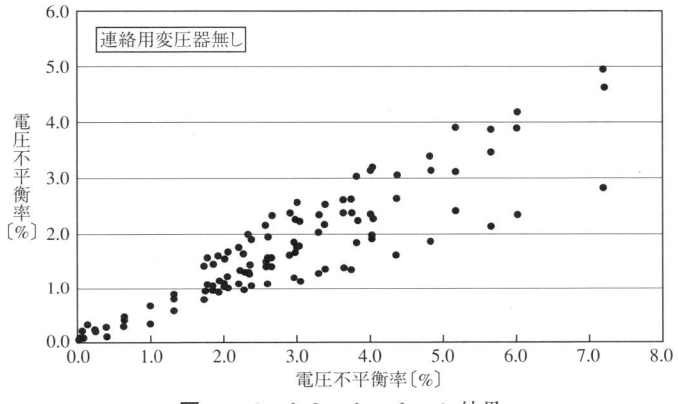

5.5 11.4 kV 配電方式固有の課題

図 5.5.8 シミュレーション結果

圧不平衡率を評価．

(c) シミュレーション結果

図 5.5.8 にシミュレーション結果を示す．一次側の電圧不平衡指数と逆 V 結線二次側の電圧不平衡率に相関があることがわかる．

⑤ **対応方法について**

11.4 kV 昇圧により，系統の電圧不平衡指数が悪化し，低圧負荷への適正電圧維持困難化，および低圧三相負荷への悪影響が懸念されることを示したが，以下に対応方法の考え方について整理した．

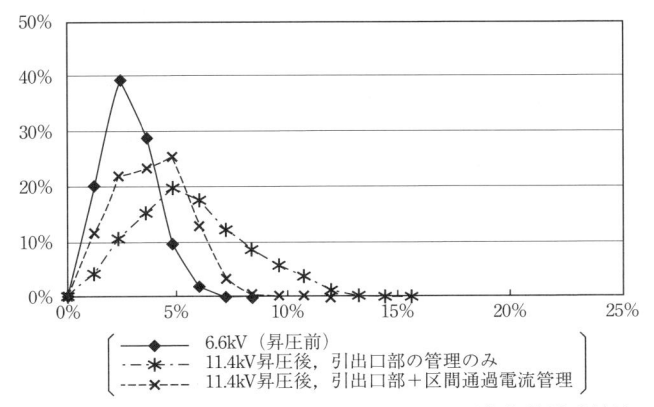

図 5.5.9 電流不平衡指数管理による電圧不平衡指数低減効果

(a) **負荷接続相管理**

電灯変圧器,動力変圧器の接続相を管理してバランスを取ることに加え,各区間の通過電流ごとの電流不平衡指数を一定値以下に管理することが望ましい.

(参考) 引出口部の電流不平衡指数を30％以下に管理している6.6 kV配電線を11.4 kVに昇圧した場合の例.

(b) **連絡用変圧器による対策**

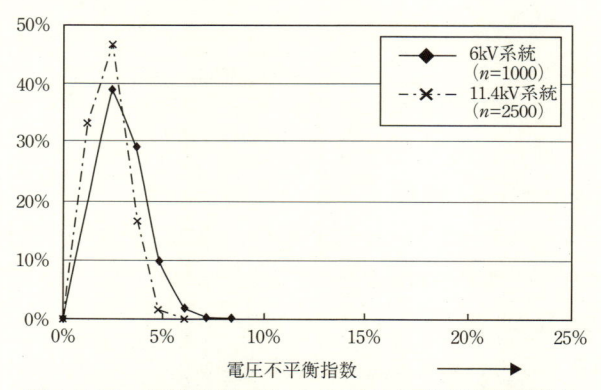

図5.5.10 連絡用変圧器による電圧不平衡指数抑制効果

11.4 kV系統と隣接する6 kV系統との間に施設される連絡用変圧器に△三次巻線を内蔵することにより,バランサ効果で電圧格差の補償が期待できる.

この連絡用変圧器△三次巻線による電圧不平衡抑制効果のシミュレーションを行った結果を以下に示す.

図5.5.10に示すように,連絡用変圧器に△三次巻線を具備することで,6 kV系統と同等以下に変圧不平衡指数を抑制することが可能となる.

また,これによる逆V結線二次側の電圧不平衡率を図5.5.11に示す.図5.5.8と比較してわかるように,電圧不平衡指数2.5％未満,電圧不平衡率2％未満の範囲内に入っており,連絡用変圧器の△三次巻線により抑制することが可能となる.

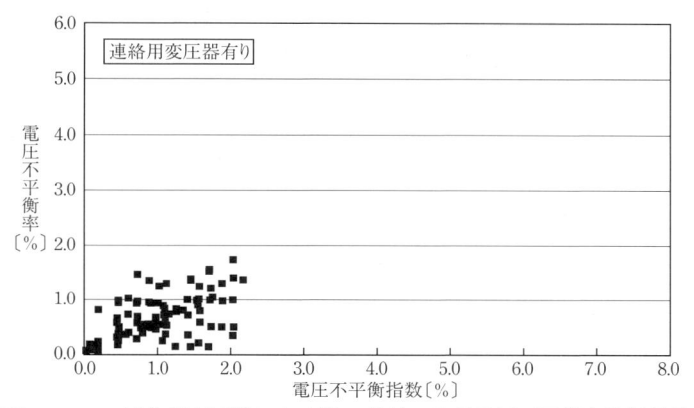

5.5 11.4 kV 配電方式固有の課題

図 5.5.11 連絡用変圧器による逆 V 結線二次側電圧不平衡率抑制効果

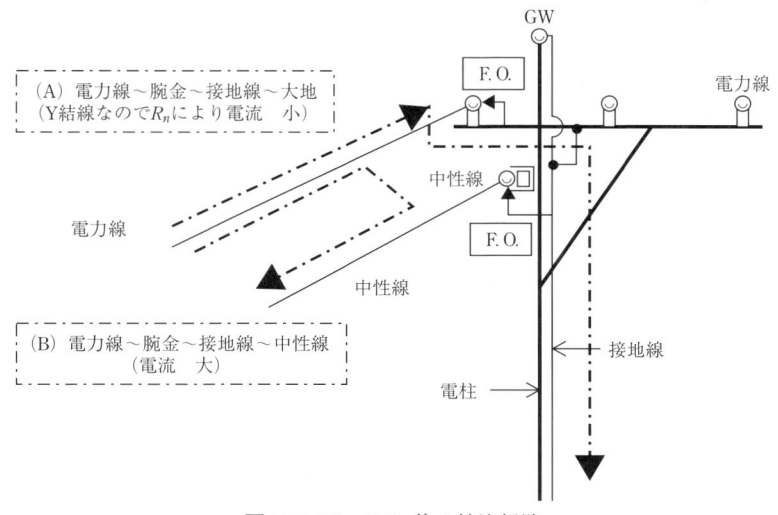

図 5.5.12 F.O. 後の続流経路

5.5.2 中性線断線・接地故障検出方式

(1) 雷撃による中性線断線可能性

① フラッシオーバ発生後の続流経路・様相

図 5.5.12 に雷撃時のフラッシオーバ (F.O.) 後に発生する AC 続流 (短絡電流) 経路を示す.

(A)の経路は大地を帰路として電源側との閉回路ができるのに対して，(B)の回路は中性線を帰路として電流が流れるので，(A)に比べてインピーダンスが小さい．したがって，このように「腕金～電力線」「接地線～中性線」という2つの位置で同時にフラッシオーバが発生すると，大地を帰路とした場合よりも電流が流れやすい．

この場合，中性線～電力線間には6.6 kVの電圧が印加されているため，その電流値は6 kV配電系統の場合の短絡電流に相当し，中性線が断線に至るこ

```
┌─────┐    ┌──────────┐    ┌──────┐    ┌──────┐
│ FO  │───▶│ 続流経路形成 │───▶│ 続流継続 │───▶│ 断線 │
└─────┘    └──────────┘    └──────┘    └──────┘
                    ╲        ▼
                     ╲  ┌──────┐
                      ╲ │ 自然消弧 │
                        └──────┘
       パラメータ（条件）
```

図5.5.13 続流発生の様相

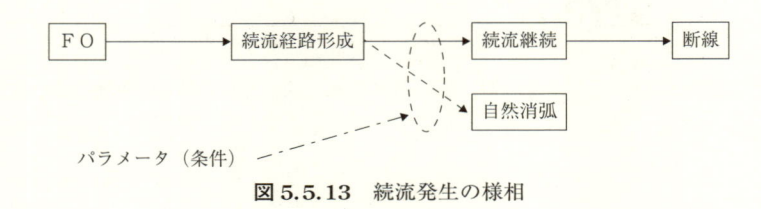

表5.5.2 AC続流の電流依存特性

| 絶縁電線 | 自然消弧結果 | | | |
沿面距離〔cm〕	1.5 kA	3 kA	6 kA	12.5 kA
100	○	○～×	×	×

※印加インパルス電圧400 kV，1.2／50 μs
※自然消弧…○，続流継続…×

とが懸念される．

② **中性線断線の発生頻度**

(a) **続流継続頻度の評価**

フラッシオーバから断線に至るメカニズムを**図5.5.13**に示す．**表5.5.2**に示したとおり，100 cmの沿面距離がある場合でも自然消弧しないことから，いったん続流経路が形成されれば続流が継続する．

(b) **続流形成頻度の評価**

11.4 kV系統，6 kV系統に対して電柱頂部に直撃雷が発生したケースを考え，雷撃電流値を変えた場合の腕金～電力線，および接地線～中性線へのF.O.

5.5 11.4 kV 配電方式固有の課題

表 5.5.3 雷撃電流値と F. O. 有無

電撃電流 波高値〔kA〕	11.4 kV 系統			6.6 kV 系統	
	中性線	電力線	続流経路	電力線	続流経路
16	○	×	×	×	×
19	○	×	×	×	×
21	○	×	×	○1相	×
24	○	○1相	○	○2相	○
26	○	○3相	○	○3相	○

有無について，EMTP により解析した結果を**表 5.5.3** に示す．

続流経路が形成される雷撃電流値が，11.4 kV 配電系統の場合と 6 kV 配電系統の場合とでほぼ等しくなることから，続流が発生する頻度は 6 kV 系統における雷による変電所 Ry（OCR）動作（※）頻度と同等であり，中性線断線の発生は十分に考えられる．

※ 6.6 kV 配電系統では，雷撃電流により 1 相がフラッシオーバしただけでは Ry 動作しない．Ry 動作するのは，2 相以上でフラッシオーバが発生して続流が流れ，異相地絡から短絡に移行した場合である．表 5.5.3 では，2 相以上フラッシオーバする雷撃電流値が 11.4 kV，6 kV ともに 24 kA 以上あるので，上述のように同等の頻度で発生する可能性がある．

(2) 中性線断線時の異常電圧

中性線断線・接地故障時には，変圧器のリアクタンス分と対地静電容量との共振に起因する鉄共振の発生が考えられる．

しかしながら，**表 5.5.4**，**表 5.5.5** に示す地絡抵抗値，負荷状況，事故点などの事故パターンごとの鉄共振の発生条件を分析すると，比較的小容量の負荷が断線点以降に存在し，断線時の地絡抵抗が小さいことなど条件が揃わなければ鉄共振は発生せず，現実的には 11.4 kV 系統の中性線断線による鉄共振の発生は無視してもよい．

一方で中性線断線は，電線落下による公衆災害や，断線点以降の負荷アンバランスに起因する電位発生（最大対地 6.6 kV）を引き起こすことも懸念されるため，以下に中性線断線防止対策や断線検出，電位発生防止の考え方を整理し

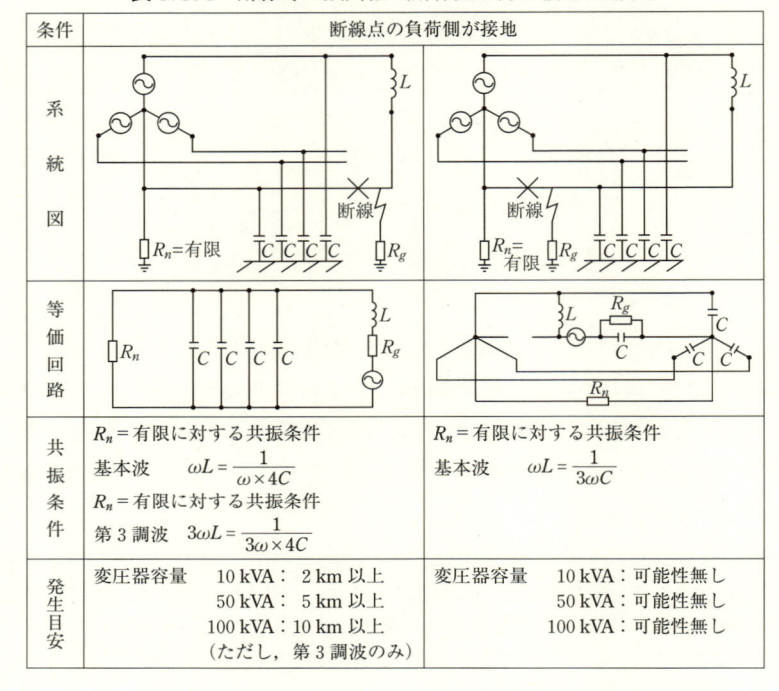

表5.5.4　断線時の鉄共振（断線点以降が接地の場合）

条件	断線点の負荷側が接地	
系統図	$R_n=$有限の場合（中性点非接地側）	$R_n=$有限の場合（負荷側）
等価回路		
共振条件	$R_n=$有限に対する共振条件 基本波　$\omega L = \dfrac{1}{\omega \times 4C}$ $R_n=$有限に対する共振条件 第3調波　$3\omega L = \dfrac{1}{3\omega \times 4C}$	$R_n=$有限に対する共振条件 基本波　$\omega L = \dfrac{1}{3\omega C}$
発生目安	変圧器容量　10 kVA：2 km 以上 　　　　　　50 kVA：5 km 以上 　　　　　　100 kVA：10 km 以上 　　　　　　（ただし，第3調波のみ）	変圧器容量　10 kVA：可能性無し 　　　　　　50 kVA：可能性無し 　　　　　　100 kVA：可能性無し

た．

① 中性線断線防止対策

雷による中性線断線防止対策として有効と考えられるのが，放電クランプの適用である．一般的に，電圧線には10号がいし（LIWV：100 kV）を適用するが，中性線には常時電圧が印加されていないことから，8号がいし（LIWV：80 kV程度）の適用が可能と考えられる．以下に，8号がいし＋放電クランプの適用性を検証するために実施した雷インパルス重畳試験の結果について示した．

（試験回路）

図5.5.14に示す回路を用いた．

（試験条件）

5.5 11.4 kV 配電方式固有の課題

表 5.5.5 断線時の鉄共振（断線点以降が非接地の場合）

条件	断線点の負荷側が接地	
系統図	(回路図)	(回路図)
等価回路	(等価回路図)	(等価回路図)
共振条件	$R_n=$ 有限（抵抗接地）に対する共振条件 基本波 $\omega L = \dfrac{1}{\omega \times \dfrac{3}{4} C}$ $R_n=0$（直接接地）に対する共振条件 第3調波 $\omega L = \dfrac{1}{\omega C}$	$R_n=$ 有限（抵抗接地）に対する共振条件 第3調波 $3\omega = \dfrac{L}{3} = \dfrac{1}{3\omega \times \dfrac{3}{4} C}$ $R_n=0$（直接接地）に対する共振条件 第3調波 $3\omega = \dfrac{L}{3} = \dfrac{1}{3\omega C}$
発生目安	変圧器容量　10 kVA：可能性なし 　　　　　　50 kVA：可能性なし 　　　　　　100 kVA：可能性なし	変圧器容量　10 kVA：可能性なし 　　　　　　50 kVA：可能性なし 　　　　　　100 kVA：可能性なし

(図 5.5.14 回路図)

R_N：短絡発電機の中性点接地抵抗
Gen：短絡発電機
52G：保護遮断器
52S：投入開閉器
L1：電流調整リアクトル
C1：サージ保護コンデンサ(0.5μF)
L2：サージ侵入防止リアクトル(0.5mH)
IG：インパルスジェネレータ(ダンパ抵抗：9Ω×20=180Ω　放電抵抗：11kΩ)

R_n：中性点接地抵抗
HTr：変圧器(15kV/12kV)
CT1：計器用変流器(4kA/1A)
VT：計器用変圧器(33kV/110V)
C2：サージ保護コンデンサ(1.3μF)
LA1：避雷器(28kV)
LA2：避雷器(28kV)
L3：印加分担変圧アトル(150μH)

RD：抵抗分圧器(44kΩ×3/50Ω)
G：ギャップ(2cm)
LA3：避雷器(24kV)
CT2：ピアソン変流器
V_{imp}：雷インパルス電圧
I_{imp}：雷インパルス電圧

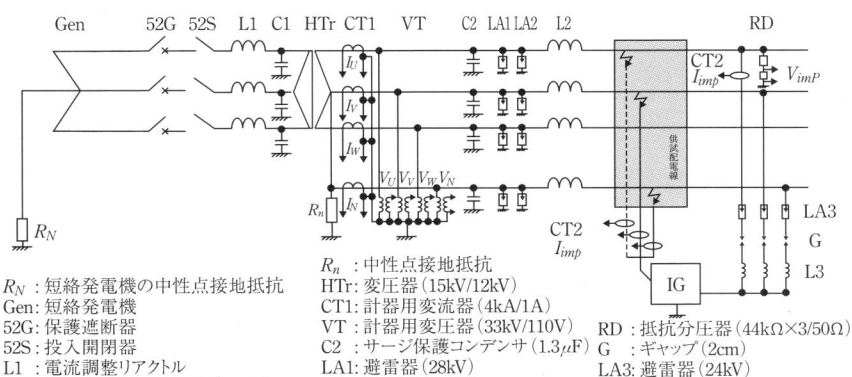

図 5.5.14 雷インパルス重畳試験回路図

- 短絡電流：12.5 kA　0.4 s（連続試験回数2回）
- 印加電圧：11.4 kV（線間）
- 雷インパルス電圧：400～800 kV
- 引き留め部：耐張がいし×1

（試験結果）
- 引き通し装柱，引き留め装柱とも中性線断線は発生せず．
- 引き留め装柱では，耐張がいしが破損する場合があった．

このことから，8号がいし＋放電クランプで中性線断線対策は可能であるものの，引き留め部の耐張がいしについては，絶縁強度の高い中実碍子を用いるなどの対応が必要となる．

② 中性線断線検出

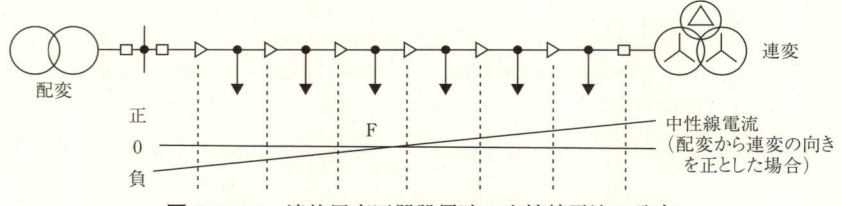

図 5.5.15　連絡用変圧器設置時の中性線電流の分布

(a)　電気量変動検出方式

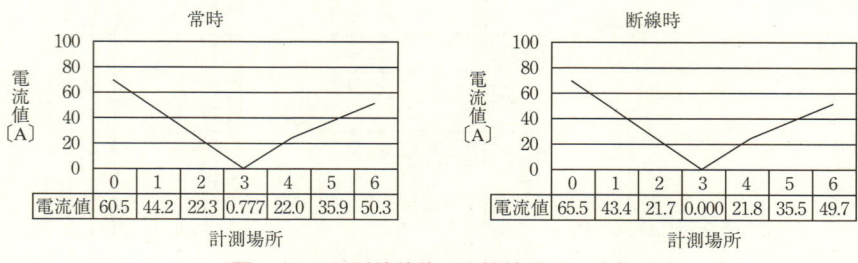

常時

計測場所	0	1	2	3	4	5	6
電流値	60.5	44.2	22.3	0.777	22.0	35.9	50.3

断線時

計測場所	0	1	2	3	4	5	6
電流値	65.5	43.4	21.7	0.000	21.8	35.5	49.7

図 5.5.16　断線前後の中性線電流の分布

系統各所で電気量を計測し，電気量の変動から断線の検出を行う方法である．ただし，11.4 kV 配電方式の中性線においては，図 5.5.15 に示すとおり，系統の末端に連絡用変圧器がある場合には，理論上中性線電流が零となる特異

5.5 11.4 kV 配電方式固有の課題

方式	構造	長所	短所
光ユニット巻付け（工場巻付け）	光ユニット／電線	工場出荷時に光は巻付けられており、一度に施工可能 電線は既存の付属品が使用可能	引通しのクランプ部は、光ユニットをほぐす必要あり（連続的に巻き付けられているため、光と電線の切り離し作業困難） 光ユニット接続用の耐圧・架線時の余長を見込んでおく光ユニットが必要 光ユニット接続後に光の施工を行う場合、必ず光の接続作業も必要
光ユニット巻付け（現場巻付け）	光ユニット／電線	光ユニットは工場巻きことなるため施工状況に関わらず、強固な構造を見込む必要が無い 電線工事後接続状況に関係に施工可能 電線は既存の付属品が使用可能	
タルマ	光ユニット／電線	光ユニット出荷時に光は巻き付けられており、一度に施工可能 電線は既存の付属品が使用可能	引通しのクランプ部は、光ユニットを分離する必要あり（光と電線の切り離し作業は容易） ドラム巻き、架線時の耐圧・しごきに耐えられる光ユニットが必要 電線接続後に光の施工を行う場合、必ず光の接続作業も必要
光ユニット導体内蔵	光ユニット／電線	導体内に内蔵されるため光ユニットの補強が必要ない	電線の分離、引通しのクランプ部では、光ユニットを分離する必要があるが、構造上困難 光ユニット接続用の余長を見込んでおく必要あり 電線接続は既存の付属品が使用不可
光ユニット絶縁体内蔵	光ユニット／絶縁体／電線	工場出荷時に光は巻き付けられており、一度に施工可能 電線は既存の付属品が使用可能	引通しのクランプ部は、光ユニットをほぐす必要あり（連続的に巻き付けられているため、光と電線の切り離し作業困難） ドラム巻き、架線時の耐圧・しごきに耐えられる光ユニットが必要 光ユニット接続用の余長を見込んでおく必要がある場合、必ず光の接続作業も必要
光ユニットラッシング（工場巻付け）	光ユニット／ラッシング／電線	工場出荷時に光は巻き付けられており、一度に施工可能 電線は既存の付属品が使用可能	引通しのクランプ部は、光ユニットをほぐす必要あり（連続的に巻き付けられているため、光と電線の切り離し作業困難） ドラム巻き、架線時の耐圧・しごきに耐えられる光ユニットが必要 光ユニット接続用の余長を見込んでおく必要がある場合、必ず光の接続作業も必要
光ユニットラッシング（現場巻付け）	光ユニット／ラッシング／電線	光ユニットは工場巻きことなるに比べ、強固な構造を見込む必要不要 光ユニットは後施工となるため施工状況に関わらず、光は無関係に施工可能 電線は既存の付属品が使用可能	施工は電線接続後に光の施工を行うため 光はラッシングの耐圧に耐える必要がある

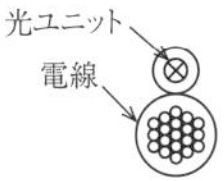

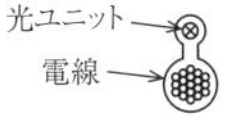

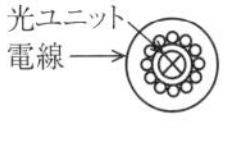

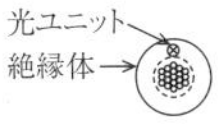

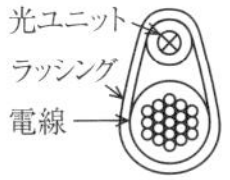

図 5.5.17 中性線への光ファイバ施設方法

点が発生するため,この地点での断線検出は不可能となる.
(参考) 断線検出が不可能となる例
また,配電線区間ごとに中性線電圧を計測して,その変化により断線を判断する方法も有効な断線検出手法の1つである.

(b) 光ファイバによる断線検出方式

図 5.5.17 に示す方法で,中性線に光ファイバを内蔵(または巻き付け)することで,中性線断線検出が可能となる,以下にその具体的な方法にについて示す.

(ⅰ) OTDR (Optical Time Domain Reflectometry:光時間領域反射測定

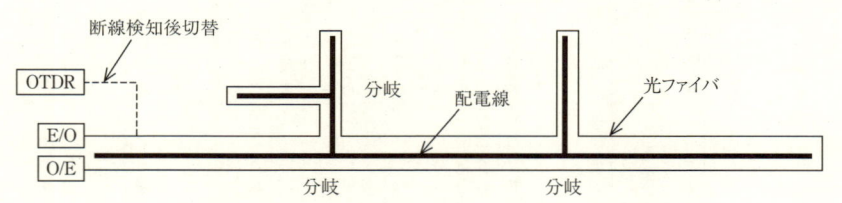

図 5.5.18 OTDR 方式による断線検出方式

法) 方式

光ファイバに常時光信号を注入し,断線時に光信号が途絶することから断線を検出する方法で,検出後に OTDR に切り替えることにより断線点までの距離計測も可能となる.

この方式は,検出時間が短く,断線検出の信頼性も高いものの,図 5.5.18 に示すとおり配電線に対する光ファイバ施設量が多くなることに加え,配電線構成変更に伴い光ファイバの施設変更が必要となるため,設備費用が高くなることが問題となる.

(ⅱ) 子局ポーリング方式

配電系統上に分散配置した子局に順次ポーリングをかけ,断線時には,断線点以降の子局が受信不能となることを利用した断線検出方法である.この方法は,配電系統の分岐部分に沿ってマルチドロップ方式により光ファイバを施設できるため,光ファイバの施設量を低減できるメリットがあるが,断線検出時

間は OTDR 方式に比べて長くなることとなる．

（ⅲ）　中性線信号添加方式

中性線に常時断線検出用の信号を添加し，配電線各区間に設置した子局の受信不能により断線検出を行う方法である．しかしながら，11.4 kV 配電方式の場合，中性線と電圧線間に変圧器が接続されており，中性線に注入した信号が断線点以降にも変圧器を介して回り込む恐れがあることから，この方式の適用は困難である．

③　中性線電位発生対策

中性線断線時の断線点以降の電位発生は，連絡用変圧器の三次△巻線や，Y-△変圧器の設置によりある程度抑制することが可能である．これは，3 次高調波や電圧不平衡と同様，Y-△巻線のバランサ効果によるものである．

以上，11.4 kV 配電方式の中性線断線対策について述べたが，それぞれの方法の特徴や検出条件等は異なっている．このため，11.4 kV 昇圧時に断線対策手法を選定するにあたっては，線路の施設場所や負荷の接続状態，断線対策費用などを勘案した上で検討するとともに，場所ごとに，断線検出手法を組み合わせて適用することも有効な方法である．

第6章
22kV系統・11kV系統の適用機材

　第5章までに述べたとおり，22 kV全ケーブル配電系統および三相4線式11.4 kV配電系統における中性点接地方式と過渡性内部過電圧レベルおよび地絡保護検出可能範囲の検討にあたっては，シミュレーションおよび実規模試験設備での実験・検証を実施した．その結果，絶縁設計については従来よりも内部過電圧レベルを精度よく想定できるようになったため，今までの試験電圧レベルを大幅に低減した新たな標準試験電圧が適用できる見通しを得た．

　本章では，今までの検討結果を踏まえ，東京電力における中性点接地 22 kV全ケーブル配電系統および中性点接地 11.4 kV配電系統において必要となる標準試験電圧を整理し，それに基づき開発した各種機材について記載する．

6.1　標準試験電圧

　第5章までで述べた配電系統の中性点接地方式と過渡性内部過電圧レベルおよび地絡保護検出可能範囲についての検討結果に基づき，22 kVおよび11.4 kV配電系統の新たな標準試験電圧を示す．

6.1.1　22 kV配電系統の標準試験電圧

　第3章おける解析結果および第4章における実験結果より，再閉路を実施しない22 kV全ケーブル配電系統における試験電圧は，「雷インパルス耐電圧（LIWV）：125 kV → 75 kV，商用周波耐電圧：50 kV → 38 kV」に低減することが可能である．

本書における標準試験電圧を**表6.1.1**に示す.

表6.1.1 標準試験電圧

	標準試験電圧	(参考：JEC-0102)
雷インパルス耐電圧（LIWV）	75 kV	100, 125, 150 kV
商用周波耐電圧	38 kV	50 kV

6.1.2 11.4 kV 配電系統の標準試験電圧

第3章おける解析結果および第4章における実験結果より, 11.4 kV 配電系統における試験電圧は, 既設6 kV 配電系統からの移行を前提とした場合, 耐雷素子が系統に面的に配置されているため, 各機器の試験電圧を「LIWV：75 kV → 50 kV, 商用周波耐電圧：28 kV → 24 kV」にすることができる.

この値は, 現行6 kV 系統にて使用されている試験電圧「LIWV：60 kV, 商用周波耐電圧：22 kV,」とほぼ同等であるため, 既設6 kV 設備を流用して11.4 kV 系統への移行（昇圧）ができる.

本書における標準試験電圧を**表6.1.2**に示す. 検討結果においては, 「LIWV：50 kV, 商用周波耐電圧：24 kV」であったが, 既設6 kV 機器の耐電圧性能の評価を行った結果, 商用周波耐電圧は24 kV 以上の性能を有していたこと, 11.4 kV 配電方式が既設の6 kV 設備の流用を前提としていることなどから, 11.4 kV 配電系統の標準試験電圧として, 6 kV 系統におけるJEC, IEC 規格の上限値である「LIWV：60 kV, 商用周波耐電圧：22 kV」を採用した.

表6.1.2 標準試験電圧

	標準試験電圧	(参考：JEC-0102)	
		6 kV	11.4 kV
雷インパルス耐電圧（LIWV）	60 kV	45, 60 kV	75, 90 kV
商用周波耐電圧	22 kV	22 kV	28 kV

6.2　22 kV 配電用機材

6.2.1　22 kV/400 V 地上用変圧器

(1)　仕様概要

22 kV/400 V 地上用変圧器 (Pad-Mounted Transformer：以下 PMT) は，現行 6 kV PMT (50＋125 kVA) と同一寸法 (東京都条例サイズ：幅 1100 mm × 高さ 1450 mm × 奥行 450 mm) で，変圧器容量は約 2 倍の 300 kVA と大容量化を開発コンセプトとした．

表 6.2.1 に 6 kV PMT と 22 kV PMT の仕様比較を，図 6.2.1 に 22 kV PMT の単線接続図を示す．

(2)　構造

22 kV/400 V PMT は，一次側開閉器，変圧器，低圧地絡遮断器で構成されている．外観を図 6.2.2 に示す．

① **PMT 全体**

22 kV PMT の特徴は，絶縁低減 (商用周波耐電圧 38 kV，雷インパルス耐電圧 75 kV) を実施したことと，保安対策 (歩幅／接触電圧) として，内箱と外箱を絶縁した二重箱構造などである．

表 6.2.1　6 kV PMT と 22 kV PMT の仕様比較

No.	項目	6 kV PMT	22 kV PMT
1	一次電圧〔kV〕	6.6	22
2	二次電圧〔V〕	210–105	400–230
3	一次側開閉器	モールドジスコン	真空負荷開閉器
4	変圧器一次開閉器	高圧カットアウト (カットアウトヒューズ内蔵)	真空負荷開閉器＋限流ヒューズ
5	変圧器容量〔kVA〕	50＋125	300
6	変圧器絶縁媒体	鉱油	シリコン油
7	低圧保護	限流ヒューズ	遮断器

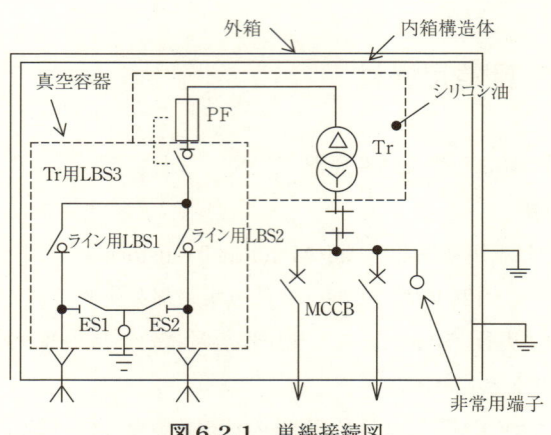

図6.2.1 単線接続図

図6.2.2 22 kV PMTの外観

② 一次開閉器

一次側三相短絡事故時のエネルギーは，現行6 kV PMTに比べ約4倍に至るため，相ごとに分割した真空容器に負荷開閉器を3台と接地装置を2台内蔵

し，一線地絡事故時に短絡事故に移行しないよう完全相分離構造とすることで，公衆安全に配慮した．

③ 変圧器

変圧器の大容量化を図るため，鉱油よりも引火点が高く高温で使用できるシリコン油を使用している．また，放熱効率を向上させるために，コンサベータを用いることで，変圧器上面まで油を満たし上部の放熱も有効に利用している．

④ 低圧地絡遮断器

二次側保護装置は400 V系統の地絡保護のため，限流ヒューズから遮断器に変更する必要があるが，機器正面からメンテナンスが可能であるとともに施設環境（結露や粉塵など）にも配慮した遮断器としている．

6.2.2 遮水層付ケーブル・接続部

(1) 仕様概要

遮水層付ケーブル・接続部の基本性能を**表6.2.2**に示す．電気的性能は基本的にJEC-3408に準拠している．ケーブル・接続部の雷インパルス試験電圧値については，他の機材のそれと比べて，テストピースでの試験であること，その他不確定要素があることを考慮して10％の裕度を見込んでいる．さらに，常温で試験を実施する際には，常温と常時最高許容温度（90℃）との耐電圧値の差（25％）を考慮している．よって，常温におけるケーブル・接続部の雷インパルス試験電圧値は，全ケーブル系統における標準的な雷インパルス試験電

表6.2.2 遮水層付ケーブル・接続部の基本性能

項　目	基本性能
商用周波電圧部分放電試験	30 kV ×10分間で部分放電が発生しないこと
商用周波耐電圧試験	45 kV × 1 時間で絶縁破壊しないこと
雷インパルス耐電圧試験	±105 kV × 3 回 (LIWV = 75 kV) で絶縁破壊しないこと
長期課通電試験	20 kV 課電，導体温度90℃で8時間 on & 16時間 off ×180サイクルで絶縁破壊しないこと
遮水性能試験	平均透湿度が 1×10^{-7} g・cm /(cm²・day・mmHg) 以下であること

圧値（以下標準 LIWV）を 75 kV に低減したことを反映して，±105 kV（標準 LIWV に温度係数 (1.25) と裕度 (1.1) を乗じた値) としている．なお，商用周波耐電圧値については，絶縁設計合理化に基づき 38 kV まで低減可能であるが，本検討における 22 kV ケーブルの絶縁厚については，雷インパルス試験電圧値で決定されるため，商用周波耐電圧値を 38 kV にしても 45 kV（JEC-3408 に準拠した値）にしてもケーブル・接続部の絶縁低減に寄与しないことから，商用周波耐電圧値は 45 kV としている．

遮水性能については，66 kV 以上の CV ケーブルで実績のある鉛ラミネートテープと同等としている．

(2) 遮水層付ケーブルの構造

遮水層付ケーブルの構造は，基本的に従来の CV ケーブルと同じ材料・構造の導体・絶縁体・遮へい層およびシースで構成されるが，水トリー劣化の発生リスクを極小化すべく，アルミラミネートテープを用いた遮水層をシース直下に配置している（図 6.2.3）．

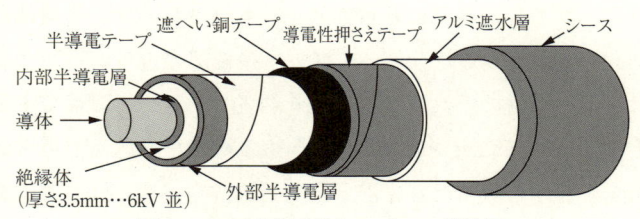

図 6.2.3 遮水層付ケーブルの構造図

① 絶縁体

絶縁体は，導体上に内部半導電層，架橋ポリエチレン絶縁体および外部半導電層を同心円上に被覆している．製造にあたっては，絶縁体中および内・外部半導電層と絶縁体の界面に有害な異物，ボイドが存在しないよう三層同時押出方式を採用している．

ケーブルの絶縁厚は，ケーブルの設計電界，過去の接続部破壊データ，外部半導電層端部における部分放電特性の各々から必要絶縁厚を検討し，現行 6 kV ケーブル並の 3.5 mm（内部半導電層含まず）としている．

② 遮水層

遮水層は，ケーブルへの水分の浸入を防ぐために，ケーブルシース直下にアルミ箔の両面をプラスチック層でラミネートしたアルミ遮水テープを縦沿えし，ラップ部を融着する構造としている．

(3) 遮水層付ケーブル用接続部の構造

遮水層付ケーブル用の接続部には，遮水層付ケーブル同士を1対1に接続する直線接続部，分岐接続するY分岐接続部がある．

① 直線接続部

直線接続部は，6 kV・22 kV 共用で使用可能である．直線接続部の構造を図 6.2.4 に示す．ケーブルを接続する際は，段階的にシースや遮へい銅テープなどを剥ぎ取る作業を実施する必要がある．直線接続部を 22 kV で使用する場合には，ケーブル絶縁厚を低減したことから，現行ケーブルに比べてこの作業を実施した後の絶縁体端部のストレスが高くなる．このため，現行ケーブルで採用している粘着性半導電性架橋ポリエチレンテープ（ACP：Adhesive Semi-Conductive Cross-linked Polyethylene テープ）を外部半導電層端部に巻き付ける外部半導電層端部処理方法では，部分放電が発生してしまう．そこで，外部半導電層端部と ACP テープによって生じる三角形の空隙を無くす目的で，新たな外部半導電層端部処理方法として，専用工具にて外部半導電層端部を鉛筆削りのように斜めに削り取るペンシリング処理を実施し，この上に導電性ペイントを塗布する処理方法を考案し，これを採用している（図 6.2.5）．なお，22 kV で使用する場合は，6 kV で使用する場合に比べ，三相短絡時の電磁反発力が大きいことから，直線接続部を固定するための固定装置を適用している．

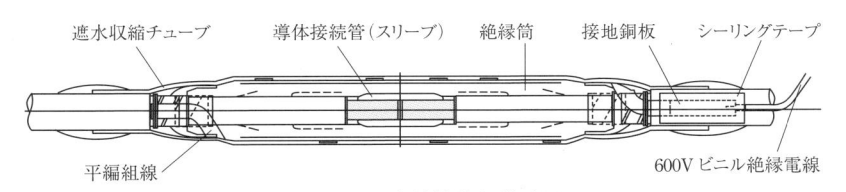

図 6.2.4 直線接続部構造図

	処理方法	外部半導電層端部	ACPテープ
現行ケーブル	概要図		ACPテープ 外部半導電層 ケーブル絶縁体
	部分放電発生電圧		17kV以上

三角形の空隙

外部半導電層端部にできる三角ボイドをなくすことにより，ケーブル絶縁体上ストレスが高くなっても部分放電特性を改善可能．

	処理方法	外部半導電層端部	導電ペイント＋ ACPテープ＋ ペンシリング処理
遮水層付ケーブル		外部半導電層端部 先端部	導電ペイント 先端出し
	概要図		ACPテープ　導電ペイント 外部半導電層 ケーブル絶縁体
	部分放電発生電圧		30kV以上

ペンシリング処理

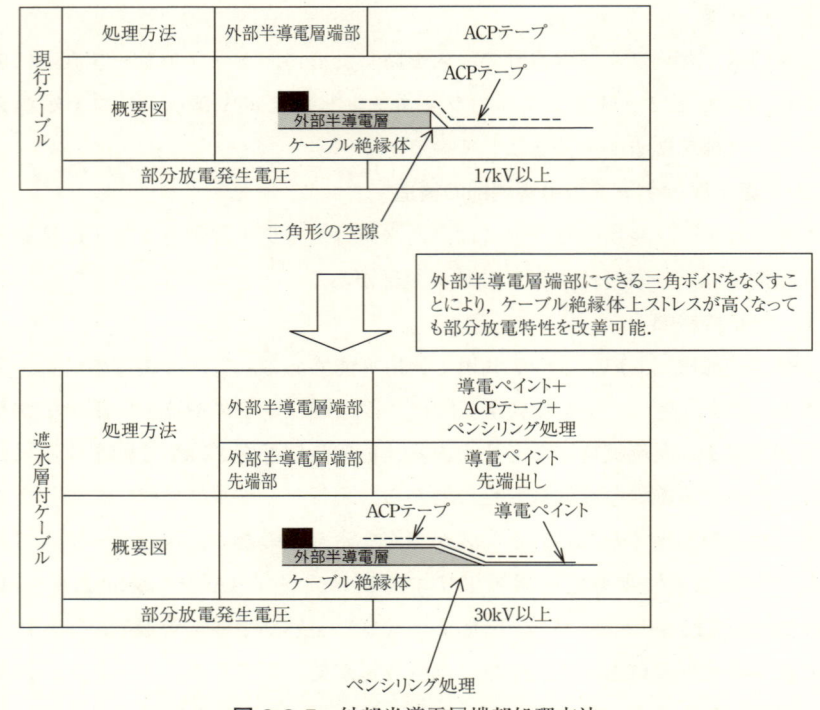

図 6.2.5　外部半導電層端部処理方法

(a) **導体接続管（スリーブ）**

導体接続管は，ケーブル導体を両端から挿入し圧縮接続するのに適した構造としている．

(b) **絶縁筒（常温収縮方式）**

絶縁筒は，シリコーンゴムもしくはエチレンプロピレンゴムを使用して成形したもので，絶縁層の他，内面中央部に内部半導電層を，外面には外部半導電層を設けており，一体に成形したものを押し広げ，拡径保持材であるプラスチック製インナーコア上に装着されており，インナーコアを引き抜くことでケーブル絶縁体上に収縮し，絶縁性を保つことができる（**図 6.2.6**）．

(c) **接地金具**

接地金具は，接地銅板の片端にすずめっき平編組線を，もう片端に 600 V ビ

6.2　22 kV 配電用機材

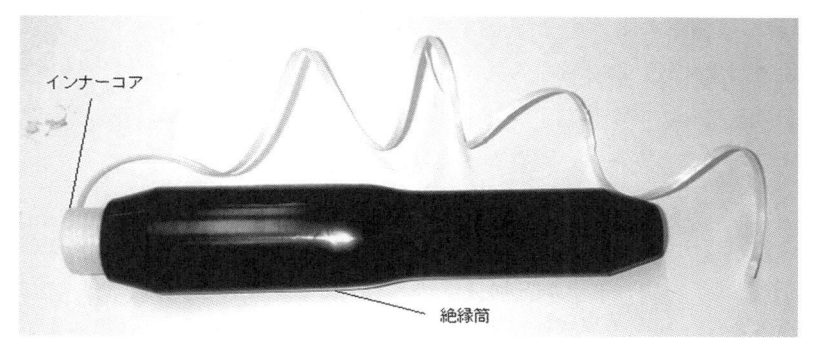

図6.2.6　常温収縮方式絶縁筒

ニル絶縁電線を接続したもので，ケーブル遮へい層から接地線を外部に引き出すものである．また，外部からの浸水を防止する目的で接地銅板上にシーリングテープを貼り付けた構造としている．

（d）遮水収縮チューブ

遮水収縮チューブは，収縮層内部にアルミ箔による遮水層を，内面に接着層を設けたもので，絶縁筒およびケーブルシース上に被せ，加熱収縮させることにより，十分な機械的性能および遮水性能を有するものである．

② Y 分岐接続部

Y 分岐接続部は，22 kV 用の分岐接続部として使用する．Y 分岐接続部の構造を図 6.2.7 に示す．

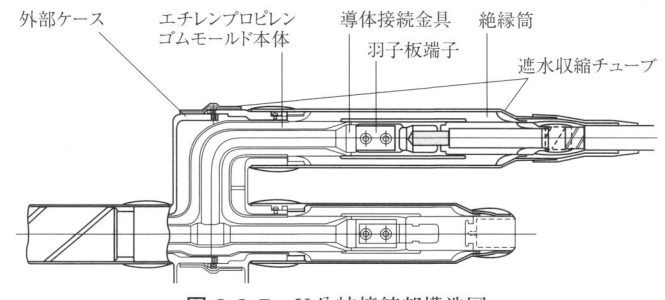

図6.2.7　Y分岐接続部構造図

(a) 接続部本体

接続部本体は，導体接続金具，導体接続金具上に成形されたエチレンプロピレンゴムモールド本体および外部ケースから構成されており，外部ケースが金属製であることから，これ自体が遮水構造となっている．

(b) ケーブル接続部品

導体の接続は，ケーブルの接続ならびに解体が容易にできるように圧縮端子（羽子板端子）によるボルト締付構造としている．絶縁構造は，絶縁筒による嵌合構造により，電気特性を維持している．接続部内部への浸水防止構造としては，接続部本体外部ケース嵌合部ならびに絶縁筒とケーブルシース上に直線接続部と同様に遮水収縮チューブを被せ，加熱収縮させることにより，十分な機械的性能および遮水性能を有している．

(4) 既設ケーブルとの接続部の構造

既設の一般ケーブルと遮水層付ケーブルを接続する直線接続部は，既設ケーブル側から遮水層付ケーブル側への透水を防止することが重要な機能となる．

基本的構造は，直線接続部と同じであるが，既設ケーブル側から遮水層付ケーブル側への透水防止を目的として，

・導体接続管（スリーブ）内部の隔壁
・導体接続管端部シーリングテープ処理
・既設ケーブル外部半導電層上へのシーリングテープ巻き

を追加している（図6.2.8）．

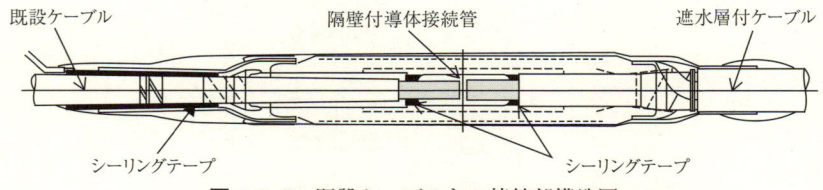

図6.2.8 既設ケーブルとの接続部構造図

6.2.3 架空ケーブル・接続体

(1) 仕様概要

架空ケーブル・接続体の基本性能は，遮水性能を除き遮水層付ケーブルと同様に，**表 6.2.3** のとおりとしている．

表 6.2.3 架空ケーブル・接続体の基本性能

項目	基本性能
商用周波電圧部分放電試験	30 kV×10分間で部分放電が発生しないこと
商用周波耐電圧試験	45 kV×1時間で絶縁破壊しないこと
雷インパルス耐電圧試験	±105 kV×3回（LIWV＝75 kV）で絶縁破壊しないこと
長期課通電試験	20 kV 課電，導体温度90℃で8時間 on ＆16時間 off×180サイクルで絶縁破壊しないこと

(2) 架空ケーブルの構造

架空ケーブルの種類としては，絶縁材料に一般架橋ポリエチレンを使用したCVT-SS（Cross-Linked Polyethylene Insulated Vinyle Sheathed Triplex Type Self Supporting Power Cable）と，耐熱架橋ポリエチレンを使用したHCVT-SS（Heat-resistant Cross-Linked Polyethylene Insulated Vinyle Sheathed Triplex Type Self Supporting Power Cable）の2種類がある．

ケーブルの構造は，基本的に 6.2.2 で示す遮水層付ケーブルと同じ材料・構造の導体・絶縁体・遮へい層およびシースで構成されているが，遮水層が付加されていない構造である．遮水層付ケーブルと同じく，絶縁体は三層同時押出方式を採用しており，絶縁厚は 6 kV ケーブル並の 3.5 mm（内部半導電層含まず）としている．遮水層付ケーブルと異なるのは，このケーブルと耐食性を有する亜鉛アルミめっき鋼より線（メッセンジャワイヤ）を耐熱ビニル被覆ステンレス鋼線（ラッシングワイヤ）により一体に緊縛していることである．架空ケーブルの構造を**図 6.2.9** に示す．

(3) 架空ケーブル用接続体の構造

架空ケーブル用接続体としては，架空ケーブルと変圧器リード線を接続するT形分岐接続体，架空ケーブルと幹線分岐ケーブルおよび変圧器リード線を接

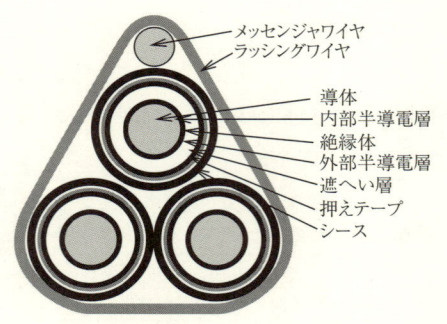

図 6.2.9 架空ケーブルの構造図

続する π 形分岐接続体がある．

架空ケーブル用接続体は，架空ケーブルと同等の性能を有するとともに，柱上作業においても容易に接続部の着脱が可能な構造としている．架空ケーブル用接続体の構造を図 6.2.10 に示す．

① **接続体本体**

接続体本体は，中心導体にエチレンプロピレンゴムを使用して内部半導電層，絶縁層，外部半導電層を一体に成形したもので，接続材料との嵌合により絶縁性を保つことができる．

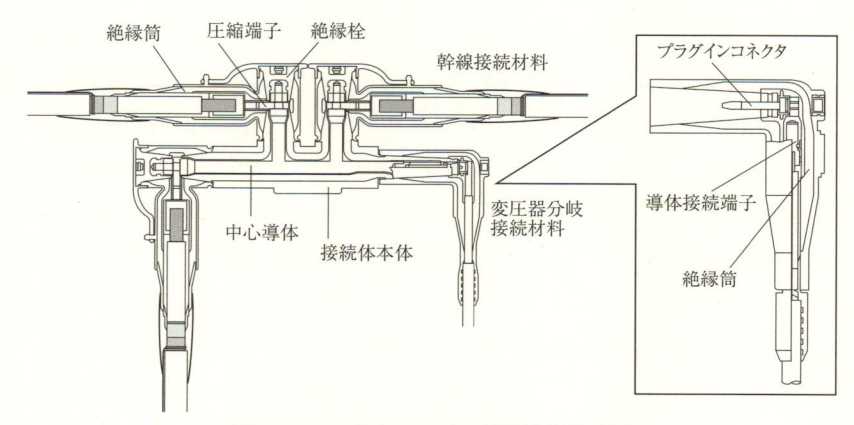

図 6.2.10 架空ケーブル用接続体構造図

② 幹線接続材料

幹線接続材料は，主に圧縮端子，絶縁筒，スペーサ，絶縁栓で構成される．導体の接続は，ケーブルの接続ならびに解体が容易にできるように圧縮端子（羽子板端子）によるボルト締め付け構造としている．絶縁構造は，スペーサと絶縁筒による嵌合および接続体本体との嵌合により，電気特性を維持している．ケーブル外部半導電層端部処理は，遮水層付ケーブル用直線接続部と同様に，外部半導電層ペンシリングおよび導電性ペイント処理により部分放電対策としている．

③ 変圧器分岐接続材料

変圧器分岐接続材料は，主にプラグインコネクタ，絶縁筒，圧縮端子で構成される．接続部本体の接続は，変圧器との切り離しがスムーズに行えるようプラグインコネクタによるスリップオン方式により接続する構造としている．絶縁構造は，ケーブル本体との嵌合ならびに接続体本体との嵌合により，電気特性を維持している．

6.3　11.4 kV 配電用機材

6.3.1　柱上開閉器

(1)　仕様概要

11.4 kV 柱上開閉器については，現行 6 kV 柱上開閉器と同様に，手動開閉器と自動開閉器の 2 種類がある．これらは，主回路相（UVW 相）と中性線（N 相）を備えた 4 極型気中開閉器である．

① 手動開閉器

N 相主接点は，投入時には主回路相の先行アーク開始前に閉路させ，かつ開放時には UVW 相遮断完了後に開路する構造とし，N 相主接点部に短絡点投入性能および負荷電流開閉性能を具備する必要をなくし，N 相主接点構造の簡素化を図っている（図 6.3.1）．

また，要求される絶縁レベルが現行 6 kV 系統と同様であることから，現行

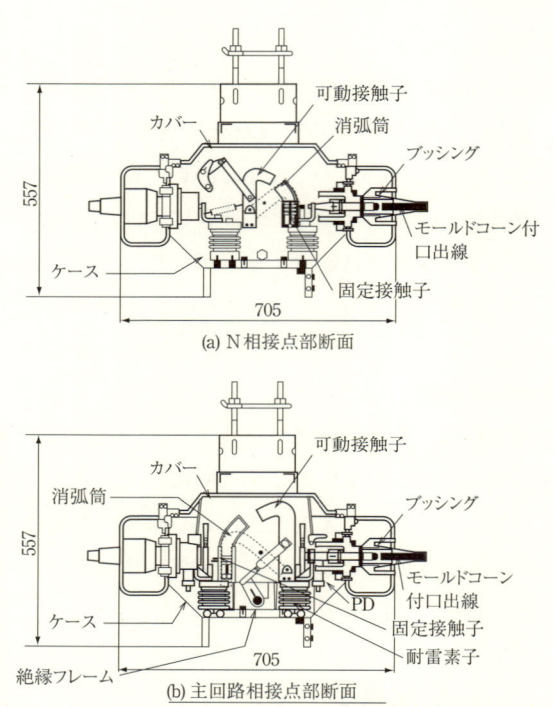

第6章 22 kV系統，11 kV系統の適用機材

(a) N相接点部断面

(b) 主回路相接点部断面

図 6.3.1　11.4 kV 開閉器の接点構造比較

開閉器に使用されている部材を多く流用していることも特徴である．

② **自動開閉器**

自動開閉器は，遠方制御器からの操作電圧を印加されることにより投入し，操作電圧が無くなると開放する常時励磁無電圧開放方式を採用しており，無電圧開放時間を変電所側の OCR 動作時間と協調をとることで，過電流の遮断を回避させる構造としている．その他は手動開閉器と同一である．

(2) **構造**

① **手動開閉器**

手動開閉器は，現行 6 kV 自動開閉器と同様の大きさとし，その自動操作機構相当部に N 相を配置している．開閉部は 1 点切の細隙消弧方式（開極時，狭い消弧室内で発生したガスが高圧化されアークを消弧させる方式）とし，接点

構造はロータリブレード式としている．UVW 相主接点部は一体成形の絶縁フレーム内に収納させ，消弧材はポリアセタール樹脂（N 相部はユリヤ樹脂）を使用している．

手動操作機構は，スプリング投入・遮断と人力の影響を受けない構造とし，耐雷素子を主回路相と N 相の両側計 8 個内蔵している．

② **自動開閉器**

自動開閉器は，外部制御線接続部を有しており，制御器と組合せて遠方自動操作が可能である．その他は手動開閉器と同一である．外観を図 6.3.2 に示す．

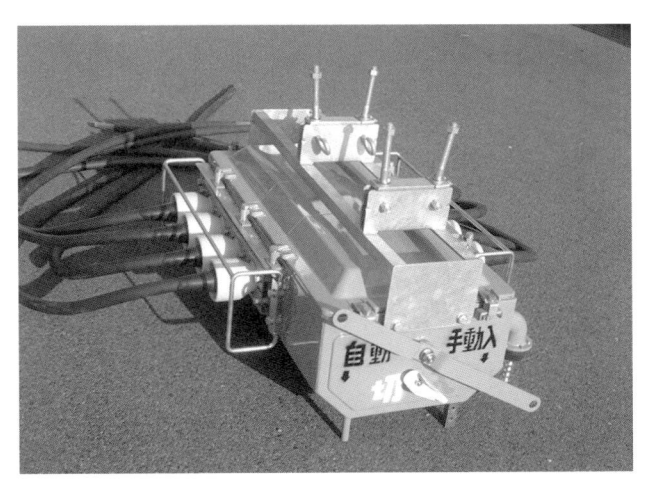

図 6.3.2　11.4 kV 自動開閉器外観

6.3.2　11.4 kV/6.6 kV 自家用補償用変圧器

(1) 仕様概要

11.4 kV 系統へ昇圧後，既設 6 kV 高圧自家用需要家（200 kW まで）への供給を行うため，引込用開閉器の機能および 6 kV 側保護機能を具備した柱上変圧器装置である．

表 6.3.1 に基本仕様，**図 6.3.3** に機器構成を示す．

表6.3.1　基本仕様

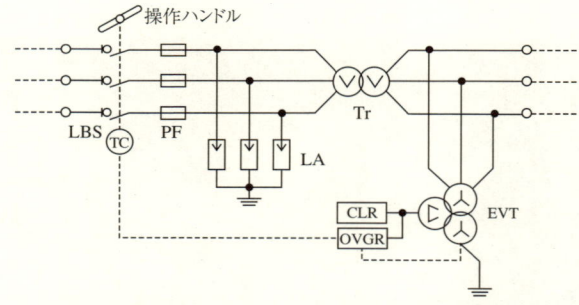

定格一次電圧		11.4 kV
定格二次電圧		6.6 kV
定格容量		200 kVA
負荷開閉器	定格電圧	12 kV
	定格電流	400 A
特別高圧限流ヒューズ	定格電圧	12 kV
	定格遮断電流	50 kA
耐雷素子	定格電圧	8.4 kV
	公称放電電流	2500 A (8/20 μs)

LBS：負荷開閉器　　　　　EVT：接地形計器用変圧器
PF ：特別高圧限流ヒューズ　CLR：制限抵抗
LA ：耐雷素子　　　　　　OVGR：地絡過電圧継電器
Tr ：変圧器　　　　　　　TC ：トリップコイル

図6.3.3　構成図

(2) 構造

機器は，一次開閉装置部，変圧器本体および二次保護・制御装置の3ブロックの構成である（図6.3.4）．

① 一次開閉装置部

一次開閉装置部には，外部に設けた操作ハンドルによる手動操作が可能な，気中絶縁の負荷開閉器と特別高圧の限流ヒューズとを設けてある．一相だけ特別高圧限流ヒューズが溶断した場合には，直ちに開閉器を開放させ，欠相を防止するストライカ機能も有している．

6.3　11.4 kV 配電用機材

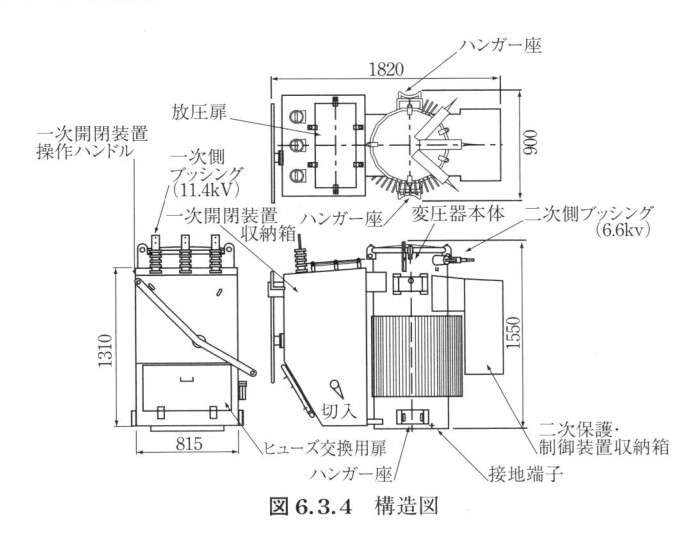

図中ラベル：
- ハンガー座
- 放圧扉
- 一次開閉装置操作ハンドル
- 一次側ブッシング（11.4kV）
- 一次開閉装置収納箱
- ハンガー座
- 変圧器本体
- 二次側ブッシング（6.6kv）
- 切入
- ヒューズ交換用扉
- ハンガー座
- 接地端子
- 二次保護・制御装置収納箱

寸法：1820、900、1550、1310、815

図 6.3.4　構造図

② 変圧器

　変圧器は，油入自冷式のV結線とし，6 kV柱上変圧器と同様に油中タイプの耐雷素子を内蔵している．

③ 二次保護・制御装置

　自家用需要家への6 kV供給は，既存の6 kV系統と同様の非接地方式にする必要があるため，地絡電流に対し，配電用変電所と同様に接地形計器用変圧器（EVT）を備え，オープンデルタ結線の三次巻線に制限抵抗（CLR）を設けてある．また，三次巻線は地絡事故時の零相電圧を検出するとともに，二次巻線は継電器および負荷開閉器のトリップ電源も確保している．地絡過電圧継電器（OVGR）は，自家用需要家の構内設備の継電器や需要家の引き込み点に取り付ける引外し形高圧交流負荷開閉器（GR付PAS/PGS）の地絡継電器と動作協調を図れるよう配電用変電所の6 kV配電線地絡保護継電器と同じ整定としている．

6.3.3 11.4 kV／6.6 kV 連絡用変圧器装置

（1） 仕様概要

11.4 kV/6.6 kV 連絡用変圧器は，11.4 kV 系統と 6 kV 系統の連系点に設置し，双方向負荷融通，地絡保護等も可能であるとともに，中性線断線時の異常電圧抑制，電圧不平衡の改善，高調波の抑制が可能などの副次的機能を有している．

連絡用変圧器の定格を表 6.3.2，図 6.3.5 に機器構成を示す．連絡用変圧器の開閉装置は柱上自動開閉器を使用しつつ，地絡保護や遠方監視制御を可能にしている．

（2） 構造

連絡用変圧器は，図 6.3.6 に示すように主に変圧器本体と保護装置で構成さ

表 6.3.2　連絡用変圧器定格

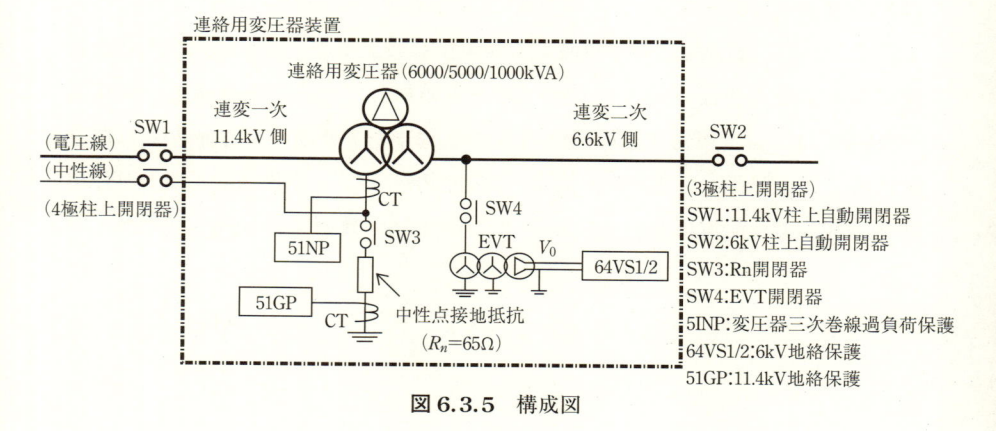

変圧器容量	一次	6000 kVA
	二次	5000 kVA
	三次	1000 kVA
％Z（自己容量ベース）	％Z_{PS}	6.5％
	％Z_{PT}	15％以下
定格電圧		11.4 kV/6.6 kV/3.3 kV
結線		Y－Y－△

図 6.3.5　構成図

6.3 11.4 kV 配電用機材

図 6.3.6 外観図

れた一体型キュービクル構造としている．

① 変圧器

変圧器本体は油入自冷式であり，外鉄型鉄心を採用しコンパクト化するとともに低騒音仕様（45 dB）としている．

② 保護装置

保護の考え方は次のとおりである。短絡保護は配電用変電所内の配電線保護継電器（OCR）により，変電所送り出し遮断器を開放し，地絡保護は連絡用変圧器装置に設置されている保護継電器（OVGR）により，柱上自動開閉器を開放する．

各運転モードにおける開閉器（SW）の運用・操作順序は**表 6.3.3** に示す．

(3) **11.4 kV 受電設備について**

11.4 kV 直接受電を希望されるお客様に対しては，11.4 kV 直接受電可能な設備を必要とする．そこで 11.4 kV 配電方式キュービクル式受電設備を試作し検証を実施した．

表6.3.3 各運転モードにおけるSWの運用・操作順序

融通方向	手順	運転モード	SW1 (11.4 kV柱上 自動開閉器)	SW2 (6.6 kV柱上 自動開閉器)	SW3 (R_n開閉器)	SW4 (ETV開閉器)
11.4 kV →6.6 kV への融通 の場合	↓	正常時 (非融通)	②入	切	切	①入
		11.4 kV→ 6.6 kV 融通時	入	①入	切	入
		正常時 (非融通)	入	①切	切	入
6.6 kV →11.4 kV への融通 の場合	↓	正常時 (非融通)	②入	切	切	①入
		6.6 kV→ 11.4 kV 融通時	入	②入	①入	③切
		正常時 (非融通)	入	②切	③切	①入

注記：各SW入・切の前の○数字はSWの操作順序を示す．

① **11.4 kV直接供給用受電設備の検討概要**

既設自家用需要家設備を活用するために，既設自家用キュービクルを改良し，図6.3.7に示すような，二相3線式11.4 kVを直接自家用キュービクルに引込む場合の機器流用について検討を行ったが，現行品を流用できるのはDS，電力量計，単相変圧器のみであり，11.4 kV仕様への取替え費用が非常に高額となることが判明した．したがって，二相3線式ではなく，図6.3.8に示すような三相3線式11.4 kVで引込む場合の11.4 kVキュービクル式受電設備について検討開発を行った．

② **11.4 kV受電設備の耐電圧レベル**

受電設備機器開発の電気的条件は，本書の検討結果を採用し，短絡電流12.5 kA，系統側中性線単一接地抵抗65 Ωとしている．また，受電設備機器の耐電圧は，本書の推奨試験電圧値（雷インパルス試験電圧値50 kV，商用周波

6.3 11.4 kV 配電用機材

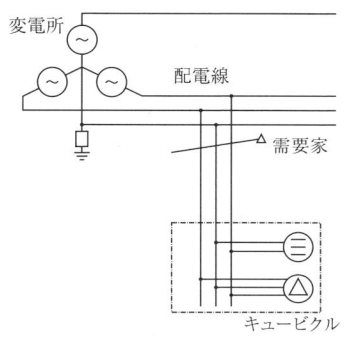

図 6.3.7 二相 3 線式 11.4 kV による引込形態

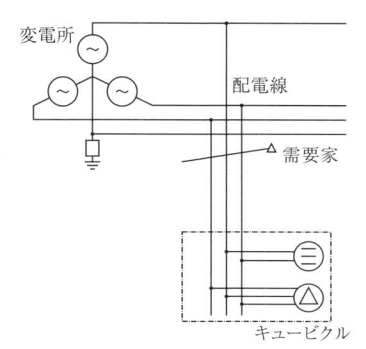

図 6.3.8 三相 3 線式 11.4 kV による引込形態

耐電圧値 24 kV）と 11.4 kV 受電設備に適用する現状の公的規格の規定内容（JEC-0102 試験電圧標準　雷インパルス試験電圧値 75 または 90 kVA，商用周波耐電圧値 28 kV）を踏まえ，次のように設定した．まず，雷インパルス耐電圧値は，現行汎用品に施設されている 6 A クラスよりもレベルを低下させる積極的な理由はないことから，6.6 kV 配電系統と一致させ 60 kV とした．また，商用周波耐電圧値については，本書の推奨値 24 kV は「短時間商用周波耐電圧試験」の標準印加電圧に存在しないことから，現状存在する直近上位電圧 28 kV とした．

③ 受電設備機器の調査検討

既存の各機器ごとの課題抽出について行った結果，LBS，Tr，VT，CT，

表 6.3.4 試験電圧比較表

		試験電圧値〔kV〕		参考
		雷インパルス耐電圧試験	短時間商用周波耐電圧試験	絶縁階級
JEC-0102 試験電圧標準	公称電圧 6.6 kV	45	16	6 B
		60	22	6 A
	公称電圧 11.4 kV	75	28	10 B
		90		10 A
本書の推奨試験電圧値		50	24	
11.4 kV 受電設備の耐電圧値		60	28	

ZCT, Ry, LA, 配線機材, VCT についてそれぞれ課題があることが判明し, 機器単体の試作および検証を行った. 結果として**表 6.3.5**のようになり検証結果はすべて良好であった.

表 6.3.5 キュービクル収納機器の検証結果

機器	検 証 項 目	検証結果
LBS	地絡電流の遮断可否の検証, Tr 二次側短絡時の LBS での遮断可能電流の調査, 過負荷電流遮断限界調査	良
Tr	JEC-2200 に準拠した受入試験, 雷インパルス耐電圧試験, 部分放電試験, 雷インパルス耐電圧限界試験, 騒音試験	良
VT	JEC-1201 に準拠した受入試験, 雷インパルス耐電圧試験, 雷インパルス耐電圧限界試験, V-t 試験, 冷熱試験, 汚損試験	良
CT	JEC-1201 に準拠した受入試験, 雷インパルス耐電圧試験, 雷インパルス耐電圧限界試験, V-t 試験, 冷熱試験, 汚損試験	良
ZCT	過電流特性試験	良
Ry	過電流特性試験	良
LA	基本特性試験, 雷インパルス動作責務試験, 安定性評価試験	良
配電機材	部分放電試験, 商用周波耐電圧試験, 雷インパルス耐電圧試験, フラッシオーバ試験, トラッキング試験	良
VCT	雷インパルス耐電圧試験, 商用周波耐電圧試験, 作業性検証など	良

さらに, 受電設備全体を試作し, 検証を行った. キュービクル式受電設備には, JIS C 4620 に基づいた試験 (構造試験, 動作試験, 雷インパルス耐電圧試験 (60 kV), 商用周波耐電圧試験 (28 kV) 等) を実施しており, 結果は良好であった.

6.4 11.4 kV 配電方式の装柱方法

既設 6 kV 設備を最大限活用するためには, 大幅な装柱変更を行うことなく, 三相 4 線式配電方式へ移行しなければならない. 東京電力受け持ち区域内で現在一般的に用いられている装柱は, **図 6.4.1** のようなものであり, 高圧配電線が施設されている電柱には 14 m 柱がもっとも多く用いられている. 最近では弱電流電線の共架条数も多く, 装柱形態を決定するにあたり以下の点を十分考慮する必要がある.

6.4 11.4 kV 配電方式の装柱方法

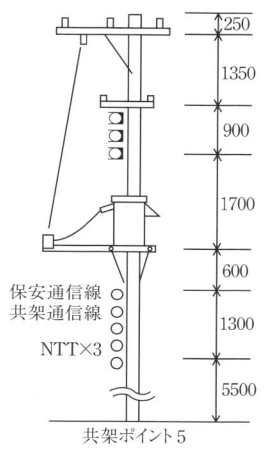

図6.4.1 6 kV 標準装柱（14 m）

（図中記載：250, 1350, 900, 1700, 600, 1300, 5500／保安通信線，共架通信線，NTT×3／共架ポイント5）

【装柱を決めるにあたっての留意事項】

- 労働安全衛生規則の関係から，特別高圧配電線において線路充電状態で作業を行うためには，間接活線工法を用いる必要がある．
- 移行費用を抑制するためには，変圧器や低圧線の繰り下げを極力回避する必要がある．
- 弱電流電線の共架を前提として，装柱スペースを検討する必要がある．
- 既設装柱の改修を極力抑制するため，中性線の取付位置は，全ての装柱で統一せず，可能なものだけ上部（高圧腕金の下300 mm：電柱裏）とする．

以上の留意事項を踏まえ，11.4 kV 配電方式の装柱形態として，次の各装柱を採用した．

（1） 一般装柱

① 引通装柱（機器無し）

図6.4.2のとおりとし，平成14年度以降は6 kV 系統においても槍出装柱が標準的に適用されていることから，新設時には槍出装柱の適用を前提とした．

（ i ） 槍出装柱の線間

ホットスティックを用いた間接活線工法を前提として決定した．

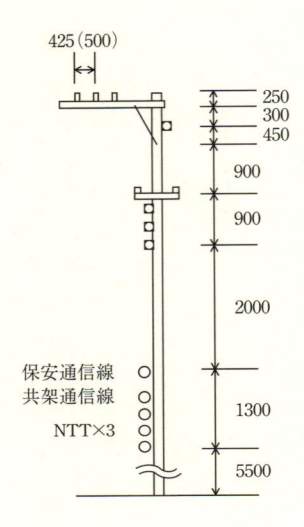

共架ポイント5
図 6.4.2 引通装柱（14 m）

一般装柱：425 mm，大容量：500 mm

（ⅱ）　中性線の取付位置

GW キャップとの干渉を避け，ホットスティックでの作業エリアを確保するため家側に配置した．

（ⅲ）　動力線用腕金の取付位置

動力線の作業時に作業者との離隔と，高所作業車による家側からの作業性を考慮して決定した．

② **引通装柱（ハンガー変圧器有り）**

変圧器 PD 線の接続作業の関係から，槍出装柱を前提とした．

（ⅰ）　変圧器の取付位置

高所作業車のサブブーム先端と電圧線との離隔を最低 200 mm 以上確保できる位置とした．

（ⅱ）　動力線用腕金の取付位置

低圧本線，引込線作業を考慮し，変圧器の下部から 550 mm の位置とした．

6.4 11.4 kV 配電方式の装柱方法

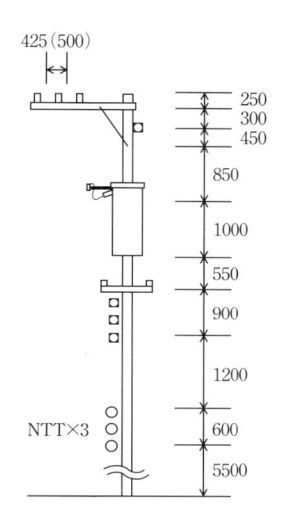

```
        425(500)
        ├──┤
              ─── 250
              ─── 300
              ─── 450
                   850
                   1000
                   550
                   900
                   1200
   NTT×3           600
                   5500
```

共架ポイント3
図 6.4.3 引通装柱 (14 m)

③ 両引留装柱

家側縁回しの切断・接続作業を考慮し，図 6.4.4 のとおり槍出装柱とした．なお中性線の施設位置はアームタイの下部となる．

（ⅰ）中性線の取付位置

中性線を人手作業にて行う場合，手を伸ばしても電圧線から最低 200 mm 確保できる位置とした．

④ 両引留装柱（区分開閉器有り）

図 6.4.5 のとおり槍出装柱とし，中性線は引通装柱と同様アームタイの上とした．

⑤ 片引留装柱

図 6.4.6 のとおり芯留の装柱とし，中性線の施設位置はアームタイの下部とした．

（ⅰ）中性線の取付位置

工具の動作範囲を確保するため，アームタイより 200 mm 下部とした．

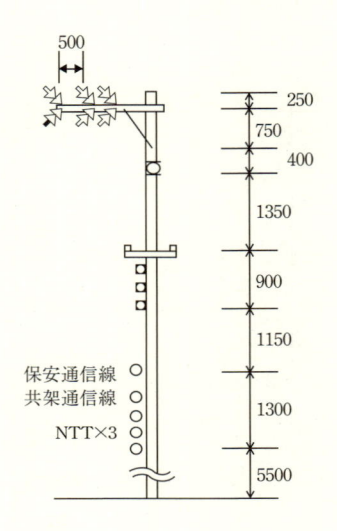

第 6 章　22 kV 系統，11 kV 系統の適用機材

共架ポイント5
図 6.4.4　両引留装柱（14 m）

共架ポイント5以上
図 6.4.5　開閉器装柱（14 m）

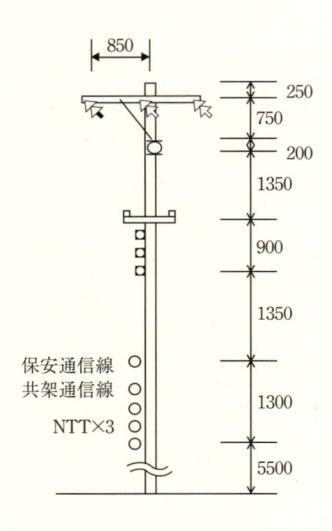

共架ポイント5
図 6.4.6　片引留装柱（14 m）

6.4　11.4 kV 配電方式の装柱方法

（ⅱ）　動力用腕金の取付位置

動力線の作業時に作業者との離隔と，高所作業車による家側からの作業性を考慮して決定した．

⑥　分岐・角度装柱

図 **6.4.7** のとおりとした．

（2）　水平 4 線配列装柱

配電用変電所付近では，配電線は一般的に 2 回線併架装柱の形態となる．2 回線併架装柱の区間では，下側の回線から変圧器を通じて付近のお客さまに電気をお送りしており 2 回線併架装柱の上側回線に対して作業を行う場合，上下 2 回線とも停止することとなると，配電系統の運用上かなり制約を受けることになるため，上下 2 回線の同時停止は可能な限り回避する必要がある．またこれまでに説明してきた装柱方式では，中性線を電圧線とは別の位置に配置することから，装柱に必要となるスペースが増大する傾向にある．以上を踏まえ

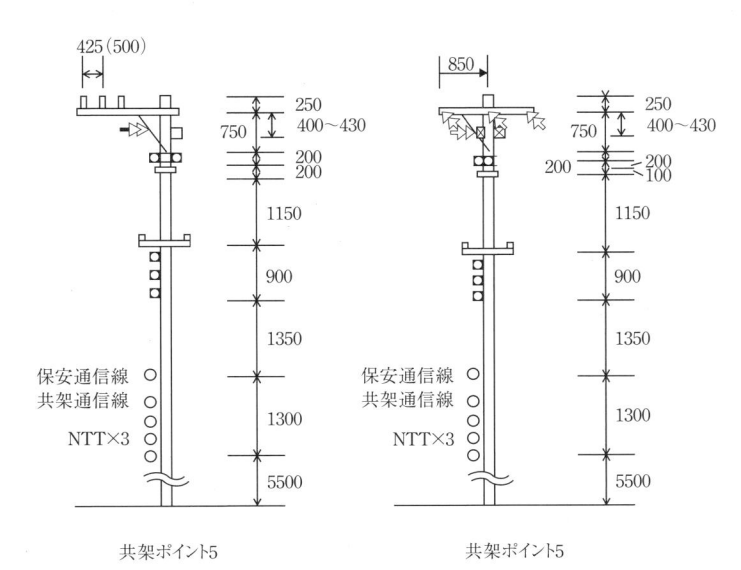

図 **6.4.7**　分岐・角度装柱（14 m）

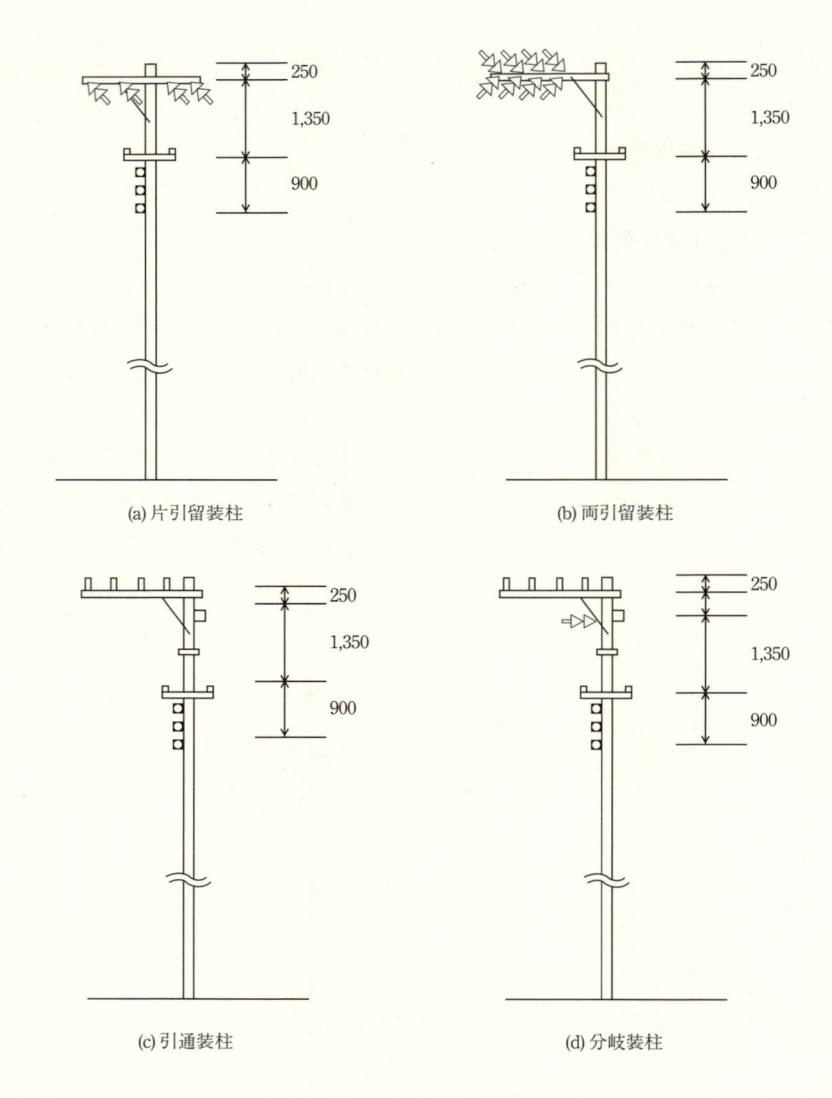

第 6 章　22 kV 系統，11 kV 系統の適用機材

(a) 片引留装柱

(b) 両引留装柱

(c) 引通装柱

(d) 分岐装柱

図 6.4.8　標準装柱

6.4 11.4 kV 配電方式の装柱方法

て，中性線を含めた4線すべてを同一の腕金に配置可能かどうか，ホットスティックによる間接活線工法の作業性も踏まえて検討し，以下の装柱を採用することとした．

① 標準装柱

片引留・両引留・引通・分岐の各装柱について，**図 6.4.8** に示すとおりとした．

② 変圧器装柱

水平4線配列装柱に柱上変圧器を施設する場合の装柱について，ハンガー方式・変台方式それぞれについて，**図 6.4.9** に示すとおりとした．

(3) 補償用変圧器装柱

既設の高圧で受電するお客さまに対して，11.4 kV 系統から供給を行うためには，三相 11.4 kV を三相 6.6 kV に変換する補償用変圧器が必要となる．補償用変圧器の構造・重量等を考慮し検討した結果，補償容量 200 kVA の機器については柱上設置することとした．そのため機器の取付作業・高圧引込線の分岐等を考慮し，補償用変圧器装柱を決定した．図 6.4.10 に補償用変圧器装柱を示す．

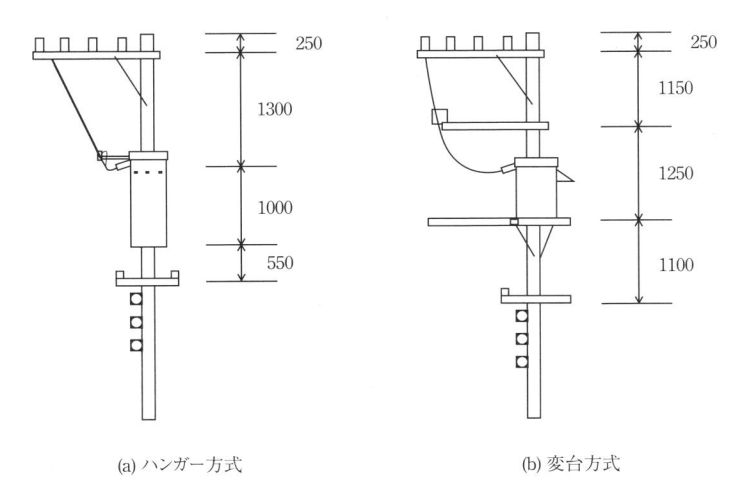

(a) ハンガー方式   (b) 変台方式

図 6.4.9 変圧器装柱

(4) 動力変圧器3台のり装柱

6 kV 系統を 11.4 kV 系統（三相4線式系統）に昇圧した場合に懸念される，第3次高調波対策の1つとして，単相変圧器3台を△結線とする方策があげられる．同一柱に3台の単相変圧器施設可否について，変台方式とハンガ方式の両方式で装柱検証を実施した．作業性検証の結果，両方式とも施設可能である

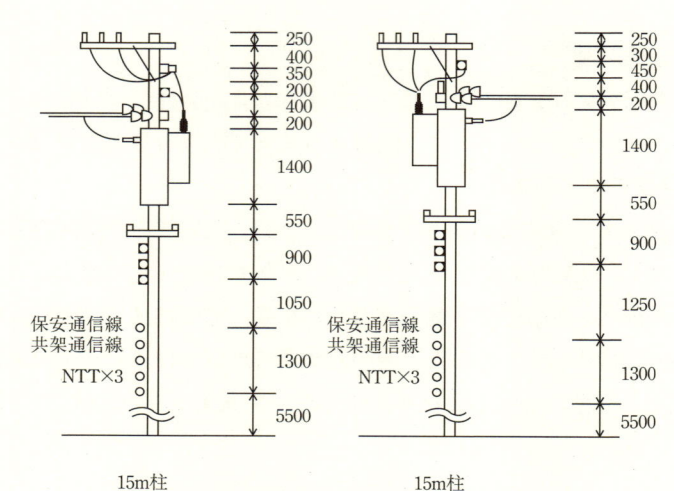

図 6.4.10　補償用変圧器装柱（15 m）

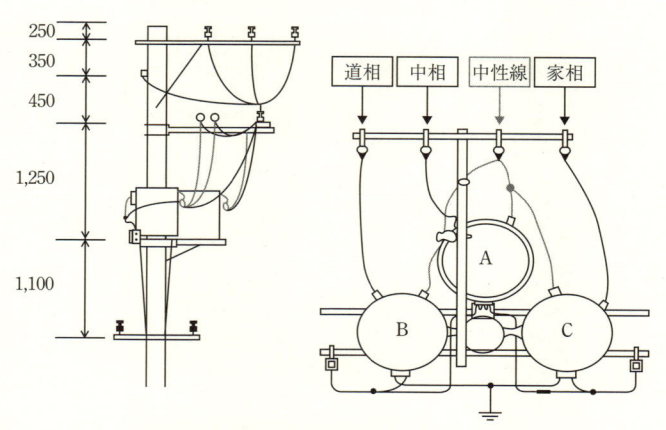

図 6.4.11　動力変圧器3台のり装柱

6.4 11.4 kV 配電方式の装柱方法

ことが確認されたが，装柱形態，一次側・二次側リード線の取回し等を総合的に勘案し，動力変圧器3台のり装柱としては変台方式を採用することとした．**図 6.4.11** に動力変圧器3台のり装柱を示す．

あとがき

　本書は，配電系統における絶縁設計について，解析技術の進歩等を踏まえ，今日的な見直しを実施した経過と検討結果から得られた成果を取り纏めたもので，配電系統における一連の解析を記載した数少ない貴重な書籍として，今後の配電系統における各種の解析に大きく寄与できるものと確信しています．

　本書の出版に当たって，検討を実施する契機となりました電気協同研究　第 56 巻第 3 号「20 kV 級/400 V 配電方式普及拡大技術」（平成 12 年 12 月）の検討・執筆を行った「20 kV 級/400 V 配電方式普及拡大技術専門委員会」の委員の方々をはじめ，各種のご助言・ご協力を賜りました関係各氏に深く御礼申し上げます．

　また，ランダムシミュレーションを用いた解析による検討結果を検証するために実施した実規模配電設備での実験にあたり，各種の施設を提供頂くとともに多大なる協力を頂いた（財）電力中央研究所　赤城試験センターの方々に心より御礼申し上げます．

　なお，本書は，平成 10 年 7 月～平成 13 年 3 月まで「配電方式・接地方式研究会」（主査：東京電力配電部　岡　圭介）において検討を行った成果を取り纏めたもので，一部については，本書に先駆けて「電気計算」（平成 15 年 1～4，および 6 月号）に記載がなされております．

　最後になりましたが，本書はこのような書籍の執筆に初めての者が多く，内容記述の点で不十分・不適切の点があると思われますが，読者各位におかれましても是非忌憚のないご批判とご意見等，ご指導の賜りますようお願い申し上げます．

平成 15 年 9 月

　　　　　　　　東京電力（株）配電部　部長代理（当時）
　　　　　　　　（現　企画部調査グループマネージャー）　小田切　司朗

索 引

＜ア＞
- アルミラミネートテープ …………256
- アンペアフレーム ………………186

＜イ＞
- インナーコア ……………………258
- 一線地絡事故 ……………………50
- 一般装柱 …………………………273

＜オ＞
- オープンループ方式 ………166, 178

＜カ＞
- カーソン・ポラチェックの式 ……37
- 開閉過電圧 ………………………84
- 架空ケーブル ……………………261
- 架空ケーブル用接続体 …………261
- 片引留装柱 ………………………275
- 過電圧 ……………………………83
- 過電流継電方式 …………………206
- 過電流トリップ機構付自動真空開閉器 208
- 稼働率 ……………………………10
- 間欠アーク地絡 …………………25
- 換算係数 …………………………86

＜キ＞
- 既設ケーブルとの接続部 ………260
- 共通中性線多重接地方式 ………32
- （共通）本予備系統 …………165, 167
- 共用変圧器方式 …………………173

＜コ＞
- 高調波 ……………………………232
- 子局間通信方式 …………………216
- 子局ポーリング方式 ……………248
- 混触時の低圧線電位上昇 ………39

＜サ＞
- サージ ……………………………83
- 細隙消弧方式 ……………………264

＜ア＞（右列）
- 三層同時押出方式 ………………256

＜シ＞
- シリコン油 ………………………255
- 時限式事故捜査方式 ……………216
- 試験電圧 …………………………85
- 試験電圧算定フロー ……………94
- 事故時誘導危険電圧 ……………38
- 自動開閉器用遠方監視制御器 …216
- 自動化方式 ………………………210
- 遮水収縮チューブ ………………259
- 遮水層付ケーブル ………………255
- ————用接続部 ………………257
- 消弧リアクトル接地方式 ………25
- 常時稼働率 ………………………11
- 常時誘導縦電圧 …………………38
- 信頼度 ……………………………7

＜ス＞
- ストライカ機能 …………………266
- スポットネットワーク …………5
- 水平4線配列装柱 ………………277

＜セ＞
- 静電誘導 …………………………36
- 制動定数 …………………………136
- 絶縁協調 …………………………87
- 接触・歩幅電圧緩和策 …………230
- 接触電圧 …………………………223
- 接地形計器用変圧器 ……………198
- 節点解析法 ………………………59
- 専用線系統 ………………………176
- 専用変圧器方式 …………………173

＜ソ＞
- 装柱形態 …………………………273
- 双方向負荷融通 …………………268
- 続流 ………………………………240

索引

<タ>

- 多分割多連系 ……………………… 9
- 単一抵抗接地方式 ………………… 33
- 短時間交流過電圧 ………………… 84

<チ>

- 地中埋設別接地 …………………… 225
- チャタリング ……………………… 137
- 中性線信号添加方式 ……………… 248
- 中性線-大地間注入方式 ………… 211
- 中性線断線 ………………………… 240
- ────検出 ……………………… 246
- ────防止 ……………………… 243
- 中性線電位発生対策 ……………… 249
- 中性点接地方式 …………………… 23
- 直接接地方式 ……………………… 24
- 直線接続部 ………………………… 257
- 地絡過電圧 ………………………… 84
- 地絡過電流継電方式 ……………… 198
- 地絡方向継電器 …………………… 197

<テ>

- 低圧気中遮断器 …………………… 185
- 低圧多重接地方式 ………………… 32
- 抵抗接地方式 ……………………… 24
- 適正配電線率 ……………………… 12
- 鉄共振 ……………………………… 243
- 電圧降下補償器 …………………… 180
- 電圧線-大地間注入方式 ………… 211
- 電圧不平衡 ………………………… 235
- ────指数 ……………………… 236
- ────率 ………………………… 236
- 電気量変動検出方式 ……………… 246
- 電磁誘導 …………………………… 37
- 電力ヒューズ ……………………… 184

<ト>

- 動力変圧器3台のり装柱 ………… 280
- 特高-低圧混触事故 ……………… 50

<ネ>

- ネットワーク方式 ………………… 165

<ハ>

- 配線用遮断器 ……………………… 185
- 配電線搬送波結合装置 …………… 212
- 配電線搬送方式 …………………… 211

<ヒ>

- 光時間領域反射測定法 …………… 248
- 光伝送方式 ………………… 211, 220
- 光ファイバ ………………………… 248
- 引通装柱 …………………… 273, 274
- 非接地方式 ………………………… 25
- 必要耐電圧 ………………………… 85
- 非有効接地 ………………………… 28
- ────系 ………………………… 40
- 標準試験電圧 ……………………… 251
- 標準装柱 …………………………… 279

<フ>

- フラッシオーバ …………………… 240
- 分割連系方式 …………… 166, 178, 210
- 分岐・角度装柱 …………………… 277

<ヘ>

- ペンシリング処理 ………………… 257
- 別接地 ……………………………… 225
- 変圧器装柱 ………………………… 279
- 変電所遠方監視制御装置 ………… 221

<ホ>

- 放電クランプ ……………………… 243
- 補償用変圧器装柱 ………………… 279
- 補償リアクトル接地方式 ………… 25
- 本予備方式 ………………………… 210

<ユ>

- 有効稼働率 ………………………… 11
- 有効接地 …………………………… 28
- ────系 ………………………… 40
- 誘導係数 …………………………… 130
- 誘導雑音電圧 ……………………… 39
- 誘導障害 …………………………… 34

<ラ>

- 雷インパルス重畳試験 …………… 245
- 雷過電圧 …………………………… 84

索引

<リ>
リアクトル接地方式 …………………25
力率改善用コンデンサ ………………232
両引留装柱 …………………………274, 275

<レ>
レギュラネットワーク ………………5
連絡用変圧器 …………………………240

<記号>
△三次巻線 ……………………………240
π連系系統 ……………………………176

<数字>
11.4kV/6.6kV補償用変圧器 …………209
11.4kV配電系統 …………………178, 197
11.4kV配電用変電所 …………………179
22kV/400V ……………………………253
22kV/400V供給用変圧器 ……………169
22kV/400V系統 ………………………165
22kV/400V変圧器 ……………………173
22kV路上機器 ………………………223
2CB+DS方式 …………………………170
2LBS+CB方式 …………………………170
2LBS+PF方式 …………………………170
2LBS+PF方式 …………………………188
400V供給 ……………………………169
400V供給形態 ………………………175
400V系統 ……………………………176
400Vケーブル ………………………173
400Vケーブル引出管路 ………………174
400V保護装置 ………………………181
6.6kV配電用変電所 …………………179

<英字>
ACB ……………………………………185
AF ………………………………………186
CVQ ……………………………………173
CVTケーブル …………………………50
DGR ……………………………………197
Dommel法 ………………………………45
ELCB方式 ……………………………181
EMTP …………………………………43
EVT ……………………………………198
HCCAケーブル ………………………49
LBS ……………………………………209
LDC ……………………………………180
MCCB …………………………………185
MCCB+OCG方式 ……………………181
OCGR方式 ……………………………198
OCR ……………………………………206
OC付き開閉器 ………………………208
OTDR …………………………………248
PF ………………………………………184
SC ………………………………………216
TC ………………………………………221
T分岐系統 ……………………………176
Y-△巻線 ………………………………234
Y分岐接続部 …………………………259

Ⓒ東京電力株式会社　配電部　2003

配電系統における絶縁設計

2003年12月20日　　第1版第1刷発行

監　修　東京電力株式会社
　　　　　配　電　部
発行者　田中　久米四郎

＜発　行　所＞
株式会社　電　気　書　院
振替口座　00190-5-18837
〒151-0063　東京都渋谷区富ヶ谷二丁目2−17
営業部　電　話　03-3481-5101(代)
　　　　ファクス　03-3481-5414
URL：http://www.denkishoin.co.jp

ISBN4-485-66522-4　　創栄図書印刷㈱　　＜Printed in Japan＞
＜乱丁・落丁の節はお取替えいたします＞

・本書の複製権は㈱電気書院が保有します。

・ JCLS 〈㈱日本著作出版権管理システム委託出版物〉
本書の無断複写は著作権法上での例外を除き禁じられていま
す．複写される場合は，そのつど事前に㈱日本著作出版権管
理システム（電話03-3817-5670，FAX03-3815-8199）の許諾
を得てください．